江苏高校优势学科建设工程资助项目(PAPD)"雾霾监测预警与防控"资助

气候变化与公共政策研究报告 2017

——科学认识雾霾影响，积极探讨雾霾治理对策

史 军 戈华清 叶芬梅 主编

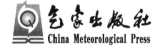

气象出版社
China Meteorological Press

图书在版编目(CIP)数据

气候变化与公共政策研究报告. 2017：科学认识雾霾影响，积极探讨雾霾治理对策 / 史军，戈华清，叶芬梅主编. — 北京：气象出版社，2018.6
　　ISBN 978-7-5029-6789-5

　　Ⅰ．①气… Ⅱ．①史… ②戈… ③叶… Ⅲ．①气候变化—对策—研究报告—中国②空气污染—污染防治—中国
Ⅳ．①P467②X51

　　中国版本图书馆 CIP 数据核字(2018)第 137123 号

Qihou Bianhua yu Gonggong Zhengce Yanjiu Baogao **2017**
气候变化与公共政策研究报告 2017

出版发行：气象出版社

地　　址：北京市海淀区中关村南大街 46 号　　　　邮政编码：100081

电　　话：010-68407112(总编室)　010-68408042(发行部)

网　　址：http://www.qxcbs.com　　　　　　　　E-mail：qxcbs@cma.gov.cn

责任编辑：蔺学东　　　　　　　　　　　　　　　终　　审：张　斌

责任校对：王丽梅　　　　　　　　　　　　　　　责任技编：赵相宁

封面设计：易普锐

印　　刷：北京中石油彩色印刷有限责任公司

开　　本：787 mm×1092 mm　1/16　　　　　　印　　张：14.25

字　　数：380 千字

版　　次：2018 年 6 月第 1 版　　　　　　　　　印　　次：2018 年 6 月第 1 次印刷

定　　价：68.00 元

目　　录

引　　言

　　2017 年的"雾霾"来得特别早,9 月的京津冀地区就迎来了一次相对轻微的"雾霾"天气。自 2013 年"雾霾"成为年度关键词以来,在一些区域的特定时间,"雾霾"一词便成为了人们热议的重点词汇。自 2013 年的重"雾霾"频发以来,为了有效缓解特定季节重污染天气频繁发生的现象,在京津冀地区的禁限产已经成为一种常态,这种常态化的禁止或限制性对策频繁实施不仅给当地的生产生活造成了许多负面影响,也给一定区域的经济社会的可持续发展带来了负面影响。此次报告的主题虽依然围绕"雾霾"的防治与应对展开,但与 2016 年的报告存在一些明显区别,此次报告书中所收编的内容更具广泛性与实用性,紧密围绕"雾霾"产生的基础背景与根本原因,全方位地以整体性的"雾霾"应对与防治为基础,从"雾霾"防治成本分担的合理性、区域性雾霾治理绩效、雾霾治理中政府工具的选择与应用、法律制度的选择与适用、能源低碳政策或对策的应用等为重点展开研究,为国家、区域与地方政策的决策与对策选择提供科学分析。近四年以来,各种针对"雾霾""空气重污染"的论著越来越多,其探讨的范围也越来越广泛,其研究的内容也越来越深入。南京信息工程大学气候变化与公共政策研究院作为江苏省教育厅的重点研究基地,近几年以来,亦选择将"雾霾"问题作为近期研究重心。这一选择并非为了应景或追逐某一学术思潮,而是从问题出发,希望能凝聚此方面的研究人员,对此类问题开展有深度的研究。正是基于此理论,自 2014 年起,本研究院即开始着手准备研究,此次报告的主题是"科学认识雾霾影响,积极探讨雾霾治理对策"。

　　雾和霾是自然界使能见度降低的两种不同的天气现象。雾是由大量悬浮在近地面空气中的微小水滴或冰晶组成的水汽凝结物,常呈乳白色,使水平能见度低于 1 km。霾(灰霾)是指大量极细微的颗粒物均匀地浮游在空中,使水平能见度小于 10 km 的空气普遍浑浊现象。目前人们所关注的"雾霾"主要是天气现象与环境污染所共同导致的灰霾,这种意义上的"雾霾"是特定气候条件与人类活动所产生的污染物相互作用的结果,也是人们就空气重污染与特定气象条件共同作用后形成的特定天气现象的一种公众性认知。人们关注的"重雾霾天气"往往与"空气重污染""重污染天气"等密切相关,公众或媒体所认定的"雾霾"往往是特定气候条件与人类活动所产生的污染物相互作用的结果，且这种结果在一定程度上影响着人们的生产、生活与工作。虽有典型观点认为，不利气象条件是雾霾天形成的"元凶"，空气污染物是"帮凶"[①]，这种认知将"雾霾"与一般意义上的"空气重污染"区别开来，虽然从源头管理上有利确定不同部门的职能与权责，但如何将天气原因与污染原因之间的关系厘清并予以明确区分，对于目前的"雾霾"防治而言，依然很困难；也有科学工作者、学者们及政府的立法或规章中也是将"雾""霾"与"空气重污染"区别对待与区分处理的，但从公众对于"雾霾"的认知与理解来看，并未将"雾""霾"与"空气重污染"区别，这种客观现实是需要通过适当的宣传与引导来改变，还是应该顺应公众的这种认知，究竟应该怎样从源头上认识此问题，仍需要我们的研究进一步去探讨。

就公众的认知而言，其所热议的"雾霾"并非简单的天气现象，而是由空气污染与天气原因叠加起来的一种天气污染现象，因此，要真正改变这种综合性原因导致的"雾霾"多发、频发，曾维和副教授等认为，必须整体性构架"雾霾"治理体系，在治理层级上构建纵向维度政府间联动关系，在治理主体上构建横向维度部门间合作伙伴和在雾霾治理功能上构建空间维度区域协调治理机制。这种协调治理与区域联动，正好与宋晓丹副教授提出的"雾霾治理需要摒弃政府单一的治霾努力，构建多中心雾霾治理模式"相契合。从根本上讲，在中国的"雾霾"治理中，预防空气污染物的累积是关键，也是核心，中国的大气污染防治法虽然立法较早，但在大气环境标准制度、区域联防联控制度等方面依然存在立法难题，这些制约着区域性"雾霾"防治工作的有效实施。虽然对重污染天气影响最多的秸秆焚烧等问题引起了政府与公众的部分关注，但我们目前所关注的对象仍以城市"雾霾"及部分重点区域为主。苗壮副教授将"三区十群"大气污染重点区域作为研究对象，认为这些区域应整合联防联控思路，优先促进区域内"短板"地区的大气环境改善。无论是"三区十群"还是"2＋26"，都是以区域性污染防治为中心所展开，这种防治模式目前依然以政府为主导。由于这种政府主导下的环境监管与环境规制，在中国很长一段时间内存在着区域间的规制不平衡问题，因而，由规制不平衡所导致的污染累积与污染转移问题在中国依然存在，唐德才教授通过环境规制效率与全要素生产率的研究，提出了相应的对策建议。这对于从整体上缓解中国目前生产过程中的大气污染物排放与监管效率，实现环境规制的区域公平具有积极意义。

"雾霾"防治是系统而持久的工程。在"雾霾"治理中，"雾霾"治理的成本分担是其核心因素，陈俊教授提出的基于机会成本的平等家务负担原则，为分配雾霾治理成本提供了一个不同版本的方案。此方案对"生存排放"与"奢侈排放"予以区分，着眼于目前亟待解决的问题，有针对性考虑了"必不可少的污染排放问题"且"避免了对历史责任的追问"。近年来，机动车污染物排放居高不下是区域性季节性"雾霾"多发的重要原因，赵绘宇副教授认为，出于环保低碳目的，法律工具选择应严格规制传统汽车市场，扶持培育新兴节能减排汽车，对于缓解目前区域性空气污染也是一大贡献。船舶所导致的水污染与海洋污染问题，在 20 世纪 60 年代就开始

[①]　张军英，王兴峰.雾霾的产生机理及防治对策措施研究[J].环境科学与管理，2013，38(10)：157-159，165.

逐渐被全球所关注,但因船舶碳排放可能产生的环境影响则要晚许多,近年来逐渐成为国际海事组织在应对气候变化方面所关注的重点话题。在本报告中,张胜玉博士对国内外船舶碳排放的现状、碳减排规制及其与大气污染防治间的关系等进行了全面探讨,并进而提出政府应做好五方面的措施,充分调动各个利益相关者在船舶碳减排中的积极性,实现船舶碳减排的利益相关者共同治理。

重"雾霾"或区域性重"雾霾"发生的频率与身体健康之间的关系一直是这几年探讨的热点话题。2013 年以来,我国多地发生雾霾污染天气,雾霾对人群健康的影响再次成为公众和媒体关注的焦点。有人研究了大气主要污染物与人群健康的关系,确证了大气污染对人体健康的损害,并得到了一些定量结果[1]。但定量结果并未对外公开,我们不得而知。北京是近几年来"雾霾"健康研究的重点城市,有研究认为,北京冬季雾霾的主要污染物排放源为溶剂/涂料使用及机动车尾气排放,且区域所检出的致癌性挥发性有机物(VOCs)的致癌风险均超过了美国环境保护署(EPA)给出的风险限值,长期暴露易对暴露人群健康造成危害,存在较大的致癌风险[2]。但具体的风险值是多少,目前还无定论。在本期报告中,茆文革主任医师等人以专业视角,通过影响南京市雾霾主要污染物变化的气候因子的影响分析,得出自己的结论:虽然不良的气象条件对南京地区雾霾天气的形成和持续有着密切关系,但南京市呼吸道传染病——肺结核发病情况与大气污染及雾霾主要污染物水平无明显关联,与同期气象因素也无明显关联。这一研究对于区域性轻度"雾霾"(因为近几年来南京的重污染天气相对比北京要少许多)的健康影响给出了可值得借鉴的具体信息与参考变量值。

对于导致"雾霾"要因之一——空气污染,我国一直在努力全面积极应对,自 2013 年以来,重污染天气的防治与应对一直是国家及地方环境行政主管部门的工作焦点,也是环境行政问责的主要事项。我国"雾霾"治理的政府工具究竟是强制性工具、混合性工具、自愿性工具,还是这三者的混合,衣华亮副教授将对此进行相对深入的分析。就编者的个人认知而言,虽然我国空气污染所涉及的原因十分复杂,与之相关的"雾霾"治理也十分复杂,但从总体上看,我国目前依然体现是一种强制性政府治理为主,这种政府工具的选择具有高效、综合、系统等特征,但其稳定性、长久性等仍有待进一步提升。伴随我国工业发展及城市化进程的推进,城市大气污染日益严重,1995 年以后我国城市大气污染原因发生了新变化:以燃煤为主的能源结构造成严重的煤烟型污染;汽车数量剧增,汽车尾气排放严重;地面扬尘和沙尘暴是造成总悬浮颗粒物浓度偏高;工业污染造成城市局部地区污染严重[3]。从长远来看,有效减少、直至消除雾霾需要从经济转型升级、能源结构调整、环境法治完善、监管体制机制改革、社会文化变迁等多个方面入手,绝非一时一地所能实现[4]。从这些年来看,我国大范围(尤其是区域性)的"雾霾"

---

① 孙维哲,王焱,唐小哲,等.雾霾对人群健康效应研究:现状与建议[J].中国公共卫生管理,2016(4):166-169.
② 刘丹,解强,张鑫.北京冬季雾霾频发期 VOCs 源解析及健康风险评价[J].环境科学,2016,37(10):3693-3700.
③ 中国人大九届全国人大常委会十次会议听取《大气污染防治法》执法检查报告和《关于防治北京大气污染的防治工作报告》[J].中国人大,1999(5):7-8.
④ 陈海嵩.雾霾应急的中国实践与环境法理[J].法学研究,2016(4):152.

频频发生除了受气象条件影响外,污染物在局部范围内的累积也是重要原因,导致污染物累积的原因除了单个企事业单位污染物排放不达标外,重要的原因还在于局部范围内污染行业过度密集、能源不合理利用与浪费、产业政策与综合发展政策制订不合理等相关。要改变目前的现状,我们必须彻底摒弃那种等风来吹散、靠末端治理类器械(如雾炮车、空气净化器、口罩等)来防治的思想,做好根源性的污染产生的预防工作,构建出系统性的应急管理机制,才能真正地化解因重"雾霾"问题所产生的消极影响。

南京市雾霾天气与呼吸系统健康的相关性研究

摘 要:目的:探讨雾霾污染物 $PM_{2.5}$、PM_{10}、SO_2、NO_2、CO、O_3 的分布特征,以及对呼吸系统疾病及呼吸道类传染病——肺结核发病情况的影响。方法:1. 收集南京市 2013—2015 年气象观测数据,2015 年城市空气质量综合指数(AQCI),以及主要污染物月平均浓度监测资料;2. 收集南京某医院 2013—2015 年呼吸科月门诊量资料和呼吸道类传染病——肺结核月发病人数资料;3. 采用相关性分析模型,分析呼吸科月就诊人数和肺结核月发病人数与雾霾主要污染物之间的相关性。结果:1. PM_{10}、SO_2、NO_2、CO 月平均浓度与 $PM_{2.5}$ 呈显著正相关($P<0.01$),O_3 月平均浓度与 $PM_{2.5}$ 呈显著负相关($P<0.01$);气温、气压、风速和相对湿度与雾霾主要污染物有相关性;2. 呼吸科月就诊人数与同月份 $PM_{2.5}$、PM_{10}、SO_2 的月平均浓度水平呈正相关($P<0.05$),与 O_3 的月平均浓度水平呈负相关,但与 NO_2、CO 月平均浓度无相关性($P>0.05$);3. 肺结核月发病人数与 AQCI 和主要污染物均无明显相关性($P>0.05$)。结论:1. 南京市雾霾主要污染物长时间变化易受到温度、气压、相对湿度和风速等的影响;2. 居民呼吸系统疾病短期/急性发病增加与 $PM_{2.5}$、PM_{10}、SO_2 和 O_3 的浓度水平有关,但与 NO_2、CO 无显著相关性;肺结核发病情况与大气污染及雾霾主要污染物水平无明显关联;与同期气象因素也无明显关联。

关键词:雾霾 环境空气质量综合指数 呼吸系统疾病 肺结核 就诊人数

大气是人类赖以生存的基本环境要素。良好的空气质量给人类创造了一个适宜的生活环境,能够有效保护地球上的生物。但随着人类生产活动和社会活动的增加,特别是随着人类工业化发展、城市人口日益集聚、能源消耗和交通运输迅猛增长,大气环境质量日趋恶化,大气污染已成为影响世界环境和人类健康的主要危害因素之一[1-3]。

近年来,伴随着我国城市化进程的加速,工业、能源、交通集中的大中型城市所面临的大气污染问题日益严重,大量人为排放的污染物在特定的气象条件下集聚造成的雾霾天气日益增多,已演变成为我国城市大气环境的主要污染之一。由此引发的人类健康问题如急性刺激、呼吸系统疾病、心血管系统疾病等引起了社会的普遍关注[4-6]。

雾霾引起的人群健康效应也已得到许多研究的证实[7,8]。研究表明,雾霾的主要组分构成为有毒有害气体、颗粒物(特别是高浓度的细颗粒物——$PM_{2.5}$)和有毒气溶胶等污染物,不仅是共同导致的以能见度降低为主要表现的空气污染现象和雾霾的根本成因,而且长期或短期暴露其中均会对人体健康产生不良的影响[9,10]。例如,短期急性症状表现为眼鼻刺激、咳嗽、发热等;远期慢性症状表现为肺功能、免疫功能下降,导致慢性病患者的死亡率升高;呼吸系统和心脑血管系统疾病恶化,增加恶性肿瘤的患病率等,以至于医院中此类病症就诊人数增多[11-14]。有研究指出,暴露地区的呼吸系统的发病率和死亡率与颗粒物的浓度监测水平存在正相关关系,在敏感人群中,这种相关关系更为明显[15,16]。

南京市位于我国大陆东部沿海,长江下游地区,处于亚热带向暖温带气候过渡带。南京市作为江苏省的政治、经济、文化中心,其经济发达,城市化程度高,人口密度大。在全球气候变化的大背景下,本地区气候变化也非常明显,平均气温升高,特别是冬季气温升高幅度较大,大气污染状况比较严重,雾霾天气等发生的频次和强度有增加趋势。南京地区大气污染防治工作虽然取得一定成效,但随着气候变化,新时期形势会更加复杂和严峻。因此,研究气候因素对健康发病的影响,找出气候与疾病的内在和变化规律,对预防疾病及进行医学气象预报都具有重要指导意义。

本文研究旨在通过对近 3 年南京市的气候变化情况、大气情况和常见呼吸系统疾病和呼吸道类传染病的发生情况进行相关性研究,分析气象条件,特别是雾霾天气主要污染物与常见呼吸性疾病及呼吸道类传染病——肺结核的关系,以及对流行变化形势和趋势的影响,掌握其规律,为相关部门疾病预警和监测,进而针对不同的气象条件采取相应有效的防控措施提供科学依据。这对于加强南京地区疾病的预防与控制、保障居民健康水平都具有现实意义。

一、材料与方法

(一)呼吸系统疾病日/月门诊量资料

收集南京市某三级甲等医院 2013 年 1 月 1 日至 2015 年 12 月 31 日呼吸科(诊治呼吸系统疾病)日/月门诊量的统计资料。该医院位于南京市主城区,医院病人 90% 以上为本地区居民。根据第五次人口普查数据,该区总人口为 62.5 万。

(二)南京市传染病疫情资料

收集南京市 2013—2015 年呼吸道类传染病——肺结核月发病人数和发病率的统计资料(数据来源于市疾病预防控制中心)。

(三)大气污染物监测资料

收集南京地区同时期"城市月评价的空气质量综合指数",以及 2015 年雾霾 6 种主要污染物($PM_{2.5}$,PM_{10},SO_2,NO_2,CO,O_3)的月均浓度($\mu g/m^3$ 或 mg/m^3)的统计资料(由江苏省环境监测站提供)。

城市空气质量综合指数(AQCI)是描述城市环境空气质量综合状况的无量纲指数,它综合考虑了 $PM_{2.5}$,PM_{10},SO_2,NO_2,CO,O_3 6 项污染物的污染情况,空气质量综合指数越大,表明综合污染程度越重[17,18]。其计算过程为:首先计算每一项污染物的单项质量指数,然后将 6 项污染物的单项质量指数相加,即得到空气质量综合指数。城市月评价的空气质量综合指数计算方法如下。

1. 计算各污染物的统计量浓度值

统计各城市的 SO_2,NO_2,PM_{10},$PM_{2.5}$ 的月均浓度,并统计一氧化碳(CO)日均值的第 95 百分位数以及臭氧(O_3)日最大 8 h 平均值的第 90 百分位数。当总天数不满足百分位数计算的数据要求时,取各天中的最大值。

2. 计算各污染物的单项质量指数

污染物 i 的单项质量指数 I_i 按式(1)计算:

$$I_i = \frac{C_i}{S_i} \tag{1}$$

式中：C_i 为污染物 i 的浓度值，当 i 为 SO_2，NO_2，PM_{10} 及 $PM_{2.5}$ 时，C_i 为月均值，当 i 为 CO 和 O_3 时，C_i 为特定百分位数浓度值；S_i 为污染物 i 的日均值二级标准（对于 O_3，为 8 h 均值的二级标准）。

3. 计算城市年（季、月）的空气质量综合指数 I_{sum}

空气质量综合指数的计算需涵盖全部 6 项污染物，计算方法如式（2）所示：

$$I_{sum} = \sum_i I_i \tag{2}$$

式中：I_{sum} 为空气质量综合指数；I_i 为污染物 i 的单项质量指数，i 包括全部 6 项指标，即 SO_2，NO_2，PM_{10}，$PM_{2.5}$，CO 和 O_3。

（四）气象观测资料

从江苏省气象信息中心获得同时期南京市气象观测资料。地面气象观测资料主要为月平均气温、月平均最高气温、月平均最低气温、月平均相对湿度、月平均降水量、月平均气压和月日照时数共 7 个主要要素。数据来源于江苏省气象局。

（五）统计分析

主要采用描述性流行病学方法对比分析相关病例，使用 Microsoft Office Excel 2010 和 SPSS 16.0 软件对数据进行统计和相关性分析。

二、研究结果

（一）2013—2015 南京市气象观测资料分析

南京属于北亚热带季风气候，气候温和，四季分明，雨量适中。降雨量四季分配不均。冬半年（10 月至翌年 3 月）受寒冷的极地大陆气团影响，盛行偏北风，降雨较少；夏半年（4—9 月）受热带或副热带海洋性气团影响，盛行偏南风，降水丰富。2013—2015 年该地区主要的气候特征见表 1。

表 1　2013—2015 年南京市主要气候特征

年份	月份	月平均气温（℃）	月平均气压（0.1 hPa）	月降水量（0.1 mm）	月平均相对湿度（%）	月平均风速（m/s）
2013	1	3.0	10231	178	71	2.4
	2	5.5	10209	699	79	3.3
	3	10.8	10150	429	63	3.6
	4	16.0	10103	228	51	3.3
	5	21.7	10053	1101	70	3.2
	6	24.3	10021	1726	78	3.3

年份	月份	月平均气温(℃)	月平均气压(0.1 hPa)	月降水量(0.1 mm)	月平均相对湿度(%)	月平均风速(m/s)
2013	7	30.5	9997	2296	67	2.8
	8	30.8	10009	1155	66	3.1
	9	23.6	10102	670	74	2.8
	10	18.4	10164	224	69	2.8
	11	12.1	10190	172	65	2.4
	12	4.7	10221	106	64	2.1
2014	1	5.6	10219	206	66	2.4
	2	4.7	10209	1212	80	3.1
	3	11.8	10166	684	67	3.0
	4	16.3	10122	976	73	3.0
	5	22.6	10064	263	62	3.1
	6	24.6	10015	1118	76	2.5
	7	27.1	10015	2635	83	2.3
	8	25.3	10038	1588	87	2.2
	9	23.2	10083	892	85	2.8
	10	18.9	10156	320	74	2.3
	11	12.6	10188	979	76	2.3
	12	4.6	10247	38	59	2.2
2015	1	4.9	10233	299	69	2.2
	2	6.3	10202	581	72	2.6
	3	10.6	10178	1048	73	2.8
	4	15.7	10119	1216	68	2.7
	5	21.4	10052	961	71	2.8
	6	24.1	10016	6615	78	2.6
	7	26.4	10014	2580	80	2.5
	8	27.3	10032	1874	75	2.6
	9	23.6	10097	636	73	2.5
	10	18.5	10156	616	71	2.4
	11	11.7	10197	1107	80	2.5
	12	6.4	10239	123	70	1.9

　　根据南京市 2013—2015 年三年平均气温月变化(图 1a)可以看出,平均气温月变化曲线走向基本一致,冬季气温最低,月平均气温在 0~6℃;夏季气温最高,最热月出现在 7、8 月份,月平均气温在 26~28.3℃;春、秋季的曲线陡而对称,气温上升和下降都非常快。由于受季风影响,江苏冬、夏偏长,春、秋较短。

　　根据南京市 2013—2015 年三年平均降水量月变化(图 1b)可以看出,除去个别月份(2015年 6 月)外,南京年降水量的年际波动不是很大,整体有微弱上升趋势。季节平均降水呈现上升趋势,但幅度很小。夏季降水最多,其次是春季和秋季,冬季降水最少。对降水量增加的贡献主要体现在夏季和冬季。

　　根据南京市 2013—2015 年三年平均风速月变化(图 1c)可以看出,平均风速月变化曲线走向基本一致,冬季(11、12、1月份)平均风速较低,春季和夏、秋季节平均风速较高。平均风速最高月份一般集中在3月份。

根据南京市2013—2015年三年相对湿度月变化(图1d)可以看出,相对湿度月变化曲线走向差异较大,这可能与不同年份同期气温和降水量变化差异有关。

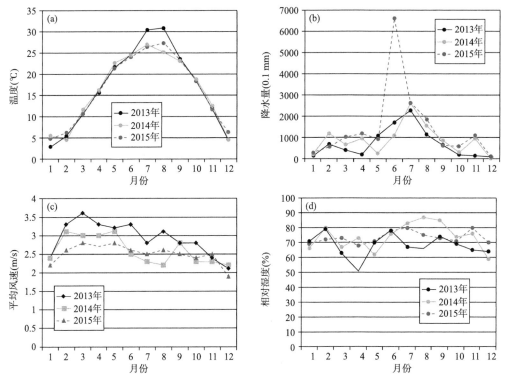

图1　2013—2015年南京市主要气象要素月分布

(二)呼吸科月就诊人数的特点分析

呼吸系统疾病是一种常见病、多发病,主要病变在气管、支气管、肺部及胸腔,病变轻者多咳嗽、胸痛,呼吸受影响,重者呼吸困难、缺氧,甚至呼吸衰竭而致死。在城市的死亡率中占第3位,而在农村则占首位。更应重视的是,大气污染、吸烟、人口老龄化及其他因素使国内外的慢性阻塞性肺病(简称慢阻肺,包括慢性支气管炎、肺气肿、肺心病)、支气管哮喘、肺癌、肺部弥散性间质纤维化,以及肺部感染等疾病的发病率、死亡率有增无减。

医院呼吸科(亦称呼吸内科)主要是诊治与呼吸系统相关的疾病,最常见的包括上呼吸道感染、慢阻肺、支气管哮喘、支气管扩张、呼吸衰竭、肺结核、肺炎、间质性肺病、肺部肿瘤,还有其他像脓肿、气胸及胸腔积液等疾病。

图2是南京市某医院2013—2015年呼吸科就诊人数的月分布情况。从图中可以看出,呼吸科就诊病人全年都有发生,有明显的季节性高峰。7—8月夏季就诊人数显著上升,12月和1月冬季就诊人数达到高峰。全年呈现出一定的季节性变化。每年7、8、12、1月就诊人数占全年就诊人总数的37.64%～39.95%(表2)。对年份之间的就诊病人数分析表明,虽然各高峰月份之间略有不同,但差异无显著性($P>0.05$)。

表 2　2013—2015 年南京市某医院呼吸科就诊人数月构成

月份	就诊人数和月构成比		就诊人数和月构成比		就诊人数和月构成比	
	2013 年	比例(%)	2014 年	比例(%)	2015 年	比例(%)
1	5074	8.35	8054	12.22	7652	10.51
2	4482	7.37	4330	6.57	6994	9.61
3	5328	8.77	5608	8.51	6982	9.59
4	6540	10.76	5054	7.67	6194	8.51
5	4272	7.03	4968	7.54	5402	7.42
6	3176	5.22	4302	6.52	4932	6.77
7	4718	7.76	5262	7.98	6426	8.83
8	4876	8.02	6298	9.55	6028	8.28
9	4184	6.88	5496	8.34	5174	7.11
10	4400	7.24	4744	7.20	4980	6.84
11	5576	9.17	5328	8.08	4754	6.53
12	8160	13.42	6488	9.84	7288	10.01
合计	60786	100.00	65932	100.00	72806	100.00

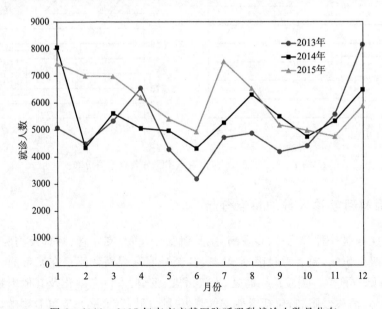

图 2　2013—2015 年南京市某医院呼吸科就诊人数月分布

(三)南京市肺结核月发病的特点分析

肺结核是一种最为常见的呼吸道类传染病,主要以空气为传染媒介,即飞沫传染,是由结核杆菌在肺部感染所引起的一种对健康危害较大的慢性传染病。肺结核一年四季都可以发病,15～35 岁的青少年是结核病的高发峰年龄段,潜伏期 4～8 周。南京市人口密集、交通便利,近几年南京市肺结核的发病在江苏省传染病中的位次已跃居前列,成为影响南京市居民健康的主要呼吸道类传染病。

图 3 是 2013—2015 年南京市肺结核发病人数的月分布情况。从图中可以看出,肺结核全

年都有发生,2月平均发病人数略低于其他月份,3—4月平均发病人数略高于其他月份,但没有明显季节性变化特征(表3)。对不同年份的就诊人数分析表明,虽然各月份就诊人数之间略有不同,但差异无显著性($P>0.05$)。

表3　2013—2015年南京市肺结核发病人数和月构成比例

月份	发病人数和月构成比例		发病人数和月构成比例		发病人数和月构成比例	
	2013年	比例(%)	2014年	比例(%)	2015年	比例(%)
1	203	7.62	226	8.43	264	9.34
2	188	7.06	183	6.83	249	8.81
3	251	9.42	224	8.36	282	9.98
4	283	10.62	253	9.44	252	8.92
5	238	8.93	234	8.73	231	8.17
6	235	8.82	243	9.07	226	8.00
7	241	9.05	222	8.28	246	8.70
8	228	8.56	252	9.40	268	9.48
9	220	8.26	236	8.81	229	8.10
10	192	7.21	208	7.76	181	6.40
11	188	7.06	202	7.54	205	7.25
12	197	7.39	197	7.35	193	6.83
合计	2664	100.00	2680	100.00	2826	100.00

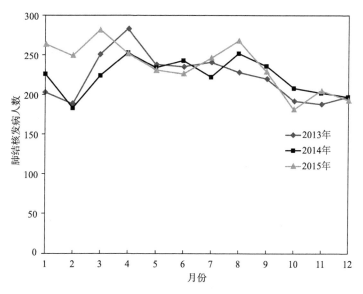

图3　2013—2015年南京市肺结核发病人数月分布

(四)空气污染情况及主要污染物资料分析

1. 环境空气综合质量分析

表4中,南京市近三年的月环境空气综合质量指数数据表明,11月、12月和1月该指数值

较高,表明这期间南京空气质量较差,空气污染程度较重;6、7、8、9 月该指数值较低,表明该期间南京空气质量较好,空气污染程度较轻(图 4)。

表 4　2013—2015 南京市环境空气综合质量指数月分布情况

	1 月	2 月	3 月	4 月	5 月	6 月	7 月	8 月	9 月	10 月	11 月	12 月	平均
2013 年	11.00	3.96	4.29	4.20	4.15	3.76	2.67	3.03	3.51	4.10	5.00	6.60	4.69
2014 年	10.41	6.40	7.54	6.41	8.47	7.76	5.88	3.95	5.24	6.55	7.11	6.66	6.87
2015 年	7.98	6.25	5.75	5.93	5.73	5.15	4.43	4.66	4.38	6.46	5.59	7.63	5.83

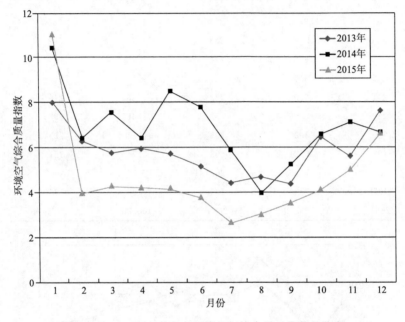

图 4　2013—2015 南京市环境空气综合质量指数月分布

2. 主要污染物分析

2015 年 1、2、11、12 月的 $PM_{2.5}$、PM_{10}、SO_2、NO_2、CO、O_3 的月平均浓度处于全年较高水平,而 6、7、8、9 月则表现为较低水平,具有一定的季节性变化;相反,4—9 月 O_3 的月平均浓度呈现较高水平,而 10、11、12、1、2 月呈现出较低水平(表 5,图 5)。PM_{10}、SO_2、NO_2、CO 月平均浓度全年变化趋势与 $PM_{2.5}$ 全年变化趋势基本一致,呈显著正相关($P<0.01$);O_3 月平均浓度全年变化趋势与 $PM_{2.5}$ 呈显著负相关($P<0.01$)(表 6)。这表明南京秋、冬季期间雾霾污染水平较高,而夏季则相对污染较低,$PM_{2.5}$、PM_{10}、SO_2、NO_2、CO 之间的污染水平变化具有相关性。

表 5　2015 年南京市主要污染物月均浓度

月份	$PM_{2.5}$ ($\mu g/m^3$)	PM_{10} ($\mu g/m^3$)	SO_2 ($\mu g/m^3$)	NO_2 ($\mu g/m^3$)	CO-95per (mg/m³)	O_3-8h-90per ($\mu g/m^3$)
1	96	154	31	67	2.0	55
2	73	114	22	45	1.6	102
3	56	95	20	50	1.7	127
4	51	96	20	56	1.3	168

月份	PM$_{2.5}$ ($\mu g/m^3$)	PM$_{10}$ ($\mu g/m^3$)	SO$_2$ ($\mu g/m^3$)	NO$_2$ ($\mu g/m^3$)	CO-95per (mg/m^3)	O$_3$-8h-90per ($\mu g/m^3$)
5	52	89	19	47	1.2	187
6	48	79	15	39	1.1	182
7	36	63	13	36	0.9	186
8	34	66	14	38	1.1	207
9	30	61	15	43	1.1	167
10	58	111	21	61	1.6	151
11	57	87	17	53	1.8	107
12	94	143	25	65	1.7	71
平均	57.1	96.5	19.3	50.0	1.4	142.5

注：CO-95per 指的是一氧化碳第 95 百分位浓度；O$_3$-8h-90per 指的是臭氧第 90 百分位浓度。

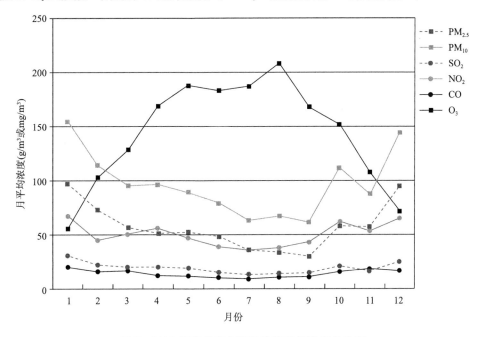

图 5　2015 年南京市主要污染物月均浓度月分布

表 6　PM$_{2.5}$、PM$_{10}$、SO$_2$、NO$_2$、CO、O$_3$ 月平均浓度的相关关系

雾霾变量	PM$_{2.5}$	PM$_{10}$	SO$_2$	NO$_2$	CO-95per	O$_{3\text{-}8H}$-90per
PM$_{2.5}$	1.000	0.978**	0.928**	0.804**	0.823**	−0.905**
PM$_{10}$	0.978	1.000	0.970	0.872	0.821	−0.860
SO$_2$	0.928	0.970	1.000	0.867	0.820	−0.839
NO$_2$	0.804	0.872	0.867	1.000	0.817	−0.757
CO-95per	0.823	0.821	0.820	0.817	1.000	−0.901
O$_{3\text{-}8H}$-90per	−0.905	−0.860	−0.839	−0.757	−0.901	1.000

注：** 相关系数通过 0.01 显著性水平检验；* 相关系数通过 0.05 显著性水平检验；$N=12$。

3. 雾霾主要污染物与气象条件的相关性分析

表7为2015年各雾霾主要污染物与气象要素的相关性分析。结果显示,气温与雾霾主要污染物 $PM_{2.5}$、PM_{10}、SO_2、NO_2、CO 呈显著负相关($P<0.01$),与 O_3 呈显著正相关($P<0.01$)。气压与 $PM_{2.5}$、PM_{10}、SO_2、NO_2、CO 呈显著正相关($P<0.01$),与 O_3 呈显著负相关($P<0.01$)。风速与 PM_{10}、SO_2、NO_2 呈显著负相关($P<0.05$),与 $PM_{2.5}$ 有一定的影响,但无统计学意义($P>0.05$),推测这可能与 $PM_{2.5}$ 粒径微小、空气动力学上难以扩散有关。相对湿度与 $PM_{2.5}$、PM_{10}、NO_2 呈显著负相关($P<0.05$),与 O_3 呈显著正相关($P<0.05$)。

表7 雾霾主要污染物月平均浓度与气象要素的相关关系

气象要素	$PM_{2.5}$	PM_{10}	SO_2	NO_2	CO-95per	O_{3-8H}-90per
月月均气温	−0.888**	−0.856**	−0.847**	−0.742**	−0.907**	0.943**
月月均气压	0.821**	0.815**	0.805**	0.813**	0.937**	−0.939**
月月均降水量	−0.395	−0.452	−0.528	−0.576	−0.529	0.498
月月均风速	−0.504	−0.632*	−0.714**	−0.652*	−0.375	0.339
相对湿度	−0.649*	−0.631*	−0.525	−0.601*	−0.423	0.641*

注:** 相关系数通过 0.01 显著性水平检验;* 相关系数通过 0.05 显著性水平检验;$N=12$。

4. 雾霾主要污染物与环境空气综合质量指数相关性分析

南京市雾霾主要污染物 $PM_{2.5}$、PM_{10}、SO_2、NO_2、CO 月平均浓度与同期环境空气综合质量指数(AQCI)呈显著正相关($P<0.01$);O_3 月平均浓度与同期 AQCI 呈显著负相关($P<0.01$)(表8)。表明南京空气污染变化趋势与同期主要污染物 $PM_{2.5}$、PM_{10}、SO_2、NO_2、CO 变化趋势基本一致。雾霾天气分布与空气污染分布基本一致,主要集中在 11、12、1、2月。

表8 AQCI(月)与 $PM_{2.5}$、PM_{10}、SO_2、NO_2、CO、O_3 月平均浓度的相关关系

	$PM_{2.5}$	PM_{10}	SO_2	NO_2	CO-95per	O_{3-8H}-90per
AQCI	0.967**	0.994**	0.964**	0.902**	0.823**	−0.835**

注:** 相关系数通过 0.01 显著性水平检验;* 相关系数通过 0.05 显著性水平检验;$N=12$。

(五)呼吸科月就诊人数/肺结核月发病人数与雾霾主要污染物之间的关系

表9结果显示,呼吸科月就诊人数与同期雾霾变量 $PM_{2.5}$、PM_{10}、SO_2 的月平均浓度水平呈正相关($P<0.05$),与 O_3 的月平均浓度水平呈负相关;但与 NO_2、CO 的月平均浓度无相关性。肺结核月发病人数与大气污染状况无明显相关性($P>0.05$)。这表明非传染性呼吸系统疾病的发病与雾霾天气中的可吸入颗粒物($PM_{2.5}$、PM_{10})和 O_3 浓度水平有密切关系,但与 NO_2、CO 浓度水平无明显相关。雾霾变量对呼吸道传染病——肺结核发病基本无影响。

呼吸科月就诊人数与月环境空气综合质量指数(AQCI)呈现正相关(相关系数为 0.568,$P>0.05$),但无统计学意义;这可能与不同污染物之间存在干扰有关。

表 9　月就诊人数/发病人数与大气污染物之间的相关关系

人数	AQCI	$PM_{2.5}$	PM_{10}	SO_2	NO_2	CO-95per	O_{3-8H}-90per
呼吸科月就诊人数	0.568	0.633*	0.618*	0.642*	0.355	0.410	−0.582*
肺结核月发病人数	−0.193	−0.156	−0.158	−0.011	−0.332	−0.110	0.128

注：** 相关系数通过 0.01 显著性水平检验；* 相关系数通过 0.05 显著性水平检验；$N=12$。

三、讨论

近年来，我国工业集中的大中型城市的大气污染问题愈加严重，雾霾天气随之增多，由此引发的人体健康问题如急性刺激、呼吸系统疾病、心血管系统疾病等引起了社会的普遍关注。污染物大量排放是形成雾霾天气的关键因素，污染物排放越多，雾霾天气发生频率越高，雾霾已成为我国城市大气中的主要污染之一。

（一）气象条件对雾霾天气的影响

雾霾是有毒有害气体、颗粒物等污染物共同导致的以能见度降低为主要表现形式的空气污染现象。灰霾/雾霾形成的最直接原因是大气颗粒物的增多，同时不利于污染物扩散的气象条件加剧了雾霾污染[19-21]。例如，大气垂直方向上的逆温现象和水平方向上的静风现象[22,23]。气温和相对湿度这两类气象要素与霾的形成也关系密切，当相对湿度保持在 70%～80%，地面气压降低而气温升高时，灰霾天气的发生概率将大幅上升[24-26]。

本研究显示南京大气环境空气质量与 $PM_{2.5}$、PM_{10}、SO_2、NO_2、CO、O_3 密切相关。气温、气压、风速、相对湿度等气象条件与南京地区雾霾主要污染物 $PM_{2.5}$、PM_{10}、SO_2、NO_2、CO、O_3 有显著相关性，但降水量与主要污染物之间无显著相关。这表明南京市雾霾主要污染物长时间变化受到各种气候因子的影响，温度、气压、相对湿度和风速都是其中重要的影响因素。不良的气象条件对南京地区雾霾天气的形成和持续有着密切关系。冬季气温降低，相对的湿度适中，较低的风速和气压容易加剧南京的空气污染，使得雾霾天气增多。南京市雾霾天气的长时间变化趋势也符合这一结论[27-29]。

（二）南京市雾霾天气形成的原因分析

我国雾霾污染特点与国外有很大不同。欧美国家空气颗粒物主要呈现细颗粒物污染的特征，而我国由于经济发展模式和能源结构的差异，呈现出煤烟、机动车尾气以及开放源复合型污染并存的态势[30,31]。

近三年南京市月环境空气综合质量指数数据表明，污染物的排放浓度基本稳定，而且还有下降的趋势。其中，$PM_{2.5}$、PM_{10}、SO_2、NO_2、CO、O_3 为主要大气污染物。

分析南京雾霾天气的成因主要有以下几点。一是自然地理环境的原因，存在有利于持续性雾霾形成的气象条件和地形地貌，如温度、气压、相对湿度和风速都是其中重要的影响因素。由于南京市的地形结构是多丘陵，有老山山脉环抱，所以一旦雾霾天气形成，那些腐蚀性的污染气体和重金属污染物都不能得到及时的扩散，最终滞留在空气中，加重雾霾天气。二是工业污染排放。南京是华东地区重要的工业集群所在地。煤和石油的燃烧造成了大量的工业排放,向大气中排放二氧化硫、粉尘和烟尘等有害气体,导致了空气质量的下降,空气中含有的污染物的浓度就会增加,最终为雾霾的形成提供了可能。三是城市交通汽车尾气废气排放。近年来,南京城市车辆数量快速增长,汽车排放的尾气对环境的污染也在加重。汽车尾气成为南京市空气的最大污染源。汽车尾气主要含有的二氧化硫、一氧化碳、氮氢化合物、氮氧化合物和烟尘微粒(油雾、铅化合物、重金属化合物等)等都是雾霾的主要组分。汽车排放的废气尾气是影响南京市空气质量状况造成雾霾天气的主要因素之一。四是城市建设中的扬尘、灰尘等悬浮物的沉积。近年来经济发展迅速,增加了建设施工中的各种粉尘和扬尘的排放,对城市空气造成了较为严重的污染,也加剧了雾霾的形成[32-34]。

(三)南京市雾霾主要污染物对呼吸系统疾病的影响

雾霾引起的人群健康效应已得到许多研究的证实,对人体的健康影响主要体现在大气颗粒物和有毒气体对人体造成的健康效应。WHO 报告指出,不论是发达国家还是发展中国家,大气颗粒物及其对公众健康影响的证据都是一致的,即目前城市人群所暴露的颗粒物浓度水平会对健康产生有害效应。

1. 雾霾主要污染物影响呼吸系统疾病发病

呼吸道系统疾病是雾霾最易诱发的疾病之一[2]。大量环境流行病学研究表明,短期暴露可引起急性症状,表现为呼吸系统刺激、咳嗽等;慢性远期可导致呼吸系统疾病恶化,慢性病患者的死亡率升高;以至于医院中此类病症应诊增多;还能使肺功能、免疫功能下降;增加恶性肿瘤的患病率等。近年来研究表明,颗粒物的浓度水平与呼吸系统的发病率、死亡率存在着正相关关系[35-37]。

雾霾的组成成分非常复杂,包括数百种大气化学颗粒物。其中有害健康的主要是直径小于 10 μm 的气溶胶粒子,如矿物颗粒物、海盐、硫酸盐、硝酸盐、有机气溶胶粒子、燃料和汽车废气等,各种大气污染可吸入颗粒物(特别是粒径小于 10 μm,如 $PM_{2.5}$、PM_{10})由于粒径小,在空气中滞留时间长,易于穿透人体呼吸道的防御结构,深入支气管和肺部,黏附和沉积在呼吸道壁和上皮细胞上;一部分引发呼吸道阻塞,引发刺激或炎症,如急性鼻炎和急性支气管炎等病症;另一部分利用运动时肺泡扩散面积的增大,进入人体的肺泡,沉积于肺的深部,使呼吸机能减退,肺的换气功能降低,从而导致呼吸系统疾病的发生。对于支气管哮喘、慢性支气管炎、阻塞性肺气肿和慢性阻塞性肺疾病等慢性呼吸系统疾病患者,可使病情急性发作或急性加重。如果长期处于这种环境还会诱发肺癌。SO_2 对上呼吸道黏膜有强烈的刺激作用,侵害呼吸道,使肺泡酸性减弱,引起气管炎、支气管哮喘或使其加重。NO_2 难溶于水,其对上呼吸道的刺激作用较小,而容易侵入呼吸道深部,尤其是 NO_2 可以直接侵入肺泡内巨噬细胞,释放蛋白分解酶,破坏肺泡。一氧化碳吸入对呼吸系统影响小,主要是直接侵入肺泡内,与人血液中的血红蛋白生成碳氧血红蛋白,碳氧血红蛋白不能提供氧气给身体组织,导致中毒,严重可能会导致昏迷和死亡。

医院日常门诊就诊往往以急性和短期呼吸道疾病发作病人较多。与国内外的文献报道基本一致[38,39],本研究证实雾霾主要污染物水平对呼吸系统疾病发病有显著的影响。从呼吸科呼吸系统疾病月就诊人数变化可以看出,南京市主要雾霾变量 $PM_{2.5}$、PM_{10}、SO_2 和 O_3 的浓度水平与居民呼吸系统疾病短期/急性发病有关。大气颗粒物($PM_{2.5}$、PM_{10})和SO_2浓度增高对南京地区呼吸系统疾病的门诊量造成一定的增加,呼吸系统疾病月门诊量较多的月份和各污染物浓度较高的月份是趋于一致的。但本研究发现,NO_2、CO浓度水平增加并不对呼吸系统疾病发病增加产生影响,这与文献报道不一致[40],推测可能是由于NO_2、CO主要是对人体造成毒性作用,而非急性呼吸道刺激和炎症效应。

由于污染物的来源相似,城市大气污染往往是悬浮颗粒物和气态污染物共同存在,并且污染物的水平与气象因素有关;随着时间的不同,污染物水平变化显著。此外,由于样本量偏少,要具体区分是某个污染物的效应还是总污染物的综合效应是比较困难的,这需要在以后的研究中进一步探讨。

2. 雾霾主要污染物对呼吸道类传染病的发病影响

气候变化是传染病传播的重要影响因素之一[41,42]。研究表明,雾霾还可能导致呼吸道传染病的高发。由于雾霾中的可吸入颗粒物极小,表面凹凸不平,其凹面部位可能有水,易黏附细菌和病毒,并为致病细菌和病毒生长提供良好条件。吸入 $PM_{2.5}$ 时容易将细菌和病毒带入体内,造成各种呼吸道传染病的流行。此外,由于雾霾天气,市民外出活动的频率有所下降,室内开窗通风意愿也相应减少,易导致呼吸道传染病在人群中传播。

近年来,国内研究气候变化及气象因素对传染病传播和发病影响比较多,但研究大气主要污染物对传染病发病的影响的有关文献甚少[43-48]。本研究显示近三年南京市呼吸道类传染病——肺结核发病情况基本持平,略有增加。其发病人数与大气污染和雾霾主要污染物水平无明显关联($P>0.05$);与同期气象因素也无明显关联($P>0.05$)。

肺结核属于呼吸道类传染病,是由结核分枝杆菌引起的慢性传染病。主要以空气为传染媒介,即飞沫传染,传染源常常是活动期排菌的肺结核病人。人体感染结核菌后不一定发病,当抵抗力降低或细胞介导的变态反应增高时,才可能引起临床发病。易感人群与感染源接触是导致疾病传播的直接原因;结核分枝杆菌活力弱,气候条件对肺结核疾病的传播影响较少。雾霾污染对呼吸道类传染病——肺结核的传播可能无明显影响。由于呼吸道传染病的发病机制、传播途径、易感人群都不完全相同,因此,雾霾污染是否对呼吸道类传染病的发病和传播有影响,还需要进一步探讨和分析。

本研究由于资料搜集限制,所选择的医院呼吸科就诊人数不多;另外,主要大气污染物之间存在明显的相关性和共线性,多污染物模型由于会增加拟合结果的标准差,因而使其在统计学上的意义较低[49]。要具体区分单一污染物的健康效应相对困难,可能会影响模型的拟合度和可靠性,因此,还需要扩大样本量等相应资料加以进一步分析探讨。

四、结论

(一)南京大气环境空气质量与 $PM_{2.5}$、PM_{10}、SO_2、NO_2、CO、O_3 密切相关

气温、气压、风速、相对湿度等气象条件与南京地区雾霾主要污染物 $PM_{2.5}$、PM_{10}、SO_2、NO_2、CO、O_3 有显著相关性,但降水量与主要污染物之间无显著相关性。这表明南京市雾霾主要污染物长时间变化受到各种气候因子的影响,温度、气压、相对湿度和风速都是其中重要的

影响因素。不良的气象条件对南京地区雾霾天气的形成和持续有着密切关系。冬季气温降低,相对湿度适中,较低的风速和气压容易加剧南京空气污染,使得雾霾天气增多。

(二)南京市居民呼吸系统疾病短期/急性发病增加与雾霾变量 $PM_{2.5}$、PM_{10}、SO_2 和 O_3 的浓度水平有关联,但与 NO_2、CO 无显著相关性

呼吸科呼吸系统疾病就诊人数较多的月份与各污染物浓度较高的月份趋于一致。南京市呼吸道传染病——肺结核发病情况与大气污染及雾霾主要污染物水平无明显关联;与同期气象因素也无明显关联。

目前,基于人群的大气污染(包括雾霾天气)急性和慢性健康效应系统研究缺少全国范围内多城市同时开展的大气污染与健康关系的定量研究。迫切需要开展大气污染(雾霾)健康影响监测,了解不同地区大气污染(雾霾)特征污染物的浓度变化规律及其对人群健康的危害,为进行健康风险评价提供数据支持。

考虑到不同来源、不同物理性质和不同化学组成的颗粒物的毒理学差异,不同人群生活方式(如饮食)和易感性的差异,开展符合本国实际气象条件,环境特征和人群特征的雾霾大气颗粒物污染健康效应研究具有重要的现实性和迫切性。通过全国范围建立空气污染(雾霾)健康影响监测网络,通过系统、长期的监测,揭示空气污染(雾霾)对人群健康影响特征及变化趋势,评估雾霾天气下特征污染物的人群暴露水平,评估人群健康风险及其特征,识别雾霾天气相关的易发疾病、敏感人群及区域差异,为采取针对性的人群干预措施,制定应对策略,为治理和控制雾霾提供科学依据。

(本报告撰写人:茆文革,成芳)

作者简介:茆文革(1966—),劳动卫生与环境卫生学博士,主任医师。主要从事公共卫生研究。本报告受气候变化与公共政策研究院开放课题资助(编号:14QHA014)。

参考文献

[1] World Health Organization(WHO). Air Quality Guidelines for Particulate Matter,Ozone,Nitrogen Dioxide and Sulfur Dioxide-Global Update 2005-Summary of Risk Assessment[R]. 2005.

[2] 杨卓森.雾霾污染致人体健康效应的研究进展[J].职业与健康,2014,**30**(1):2517-2520.

[3] 游燕,白志鹏.大气颗粒物暴露与健康效应研究进展[J].生态毒理学报,2012,**7**(2):123-132.

[4] 陈仁杰,阚海东.雾霾污染与人体健康[J].自然杂志,2013,**35**(5):342-344.

[5] Krewski D,Burnett R T,Goldberg M S,et al. Overview of the reanalysis of the Harvard six cities study and American cancer society study of particulate sir pollution and mortality[J]. Journal of Toxicology and Environmental Health A,2003,**66**(16-19):1507-1551.

[6] Pope III C A,Dockery D W. Health effects of fine particulate air pollution:Lines that connect,2006 Critical Review[J]. Journal of Air and Waste Management Association,**56**:709-742.

[7] 王园园,周连,陈晓东.灰霾对人体健康影响研究进展[J].江苏预防医学,2012,**23**(4):37-39.

[8] 白志鹏,蔡斌彬,董海燕,等.灰霾的健康效应[J].环境污染与防治,2006,**28**:198-201.

[9] 阚海东.雾霾天气下的细颗粒物污染和居民健康[J].中华预防医学杂志,2013,47:491-493.

[10] 孙志豪,崔燕平.PM$_{2.5}$对人体健康影响研究概述[J].环境科学,2013,26(4):75-78.

[11] 王秦,李淮游,陈晨,等.我国雾霾天气PM$_{2.5}$污染特征及其对人群健康的影响[J].中华医学杂志,2013,93(34):2691-2694.

[12] 彭晓武,马小玲,许振成,等.广州市灰霾天气及其对人群健康影响的初步调查[C].中国环境科学学会学术年会论文集,2009:901-907.

[13] 殷永文,程金平,段玉森,等.上海市霾期间PM$_{2.5}$、PM$_{10}$污染与呼吸科、小儿呼吸科门诊人数的相关分析[J].环境科学,2011.32(7):1894-1898.

[14] 李国星,陶辉,刘利群,等.PM$_{10}$与表观温度交互作用对北京市某医院呼吸系统疾病急诊的影响[J].环境与健康杂志,2012,(06):5-8.

[15] 殷文军,彭晓武,宋世震,等.广州市空气污染与城区居民心脑血管疾病死亡的时间序列分析[J].环境与健康杂志,2012,29(6):521-525.

[16] 王德庆,王宝庆,白志鹏,等.PM$_{2.5}$污染与居民每日死亡率关系的Meta分析[J].环境与健康杂志,2012,29(6):529-532.

[17] 普映娟,王琳邦.环境空气质量综合指数评价方法探讨[J].环境科学导刊,2010,29(2):93-94.

[18] 王帅,潘本锋,张建辉,等.环境空气质量综合指数计算方法比选研究[J].中国环境监测,2014,30(6):46-52.

[19] 吴丹,于亚鑫,夏俊荣,等.南京市灰霾天气的长时间变化特征及其气候原因探讨[J].大气科学学报,2016年,39(2):232-242.

[20] 孙彧,马振峰,牛涛,等.最近40年中国雾日数和霾日数的气候变化特征[J].气候与环境研究,2013,18(3):397-406.

[21] 戴永立,陶俊,林泽健,等.2006—2009年我国超大城市霾天气特征及影响因子分析[J].环境科学,2013,34(8):2925-2932.

[22] 曹剑秋,郭品文.江苏省雾霾天气特征分析[J].气象科学,2016,(36)4:483-493.

[23] 龙时磊,曾建荣,刘可,等.2013.逆温层在上海市空气颗粒物积聚过程中的作用[J].环境科学与技术,36(6L):104-109.

[24] 刘梅,严文莲,张备,等.2013年1月江苏雾霾天气持续和增强机制分析[J].气象,2014,40(7):835-843.

[25] 廖晓农,张小玲,王迎春,等.北京地区冬夏季持续性雾霾发生的环境气象条件对比分析[J].环境科学,2014,35(6):2031-2044.

[26] 靳利梅,史军.上海雾和霾日数的气候特征及变化规律[J].高原气象,2008,27(S1):138-143.

[27] 魏玉香,童尧青,银燕,等.南京SO$_2$、NO$_2$和PM$_{10}$变化特征及其与气象条件的关系[J].大气科学学报,2009,32(3):541-547.

[28] 魏建苏,孙燕,严文莲,等.南京霾天气的特征分析和影响因子初探[J].气象科学,2010,30(6):868-873.

[29] 程婷,魏晓弈,翟伶俐,等.近50年南京雾霾的气候特征及影响因素分析[J].环境科学与技术,2014,37(6):54-61.

[30] 吴丹,于亚鑫,夏俊荣,等.我国灰霾污染的研究综述[J].环境科学与技术,2014,37(120):295-304.

[31] 吴兑.灰霾天气的形成和演化[J].环境科学与技术,2011,34(3):157-161.

[32] 张小曳,孙俊英,王亚强,等.我国雾—霾成因及其治理的思考[J].科学通报,2013,58(13):1178-1187.

[33] 李传荣.对南京市雾霾天气分析及防治手段的研究[J].资源与环境,2014,03(上):181.

[34] 周涛,汝小龙.北京市雾霾天气成因及治理措施研究[J].华北电力大学学报,2012,2:12-16.

[35] Le T G,Ngo L,Mahta S,et al. Effects of short-term exposure to air pollution on hospital admissions of young children for acute lower respiratory infections in Ho Chi Minh City,Vietnam[J]. Res Rep Health Eft Inst,2012.169:5-72;discussion 73-83.

[36] 谢元博,陈娟,李巍.雾霾重污染期间北京居民对高浓度 PM$_{2.5}$持续暴露的健康风险及其损害价值评估[J].环境科学,2014,**35**(1):1-8.

[37] 张衍燊,周脉耕,贾予平,等.天津市可吸入颗粒物与城区居民每日死亡关系的时间序列分析[J].中华流行病学杂志,2010,**31**(5):544-548.

[38] 谷少华,贾红英,李萌萌,等.济南市空气污染对呼吸系统疾病门诊量的影响[J].环境与健康杂志,2015,**32**(2):95-98.

[39] 李宁,彭晓武,张本延,等.广州市居民呼吸系统疾病每日死亡人数与大气污染的时间序列分析[J].华中科技大学学报(医学版),2010,**39**(6):863-867.

[40] Cao Junshan,Li Weihua,Tan Jianguo,et al. Association of ambient air pollution with hospital outpatient and emergency room visits in Shanghai,China[J]. Science of the Total Environment,2009,**407**(21):5531-5536.

[41] 郭云海,何宏轩.全球气候变暖与传染病[J].现代预防医学,2008,**35**(22):4504-4505.

[42] 郭文利,赵新平,轩春怡.北京地区主要传染病与气象条件关系的探讨[J].气候与环境研究,2001,**6**(3):368-370.

[43] 李秀昌,孙健,胡亚男.长春地区气候与传染病间关系分析[J].中国卫生统计,2010,**27**(1):66-69.

[44] 韩淑娟,高云中,等.各种急性传染病与气象条件的关系及预报[J].黑龙江气象,1997(1):16-18.

[45] 朱莜英,吴增幅,吴志伟.气象要素与城市常见传染病关系分析[C].城市气象服务科学讨论会学术论文集.2001,384-386.

[46] 陈朴,邱东光,邱斌书,等.细菌性痢疾季节性高峰与气温关系的研究[J].中国公共卫生,2000,**16**(6):534.

[47] 邹纯朴,韩淑杰,王建.东北三地猩红热百日咳发病率与气象因素相关性分析[J].辽宁中医药大学学报,2008,**10**(11):40-41.

[48] 曲波,黄德生,郭海强,等.气象因素与两种虫媒传染病关系的探讨[J].中国媒介生物学及控制,2005,**16**(6):451-452.

[49] Peters A,Doring A,Wichmann H E,et al. Increased plasma viscosity during an pollution episode:A link to mortality[J].Lancet,1997,**349**:1582-1587.

Study on the Correlation between Smoggy Weather and Respiratory System Health in Nanjing

Abstract:Objective:To explore the characteristics of PM$_{2.5}$,PM$_{10}$,SO$_2$,NO$_2$,CO,O$_3$,and the influence of the haze pollutants on respiratory diseases and respiratory infectious diseases-pulmonary tuberculosis. Methods:1. The meteorological data from 2013 to 2015,AQCI in 2015,and the monitoring data of monthly average concentration of major haze pollutants have been investigated;2. The monthly outpatient visits data of the Respiratory Department and the monthly cases of pulmonary tuberculosis have been collected in the hospital in Nanjing from 2013 to 2015;3. Correlation analysis was used to analyze the relationship between the major haze pollutants and the number of outpatient visits,and pulmonary tuberculosis cases. Results:1. The average concentration of PM$_{10}$,SO$_2$,NO$_2$ and CO were significantly positively correlated with PM$_{2.5}$($P<0.01$). There was a significant negative correlation between O_3 and $PM_{2.5}$ ($P < 0.01$). Air temperature, air pressure, wind speed and relative humidity were correlated with the main haze pollutants. $PM_{2.5}$, PM_{10}, SO_2 were positively correlated ($P < 0.05$), and negatively correlated with the monthly average concentration of O_3, but there was no significant correlation between the monthly average concentrations of NO_2 and CO($P > 0.05$). There was no significant correlation between AQCI and major pollutants in tuberculosis cases ($P > 0.05$). Conclusion: Longtime changes of the main haze pollutants were susceptible to temperature, air pressure, relative humidity and wind speed. The short-term/acute incidence increases of respiratory disease were related to the concentrations of $PM_{2.5}$, PM_{10}, SO_2 and O_3, but not to NO_2 and CO. There was no significant correlation between the incidences of pulmonary tuberculosis and air pollutants and the main haze pollutants levels, and no significant correlation with the meteorological factors.

Key words: haze; ambient air quality comprehensive index; respiratory disease; pulmonary tuberculosis; outpatient visit

遏制雾霾：一个整体性治理分析框架述评

摘　要：近年来，城市雾霾污染呈现出迅速扩散的趋势，从中央到地方密集性出台政策，聚焦于雾霾治理。国内学界对于雾霾治理研究论域的基本走向是从政府管治到跨界合作，这表现为在政府管制视角下的城市中心分析单元、从单主体行动到多主体协作、从层级控制到区域联动和理论系谱下的多种研究方法运用。在综合学界研究的基础上，以整体性治理理论的分析框架，并结合国内雾霾治理研究的最新的动态，构建一个三维度遏制雾霾的整体性治理分析框架，即在雾霾治理层级上构建纵向维度政府间联动关系，在雾霾治理主体上构建横向维度部门间合作伙伴和在雾霾治理功能上构建空间维度区域协调治理机制。

关键词：雾霾治理　整体性治理分析框架

雾霾治理是 2012 年左右由于雾霾天气的频繁出现才逐渐在国内学术界兴起的研究术语，但关于大气方面的污染治理研究在早在 20 世纪 80 年代就有了初步的探索，相关《大气污染防治法》在第六届全国人民代表大会第二十二次常务委员会会议上得以通过，随后又在 1995 年进行了相关修正，并分别于 2000 年和 2015 年修订。近几年来，雾霾天气具有跨区域分布、危害性强、源头多等特征，针对这些特征进行相应的雾霾治理成为人类社会生存与发展的重要举措。随着雾霾治理实践的不断深入，相关的理论研究也成为学术界的热门话题。面对日趋严重的雾霾天气，各国学者在法律法规、技术设计、管理政策等方面提出了一系列见解，基本采用了以案例分析的方法，使得问题的解决更加形象生动。本文首先对国内雾霾治理研究状况进行一个综合性的梳理，然后基于整体性治理理论，并综合相关研究，构建一个遏制雾霾的整体性分析框架，以期对国内雾霾治理研究进行一个综合的总结和评价。

一、雾霾治理研究背景：从污染扩散到政策聚焦

我国城市雾霾在近年来迅速扩散，成为一个严峻的环境污染问题，这引起了中央政府的高度关注，从中央到地方制定了一系列政策，聚焦于遏制雾霾污染。

（一）城市雾霾污染呈迅速扩散态势

雾和霾这两种天气现象具有气溶胶特征，会造成不同程度的视觉障碍。通常情况下，雾霾天的空气是相当浑浊的，基本呈灰色，有时甚至还会出现黄色或红色浑浊现象。雾霾的构成要素十分复杂，在这两种天气共存状态下的颗粒物容易与有害气体、微生物、重金属等发生相互作用，形成有害物质，对人的身体健康造成危害。

自 2012 年入冬以来，雾霾开始频繁出现在我国中东部地区的城市上空。有学者认为，中国的雾霾和美国 20 世纪 50 年代出现的大气污染烟雾是一样的，其实不然，我国的雾霾天气因地域性特点，在构成要素、扩散强度等方面与国外的烟雾有所不同。总的来说，我国的雾霾基

本呈现出复合性特征,这个特征不仅指雾霾的形成元素方面,也指向雾霾的扩散范围方面。雾霾的基本形成元素通常是汽车尾气和煤烟混合物以及这两者之间所产生的化学污染反应,这种化学污染反应所产生的颗粒物包括氮氧化物、一氧化碳和二氧化硫等化学杂质。除此之外,空气中繁殖迅速的微生物也是雾霾的形成要素之一[1]。雾霾在扩散分布上也具有复杂性,一般而言,越是经济发达、人口密集的地方越是容易形成雾霾天气,所以,我国长三角、京津冀、珠三角等地区经常遭受雾霾天气的困扰。不仅如此,随着气体流动和风向的变化,这种雾霾天气会慢慢向经济欠发达区过渡,形成大片性的区域性污染现象。显而易见,我国的雾霾天气与国外几十年前发生的烟雾现象大不相同,不仅在雾霾的来源上,更在雾霾的危害性及持续度上得以充分体现。有学者将这种有中国特色的雾霾天气概括为"灰霾"(gray haze),但该词尚未得到国际学术界的认可[2]。

(二)雾霾治理政策频繁颁布的高压态势

2013 年,根据环保部门提供的数据和图表,雾霾天气几乎遍布中国的大小城市,其严重性和紧迫性前所未有,这引起了中央政府与地方政府的高度重视,相关政策开始频频出台,这使得雾霾治理作为全国人民都关注的环境治理问题,更是获得了中央政府以及地方政府这些环境公共政策制定者的重视。

首先,中央政府层面制定的关于雾霾天气治理的公共政策主要有以下几个。第一,就是从 1987 年开始就通过的《中华人民共和国大气污染防治法》,该法在 2015 年 8 月 29 日完成了第二次修订,并于 2016 年 1 月 1 日开始实施,该法的颁布以及随后几年的修订与完善为起初的雾霾治理提供了一定的指导。第二,随着雾霾天气的恶化,国务院针对此现象于 2012 年颁布了新《环境空气质量标准》,PM$_{2.5}$随后被列为雾霾预警的重要指标之一。第三,就是国务院于 2013 年制定的《国家大气污染防治行动计划》,该计划对 2013—2017 年的大气污染防治进行了细致的规划与布局,提出了污染防治的十条举措,在一定程度上缓解了我国目前雾霾治理难的局面。第四,国务院于 2013 年对国家 4 号、5 号柴油以及汽油进行了用油标准设定,严格的用油设定使机动车尾气排放总量有所回落,在一定程度上减少了大气污染物的排放。

其次,地方政府层面上的雾霾治理政策主要有:《京津冀及周边地区落实大气污染防治计划及其细则》,该细则明确了大气污染防治的首要任务,使冶金、钢铁、火电、建材、煤炭等行业的监控得到了重视;还有一些地方政府结合当地特色推出了和《大气污染防治法》配套细化的下位法,如《北京市大气污染防治条例》《山西省落实大气污染防治行动计划实施方案》《四川省灰霾污染防治实施方案》等相关条例。除此之外,各地政府还根据自身的治理需要,颁布了一系列治理工程规划,如《京津风沙源治理二期工程规划(2013—2022 年)》《珠江三角洲城镇群协调发展规划》《珠江三角洲环境保护一体化规划(2009—2020 年)》等,这些规划的建立与颁布为地方政府展开区域性治理合作、打破区域行政壁垒等起到了重要作用。

二、雾霾治理研究论域:从政府管制到跨界合作

以"大气污染"为全文搜索对象在中国知网中进行文献搜索,可以发现,"大气污染"这个名

词最早于 1939 年就有了相应的研究。随后又以"雾霾"为全文搜索对象进行搜索,全文中有"雾霾"的研究在 1976 年才开始出现,比"大气污染"的相关研究晚了将近 40 年。而再以"雾霾治理"进行全文对象搜索时,文献的最早资源于 1997 年才开始出现,完全滞后于 1987 年《大气污染防治法》的颁布,这表明我国雾霾治理方面的学术研究在很大程度上都没有发挥好导向作用。以期刊为类别缩小范围进行检索,共得出篇名有"雾霾治理"的文章 409 篇,而将期刊范围限定为核心及以上级别期刊时,搜索结果却仅为 61 条,这在很大程度上说明了我国雾霾治理方面的研究还比较浅薄。从期刊文献的搜索结果来看,自 2012 年以来,对中国雾霾治理的研究日趋增多,尤其是 2013 年《大气污染防治行动计划》的颁布,雾霾治理研究的相关文献呈现出直线上升的趋势,且大多集中发表在环境保护、生态经济类刊物以及各大期刊中的环境研究版面,对雾霾污染、能源结构、雾霾天气、产业结构、雾霾治理等多个方面都进行了探索,横跨了工程科技、社会哲学、经济与管理等多个学科研究领域。

为了更好地探索国内学界对雾霾研究的发展趋势,以"雾霾"+"治理"组合在中国智库网学术期刊全文数据库查询,共 646 篇,以这些论文为样本,计算出核心期刊和一般期刊的频数和比率见表 1。

表 1　2012—2017 年国内雾霾治理研究文献统计一览表

年份	频数(篇)		比例		累计比例	
	核心	一般	核心	一般	核心	一般
2012	0	1	0.00%	0.15%	0.00%	0.15%
2013	7	46	1.08%	7.12%	1.08%	7.28%
2014	22	163	3.41%	25.23%	4.49%	32.51%
2015	26	141	4.02%	21.83%	8.51%	54.33%
2016	39	128	6.04%	19.81%	14.55%	74.15%
2017	8	65	1.24%	10.06%	15.79%	84.21%
合计	102	544	15.79%	84.21%		

注:其中"核心"包括 SCI 来源期刊、EI 来源期刊、核心期刊和 CSSCI 期刊四个部分,"一般"指除这四部分之外的期刊。

根据表 1 中的累计比例数据,可以绘制出 2012—2017 年国内雾霾治理研究核心期刊与一般期刊发文比较趋势图(图 1)。国内研究在 2014 年前后发文量达到峰值,这主要表现为"一般"期刊的发文数,"核心"期刊的发文数一直呈现出稳定增长,到 2016 年达到了峰值。因为发文统计时间截至 2017 年 8 月,这是 2017 年内部分发文数,不难预测,2017 年定会有大量的雾霾治理研究论文,"核心"期刊的发文数很可能会比 2016 年有进一步地增长。而"一般"期刊的发文数则在 2014 年后就呈明显持续下降趋势,这说明,国内学者对雾霾治理研究理论深度呈现逐步递增的趋势,一些高质量的研究成果不断涌现。

以 2012—2017 年检索的论文为分析对象,从雾霾治理的研究对象、行动主体、治理机制、研究理论及方法等论域出发,国内雾霾治理的研究内容呈现一个从政府管制到跨界合作的线路图。在早期的雾霾治理研究中,是以城市政府进行雾霾治理作为研究领域,强调政府的单主体行动,缺乏部门间的合作,以政府管制理论作为基础,后来研究拓展为多主体行动、区域协调,以及多种理论及方法的研究。

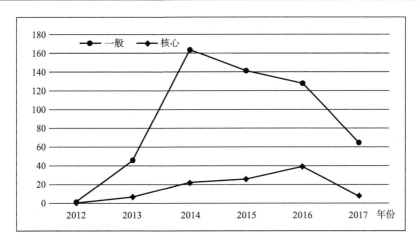

图 1　2012—2017 年国内雾霾治理研究核心期刊与一般期刊发文数量比较

(一)政府管制下的城市中心分析思路

政府管制是政府管理范式的一个研究工具,它是指"政府运用公共权力,通过制定一定规则,对个人和组织的行为进行限制与调控的活动"[3],OECD 将政府管制定义为政府对于企业、公民以及政府自身的一种限制手段,包括经济、社会与行政管制三部分组成,其中维护环境保护等社会价值是社会管制的内容[4]。政府管制有助于防止垄断,解决信息、外部性、内部性问题以及维护社会公正。政府管制并非万能的,也会出现管制失灵(failure of regulation)的现象,这主要包括管制规则失灵和管制执行失灵两个方面,由此推动了学界在雾霾治理研究中从政府管制转向公共治理的研究视角。

城市作为雾霾天气的多发地带,得到了国内理论界的高度重视,学者们从宏观与微观两大视角分别出发,以城市为中心对雾霾天气的治理进行了研究。

从宏观层面看,将城市总体雾霾现象作为主体来分析,从雾霾天气的形成因素入手,提倡综合性治理。在雾霾的成因方面,更多学者偏向于从气象学的角度进行研究,学者李亚平指出,冬天具有易发雾霾的气象条件,这种条件与城市中的灰尘相结合,使城市形成一大片的"雾岛",这种天气特征致使雾霾中的颗粒物无法扩散和稀释,危害人体健康;他在减少大气污染的措施上同样指出要利用气象学知识,将会产生污染气体的企业分布在城市最小风频的上风方向,从而达到减少污染的目的[5]。除了从气象学角度进行研究外,还有不少学者从经济学角度进行了相应的研究。任保平和宋文月从经济学的角度出发,指出我国的雾霾天气大多分布在能源产出基地、重工业集聚区和城市规模较大的地区,这种区域分布特征主要由能源结构、经济发展方式、经济结构等方面的不合理所造成,要摆脱这种雾霾天气,必须形成集多元供给的能源结构、低碳发展的产业结构、质量增长的经济结构为一体的雾霾治理经济机制[6]。学者郭俊华和刘奕玮从经济学的另一角度出发,点明了雾霾天气与能源结构、产业结构之间的关系,通过对产业结构现状及其成因的进一步分析,提出了运用新兴技术优化产业结构从而使大气污染得到缓解的措施[7]。还有学者从形成雾霾天气的能源结构因素入手,在对我国能源结构现状进行分析的基础上提出了以优化能源结构来治理雾霾的对策[8]。梅涛着重研究了雾霾的综合治理措施,提出了以决策规划为基础、以技术创新为支撑、以教育宣传为助力的综合治理策略[9]。这种宏观层面进行的研究虽然视角多样且极具概括性,但是却难以摆脱思维模式定式及观念雷同、结论相似的弊端。

从微观层面看,将单个城市的雾霾案例作为研究主体,从城市的地理位置、气候条件等雾霾成因入手,提倡专业性的治理。这些学者进行雾霾治理研究的一贯思路就是先就城市当地的雾霾现状及成因进行分析,随后提出相应的治理措施,如巩倩汝、吴霜、刘安钦、于乔、闫炜等学者就是按此思路分别对北京、朝阳、东营、哈尔滨、济宁等城市的雾霾治理进行了研究,将这些学者的研究城市按地域分类,又可以分为北方和南方两大类。其中,北方城市的研究以北京、西安、沈阳、石家庄等城市为主,南方城市的研究则主要集中在长沙、宁波、贵阳、南昌等地。除此之外,还有极个别学者另辟蹊径对单个城市的雾霾进行了研究。万玉山等从常州雾霾治理的措施入手,指出低碳城市建设将成为雾霾治理的最佳模式,通过对常州市低碳城市的建设问题进行分析,以建筑、工业、交通为重点对低碳发展目标进行设想,并提出了行之有效的措施[10]。学者苏惠直接对长株潭地区的雾霾治理措施进行了研究,并在结合已有实践的基础之上提出了探索一个模式、创新两种能力和着力三项优化的建议[11]。这种微观层面上进行的研究,在结论上却有着惊人的相似性,显而易见,这种以城市为中心微观层面的研究似没有将实证研究方法用到实处。

无论是从宏观层面还是从微观层面进行研究,这些研究都只集中在城市雾霾现象的表面,很少能有深入到内部的治理措施,导致雾霾治理陷入治标不治本的困境之中。

(二)从单主体行动到多主体协作

雾霾的复合性特点决定了雾霾的治理必定是复杂的、长久的,这就需要多方力量的参与,雾霾治理的主体结构逐渐从政府单个主体转变为了以政府为核心的多个主体。国内学者深刻意识到了这一点,并对雾霾治理的多元参与主体展开了一系列研究,这些参与主体可以归纳为以下四类:政府、企业、组织和公众。在这些研究中,有就单个主体所进行的系统性研究,也有就多个主体所进行的研究。

在单个主体的研究层面,王树翠[12]、马柳颖[13]、何怡平[14]等人将雾霾治理的研究重点放在政府主体上。王树翠从公共管理的理论视角出发,点明政府作为雾霾治理责任主体的重要性,通过分析目前政府治理雾霾所采取的措施,进一步从宏观层面提出了一套治理措施。对政府雾霾治理责任方面的研究还有马柳颖、李洋等人,他们指出政府在雾霾治理中具有不可推卸的政治责任、法律责任和经济责任,在对政府失责现状进行分析的基础上,提出了完善政府追责机制的相应措施。何怡平则从政府的职能转变入手,指出我国目前雾霾治理中存在的政府职能转变问题,并针对政府价值困境、传统体制束缚、职能碎片化等问题提出了相应的解决对策[14]。组织作为雾霾治理的重要社会力量,也得到了学者们的青睐。在何怡平的另一篇文章中,他和袁安琳从法治视角出发,对非政府组织如何参与雾霾治理进行了一番研究。他指出,目前我国的非政府组织在参与雾霾治理方面存在着参与能力差、政策支持弱等困境,必须在法治视域下创新非政府组织参与雾霾治理的路径[15]。对雾霾治理组织进行研究的还有雷欣[16]和贾卫娜[17]等人。雷欣指出,在雾霾治理的过程中社会环保组织将成为治理的重要力量,社会环保组织不仅在宣传调研、监督问责等方面具有优势,在技术手段方面也比较专业,针对目前环保组织存在的体制、能力、资金等方面的短板须进行相应的补充与改善。贾卫娜将政府单独治理与第三方联合治理进行对比,指出了第三方治理的优越性[17],并以此为依据提出完善雾霾治理中第三方治理机制的设想。环境是一种公共物品,公众作为环境的使用者,也自然而然地成为环境的保护者,在西方发达国家,公众在环境保护中的参与度是非常高的,我国近几年在借鉴国外经验的基础上也对公众参与雾霾治理进行了相应的研究。吴柳芬和洪大用从中国雾霾治理的政策制定入手,对政策制定中的公众参与程序进行了研究,指出政府在政策制定中的"拉力"与公众在政策制定中的"推力"作用,现今的"推拉合力"[18]使得治理政策应急化特征显著,必须通过政府与公众间的常规化、理性化、制度化的互动才能有所改善。王惠琴与何怡平[19]从公众参与雾霾治理的路径入手,指出公众参与治理方面存在意识淡薄、效能离散、途径非制度化和过程重结果化等问题,必须从公众和政府两个层面入手优化公众的参与路径。韩志明和刘璎[20]则对公民参与雾霾治理的困境和对策都进行了研究,并在改善公众参与现状的基础之上还指出了让社会组织等第三方力量参与治理的优势。对于企业主体方面的治理研究,一般都是点到为止,也有少部分学者进行了较为系统的研究,学者彭红利[21]就是其中之一,她从雾霾治理的视角出发,对治理中涉及的企业主体进行了研究,并指出了企业应承担的治理责任。

从各大主体研究的时间来看,以政府、企业及组织为参与主体进行雾霾治理的研究较早,以公众为参与雾霾治理主体的研究出现略晚,在研究的深度与广度上,各大主体都有所欠缺。

在多个主体研究层面,更是众说纷纭,有人从四大主体入手,也有人将这些主体两两结合进行了研究。王惠琴和何怡平[22]利用协同理论对雾霾治理机制的构建进行了研究,并指出可以通过建立政企间非政府协调组织、区域间协调机制、官民间监督机制和决策参谋机制等来治理雾霾。吴笑谦[23]、徐璇[24]、许军涛与吴慧之[25]等都从政府、市场和社会这三个层面对政府、企业和公民这些主体进行了现状研究及对策建议,他们都主张利用协同治理理论、博弈理论等雾霾治理现状进行分析,并对这三者的协同共治提出了自己的观点和看法。

综上所述,雾霾治理的多元主体参与方面的研究比较丰富,但在研究的深入及各大主体间的对比分析上还有所欠缺。

(三)从层级控制到区域联动

府际关系就是指政府间的关系,有横向水平关系,也有纵向垂直关系,这些关系之间可以是静态的,也可以是动态的。政府作为雾霾治理的主体,在治理的过程中首先要处理好的就是中央政府与地方政府之间的纵向关系。中央政府作为政策指令与治理方向的领导者,是推动地方政府间协作的动力来源;而地方政府间的横向关系通常又表现为交流协作、竞争摩擦和相互支援,其中交流协作具有很大的经济效益,是政府间治理雾霾的首要之选。从中央政府与地方政府之间的关系出发,可以将雾霾治理中的府际关系研究分为两类。

一是以中央政府为主导的自上而下的纵向府际关系。这类研究相对来说比较少,其中,汪旻艳[26]、姜丙毅和庞雨晴[27]等人在对政府纵向关系研究的同时也对横向政府关系进行了研究。汪旻艳从政府合作的重要性入手,指出目前政府协作存在着纵向互动不足、法律法规缺失、组织化程度低等方面的问题,需要运用公共管理方面的先进理论形成两种政府协作模式。姜丙毅和庞雨晴从雾霾天气的特性入手,指出雾霾会由局部向区域扩散,必须从纵向与横向两处把握,实现各级政府间的协作。在城市雾霾治理的研究中,也有小部分学者对纵向政府协作进行了研究,比如在利益协调机制的建立中指出将纵向机构与横向机构结合以实现跨区域治理。除了纵向政府协作方面的学术研究外,我国还进行了一些实践探索,比如建立位于长江三角区的上海经济技术开发区、治理淮河流域的污染等实践。这类研究一般都是对纵向府际关系进行简单的论述,并没有集中于纵向关系进行深入展开研究,研究的结论方面也是泛泛而谈。

二是地方政府间基于共同问题而展开协作的横向府际关系,这类研究又被学术界称为"跨区域""区域联动"等。雾霾是流动的,具有区域性扩散和渗透的特征。短时间、地方性的雾霾治理是不够的,在立足于本土雾霾治理的同时,还要加强雾霾治理的区域联动,形成区域联动治理模式,加强地方治理主体间的跨区域联动。关于区域联动治理的研究最早起源于欧美等发达国家,其代表性观点包括扩展说、外溢说、市场推动说和资源依赖说等。国内的区域联动治理研究总体起步较晚,随着雾霾天气问题的扩散,国内的区域联动治理研究也逐渐兴起,不同学者就不同的治理重点和视角展开了一系列研究。李永亮[28]运用行动—系统—动力学理论,对我国地方政府协作的现实困境进行了阐述,并以此理论为模型构建出集治理主体、治理环境、治理制度为一体的长效机制。杨增荣[29]则着重分析了同级政府间存在的合作问题及原因,在对客观因素、主观因素分别进行研究的基础上提出了相应的措施。林洁[30]将长三角地区 2013 年的雾霾治理联动机制与 2008 年进行了对比,指出了两者的相同点与不同点,并以此为依据对政府集体行动进行了思考。庄晓华[31]指出,雾霾治理需要构建一个区域联合体,并指出国内已经有很多地方进行了区域联合,这些进行区域联合的地方,如武汉城市圈、经济协作区等地都在一定程度上推进了当地的发展。这类研究相对于纵向研究来说比较系统与丰富,在区域联防这一方面有很多学者都有相应的论述,但是,在要点及结论方面都大同小异,还缺乏这方面的系统性研究。

(四)理论系谱下的多种研究方法运用

科学理论的运用是观测和解决社会问题的关键。在雾霾治理的问题研究方面,越来越多的学者也试图通过博弈理论、协同理论、自主治理理论等不同视角对雾霾天气的治理进行深入的探索,基本上形成了一个雾霾治理的理论系谱,白丽媛与方华[32]、马国顺与赵倩[33]等人从博弈理论的视角出发,对雾霾治理进行了不同研究。白丽媛和方华从博弈模型的建立入手,对雾霾治理中的利益关系进行了定性博弈分析,并特别针对企业和政府这两大治理主体提出了一定的措施。马国顺和赵倩也是通过博弈模型对有无政府监管的两种情形进行了分析,提出了一定的治理设想。储梦然和李世祥[34]从协同理论出发,对我国雾霾治理的社会协同路径进行了相应的研究,他们还在此基础上构建出一套适合我国国情的社会协同治理模型。学者宋爽[35]则从自主治理理论入手,对雾霾治理与自主治理之间的关系进行了研究,并结合自主治理理论提出了一套从工业企业、居民区、交通体系等方面进行整治的措施。学者张明从政府责任理论的角度出发,在对我国雾霾治理现状进行分析总结的基础之上,指出我国雾霾治理存在政策不健全、政府法律责任缺失、机构设置不合理、激励因素过少等责任缺失现象,并提出立足中国基本国情并借鉴国外发达经验,从污染治理走向污染防治、从中央控制走向地方责任,实现政策的整体化,充分调动地方政府和公众的积极性。在文章的最后,他从政府的行政责任、经济责任、法律责任、激励责任、决策责任以及理念责任这六个方面入手,提出了落实政府责任的具体措施。

除了上述治理理论的运用外,雾霾治理研究一般都集中在多中心治理理论、政府职能理论等视角方面,在上述的研究论域中已有阐述。总的来说,都是相对于单一理论和领域的研究,缺乏对相关理论结合性与综合性的研究。

在理论系谱的基础上,国内学者对雾霾天气治理方法方面的运用也是多种多样的。目前,这方面的研究大多从技术手段入手,如通过化学、物理等角度探寻雾霾的形成、危害、监测及治理等方面,这也是学者们惯用的思路,这种传统研究思路一般都是从雾霾天气的成因入手进行治理,如改善能源结构、减少尾气排放、提高燃油清洁程度等。除了这些传统思路研究外,案例研究、不同视角研究、国外经验研究、相关性研究等也在雾霾治理研究方法上占据了重要位置。案例研究实质就是上文论述到的一些基于个别城市雾霾现象所进行的研究,如对安徽、北京、天津、河北等地的案例探讨;不同视角研究主要有产业升级视角、负外部性视角、新能源视角、绿色民生观视角等[36],这些视角都是从治理雾霾天气的措施方法上入手,对治理雾霾进行了专项领域研究;国外经验研究主要是指一些学者凭借对国外知名城市雾霾治理方法、经验、理论等方面的研究总结,在立足于中国雾霾天气现状特征的基础上,把国外经验运用到国内雾霾治理的启示,伦敦、美国、日本等地[37]的雾霾治理就是很好的经验启示。相关性研究主要是学者基于雾霾治理的大背景对一些涉及雾霾治理效果对象所进行的一系列研究,比如环境审计问题、消费税改革、煤炭消费总量、绿色形态等[38]方面的研究。

除了上述研究方法外,还有很大一部分学者主张从法律层面入手,用政策、制度等法律工具对雾霾治理进行相应的探讨。学者白洋和刘晓源认为雾霾有其制度成因,如政府责任缺失、汽车尾气监管不足、立法理念滞后、PM$_{2.5}$规制空白等方面都是造成雾霾天气的制度性原因[39]。但是从研究方法的深度来看,目前我国雾霾治理不论是法律层面上,还是其他研究层面上都显得十分浅薄,如法律层面上,雾霾的制度成因分析不够彻底,不具备说服力,在治理措施的提倡上也比较片面化和大众化,对于那些法律措施的奏效度与适用度都有待进一步地考察与确认。

三、雾霾治理研究展望:一个整体性治理分析框架构建

在新公共管理时代,政府改革理论以市场竞争机制和分散化管理为显著特征。随着社会管理和公共服务需求日趋复杂化,新公共管理理论的缺陷也日趋明显,出现了碎片化公共服务和碎片化治理的困境。因此,在后新公共管理时代,跨部门协同(cross-agency collaboration)成为政府改革理论与实践的内在需求。多种跨部门协同理论应运而生,希克斯的整体政府理论就是这种跨部门协同理论谱系中的代表性研究成果[40]。

希克斯对整体政府理论进一步拓展,从宏观上研究跨部门协同问题,把政府与非政府组织、私人组织的协同包括进来,形成了整体治理理论。整体治理(holistic governance)是整体政府理论在全球层面的一个扩展。整体治理针对的不是专业主义,而是针对20世纪70年代末新公共管理改革以来所强化的碎片化治理问题。碎片化治理的主要缺陷在于缺乏良好的冲突管理或是不充分的专业化结构关系。希克斯归纳了碎片化治理的八大问题:让其他机构来承担代价的转嫁问题、冲突性项目、重复、冲突性目标、因缺乏沟通导致不同机构或专业缺乏恰当的干预或干预结果不理想、需求反应中的各自为战、民众服务的不可获取性或对服务内容的困惑、服务供给或干预中的遗漏或裂口。希克斯认为,碎片化治理主要是由治理战略中意想不到的结果和治理系统中的行动者的自利角色所导致的。希克斯指出,整体治理的挑战就是如何在政策、规制、服务供给和监督等层面上取得一致:政策层面包括政策的制定、政策内容的形成和对政策执行的监督;规制层面包括对个人、私人组织和政府内部的机构、内容和影响进行规制;服务供给层面包括服务供给的内容、组织和影响;监督层面包括对政策、规制、服务供给的评估、解释、审计和评价。在这些层面上取得一致是迈向整体治理的关键。希克斯归纳了识

别和理解整体治理的层级整合、功能协调和部门整合的三个维度[41]，如图 2 所示。

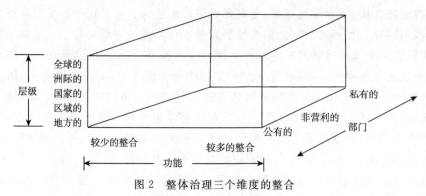

图 2　整体治理三个维度的整合

这三个维度表示三个面向的治理整合：第一个维度是对不同治理层级和同一层级的治理进行整合。这可以在地方政府内部各部门、地方政府与中央政府之间，或地方机构与区域管理机构（如欧盟总指导处等）的具体项目之间，或地方贸易标准的制定官员、国家贸易的管制者和全球贸易标准和贸易机构之间，或在全球环境保护政策制定者之间进行整合。这一个层面的整合属于政府组织间关系的整合。第二个维度是对功能内部进行协调和整合。这既可以在一些功能内部进行协调，如使海陆空三军合作，促使国防部各部门协同工作，也可以在少数功能和许多功能之间进行协调，如保健和社会保障，或城市重建所涉及的诸多部门之间。这一个层次的整合属于部门间合作。第三个维度是部门内部的整合。这可以在公共部门内部，也可以在政府部门与非营利组织之间或和私人组织、控股公司之间进行整合。这一层次的整合属于新生伙伴关系的整合。

以整体性治理理论的分析框架为基础，并结合国内雾霾治理研究的最新动态，构建一个包括治理层级、治理主体、治理功能三个立体化维度遏制雾霾的整体性治理分析框架。

（一）雾霾治理层级：纵向维度政府间联动关系构建

治理层级是纵向治理结构关系，这里主要探讨纵向政府间关系。学界从中央政府与地方政府两个方面分析了雾霾治理层级联动中存在的问题。例如，有学者基于"钱治"新闻分析了中央财政治理雾霾的问题，指出我国现行财政预算决策中存在若干的弊端：决策体制中财政部门一家独大，具体负责和执行预算资金分配，导致人大的审查和监督权"形同虚设"；决策程序缺乏民主化的机制，未能较好地征求民众的意见，不同职业或团体参与不足；决策内容有违效益和公平的法律原则，未能较好地运用资金预算的成本效益分析，且地方获得中央财政专项资金支持的待遇未能做得一视同仁；决策依据缺乏科学性、决策方式不当，很多决策缺乏根据地方实情进行全面而因地制宜地制定资金预算决策[42]。中央财政决策体制存在这些问题的一个重要原因就是决策制定时与地方联动不够，没有充分地调研和把脉地方的实际情况。也有学者从政府间博弈及地方政府自利性出发分析了雾霾治理层级联动中存在的问题，一方面，地方政府的自利性削弱了合作的动力。这种自利性容易导致"公地悲剧"，地方政府作为理性的"经济人"，倾向于采取地方保护的方式维护本地经济发展而对中央治理雾霾的政策执行力度不够，不愿意投入大量的人力和物力。另一方面，地方政府短视的利益观阻碍了政策执行的效力。在缺乏利益补偿机制的情况下，地方政策通常会选择性地执行中央层面的环保政策而不进行根本性的产业结构调整,导致雾霾治理效果不显著[43]。这样,不管是中央层面,还是地方层面,在雾霾治理中都存在着影响政府间层级联动有效运行治理雾霾的障碍性因素。

如何构建雾霾治理的纵向政府间联动关系?有学者提出通过完善中央对地方的监管机制,增加执法的权威性,从而保证地方政府在雾霾治理中的行为合法性与既定目标一致性,克服区域性大气污染中因责任主体缺失下的"无监管、无措施、无责任人"的状态[44]。2016年9月,中办和国办印发《关于省以下环保机构监测监察执法垂直管理制度改革试点工作的指导意见》(以下简称《指导意见》),实际上就是对这种研究观点的回应,该《指导意见》提出,"认真落实党中央、国务院决策部署,改革环境治理基础制度,建立健全条块结合、各司其职、权责明确、保障有力、权威高效的地方环境保护管理体制,切实落实对地方政府及其相关部门的监督责任,增强环境监测监察执法的独立性、统一性、权威性和有效性,适应统筹解决跨区域、跨流域环境问题的新要求,规范和加强地方环保机构队伍建设,为建设天蓝、地绿、水净的美丽中国提供坚强体制保障",同时要求"地方党委和政府对本地区生态环境负总责。建立健全职责明晰、分工合理的环境保护责任体系,加强监督检查,推动落实环境保护党政同责、一岗双责。对失职失责的,严肃追究责任"。这些措施,实际上是要构建一个有效执行中央环保政策的省以下环保机构层级联动机制。有学者提出通过构建政府统领机制的对策。因为优质的空气是一种公共产品,消除雾霾是政府的职责所在,中央政府与私人相比,在治理雾霾等问题的上具有独特的优势。中央政府不仅能够凭借其政治权力来制定和实施一些政策措施引导地方政府及相关主体行为选择,还能通过强大的中央财政支持手段对特定行为主体资金支持。因此,中央政府可以通过政策、资金等手段发挥协调政府间层级联动的关系。而地方政府要获得中央在治理雾霾上的政策和资金支持,也需要因地制宜地创新,探索本土化的雾霾治理措施,并将具体困难和经验教训及时反馈给中央,促使中央对地方实情的准确了解,并根据具体情况的变化及时地调整政策及资金支持[45]。这样就可以形成一种央地共同治理雾霾的良性互动关系。

(二)雾霾治理主体:横向维度部门间合作伙伴构建

雾霾治理中行动主体之间合作关系构建是治理主体结构的基本研究思路。雾霾治理涉及公私部门多种行动主体,公私合作伙伴关系成为分析主体结构的一个基本工具。公私合作伙伴关系(Public Private Partnerships,PPPs)是政府与私营部门合作提供公共服务的主要形式,它主要是通过公私合作的制度安排,以充分发挥公共部门和私有部门各自禀赋优势的一种跨组织结构模式。公私合作制已经成为合作规则下公私合作伙伴关系的一个典范。达霖·格里姆斯等学者把PPPs定义为如下安排:"公共部门实体将其控制的土地、财产或设施移交给私营部门实体(同时支付或无须支付对价),通常是根据合约的条款而定;私营部门实体新建或扩建设施;公共部门实体规定该设施的运营服务;私营部门实体使用该设施在规定的时间段内提供服务(通常在运营标准和定价方面还有限制);以及私营部门实体同意在合约结束时将该设施移交公共部门(付费或不付费)"[46]。

在雾霾治理的主体结构上面,一直存在着一种行动主体分散化的问题。大气作为一种公共物品,它的污染具有明显的外部性特征,这就决定了政府是最重要的治理主体。雾霾治理前期的研究更多地受到传统科层制体制的府际关系影响,基本形成了一种以政府为主角的府际关系,这种横向与纵向、静态与动态相结合的互动关系强调各级政府间的良性互动,忽视了企业、组织以及公民这些参与治理主体的重要性[47]。所以,在这种研究逻辑下,我国雾霾治理的主体基本处在一种分散化的游离状态。各级地方政府作为各自区域内雾霾治理的首要主体，在雾霾治理方面一直持保守态度，一味注重推动当地经济发展的责任，而丧失了保护环境的职能；不仅如此，地方政府在进行雾霾治理的过程中往往还存在执法不严、执法失准等现象，对于与自身有经济瓜葛的污染企业执法不严、有失公正，在执法的过程中一味强调限制机动车尾气排放这一方面，但机动车尾气并非是构成雾霾的主要元素，这种执法手段有失精准，不仅浪费人力、物力，还达不到预想的治理效果。公民作为雾霾治理的主要参与者，理应发挥其应有的作用。而我国目前虽然已经有一部分学者对公众参与雾霾治理进行了相应的研究，但是其研究的深度还比较浅，而且我国公民的参与程度也相对较低，公众参与雾霾治理渠道的不畅致使公众更倾向于通过过激方式来表达不满，这不仅使得雾霾问题得不到有效处理，还会造成严重的社会问题。同时，公众参与在法律认可层面还比较欠缺，现有的环境公益诉讼制度只明确了相关机关和组织可以就环境污染等破坏公益的行为进行诉讼，但没有提及公众如何参与诉讼；在公众可以参与进来的环境影响评价方面的听证环节也存在参与程度肤浅、参与范围窄等方面的弊端。社会组织作为雾霾治理的第三方协助力量在我国并未发挥应有的功效，相应的研究和实践都较少，有待进一步探索和完善。

要打破这种主体分散化的府际关系逻辑，就必须进行政府组织再造，实现政府组织的扁平化，加强政府间的信息交流与共享，以府际管理逻辑取代府际关系逻辑，最终形成一种以解决问题为重点，强调政府组织间的交流、联系与网络发展的行动导向。这种逻辑模式下的雾霾治理应具备网状结构的特征，然而，就目前学术界的治理研究来看，系统性、整体性的研究很少，更别说是网络化的研究了。在以后的研究中，要多从府际管理逻辑入手，关注政府系统内部与外部间的联系互动，实现资源最大程度的整合共享，并以问题的解决为导向，对公私部门多元联合治理进行系统性的研究。有学者从城市雾霾的社会风险、经济风险和健康风险三维风险模型出发，构建一个包括政府、企业、社会组织、科研机构、公众等诸多行动主体共同治理雾霾的高异质性的行动者网络，其中政府构成了城市雾霾风险治理行动者网络中的"关节点"的一级网络，然后从社会、健康与经济三个维度构建一个二级行动者网络，并通过"关节点"通过"转译链接"机制来谋求雾霾风险治理网络中的各行动者利益均衡[48]。

（三）雾霾治理功能：空间维度区域内协调机制构建

雾霾治理的早期研究内容大多是受到了区域联动治理断层的影响，对区域功能整合关注不够。由于雾霾天气的治理会涉及不同的行政区域，而这些区域之间在通常情况下又是封闭的[49]，再加上地方政府的自利性，地方政府往往选择自扫门前雪，只求经济的快速发展而不愿意为治理雾霾投入相应的精力。在这种情况下，即使地方政府愿意通过合作来进行雾霾治理，也会因个体的理性行为而诱发集体的非理性行为，造成雾霾治理"集体行动"的困境[50]，形成区域性联动的断层。这种联动断层现象会对雾霾的治理效果造成一定的影响，不仅致使区域联动合作的深度和广度停留在初级水平，还会造成联动合作制度性缺失、效能低弱、组织化程度低、无法形成长效机制等问题。

要摆脱这种问题，必须首先从颁布的政策入手进行研究，构建一种网络化政策治理机制。众所周知，政策在制定与运行的过程中会涉及多个利益主体，这些利益主体通过联合或博弈的互动模式形成了具有不同关系特征的政策网络。通过对以往政策进行时间段的梳理，冯贵霞发现一开始的雾霾防治政策是以政府的单方面行动为主的，这种政策属于以固定点进行控制的行政政策;后来在改革开放的推动下,雾霾政策提升为法制化的管控政策,公众在政府的引导下逐渐参与到政策的制定与实施中来;在我国现阶段,雾霾治理政策逐渐从污染源的综合性防治政策转变为联防联动的共治战略政策;政策的变迁其实受到了多方利益主体的驱动,冯贵霞以罗茨的政策网络模式为基本模型,将我国的大气污染政策按利益主体种类进行分类,可以分为以中央政府为主导的社群网络,以排污企业为主体的生产者网络,以地方政府为主导的府际网络,以学者、环保专家和技术联盟为主要构成者的专业网络,以及以国际相关组织、民间相关组织、媒体等为主要参与者的议题网络[51]。这些网络之间的交流互动打破了传统的以政府为单中心的自上而下的政策制定与实行模式,形成了一种多层、多元、多维的网状结构[52],变单主体行动为整体性治理。

区域内网络化协调机制如何构建? 它具有哪些可操作化的实施形式? 学界提出了多个方面的思考。有学者提出合作协议是合作治理的基础,可借鉴欧美的经验,建立一种区域性市场化利益协调机制,将空气污染的解决措施市场化,允许碳排放指标的市场交易,征收碳排放税,利用资金和技术进行生态补偿,建立良好的大气污染生态补偿机制[53]。也有学者提出区域雾霾跨界治理转型,创新跨界治理的运行机制的对策,如建立多元投资保障机制,区域统一碳排放交易机制、建立区域立法协作机制和健全的区域监督机制等措施[54]。还有学者从基于 PSR 模型出发,分析了府际协同治理雾霾的困境、现状和出路,提出在整合区域内政府、企业、社会的多方力量,既要构建一个地方政府内不之间的协同治理长效监督机制,也要构建一个以政府间合作为核心的多主体联动治理机制和法律约束机制,以改变雾霾治理中的“各自为政”的困境[55]。总之,要通过经济的、政策的、法律的多种手段组合运用,构建一个雾霾治理的区域内跨界协调机制。

此外,要充分运用上述遏制雾霾治理的整体性分析框架,还需要强化雾霾治理的跨学科研究方法的运用。以案例研究为例,大部分的案例研究都是对单个城市的雾霾现象所进行的研究,这种研究方法虽然显得具体而又有针对性,但这种单个城市的案例研究还是存在许多局限性,如在雾霾天气的成因及治理措施方面,大多千篇一律、以偏概全,并没有完成案例分析方法中从特殊到一般化的研究思路。然而由于雾霾区域分布的不同,其严重度也有所不同,北方地区和中部地区的雾霾天气较为严重,南方地区的雾霾天气则相对较为缓和,这就需要我们改变这种集中在极个别城市点上的研究方法,这种研究方法并不能对雾霾天气起到整体性治理的作用,必须在研究城市“点”的基础上再加上区域性联动“面”的研究,只有将“点”“面”结合起来才能发挥出整体性治理的功效。所以,在研究方法的选择上应该突破静态单一的案例研究方法,由城市中心向层级协同与区域联动相结合,由点到面地突破单个案例的局限性,从特殊到一般化,得出一般性的分析结果,如多案例分析、动态对比分析等都是一些较好的选择。

（报告撰写人:曾维和,杨星炜）

作者简介:曾维和(1974—),男,湖南麻阳人,副教授,硕士生导师,南京信息工程大学公共管理学院副院长;杨星炜(1991—),女,江苏靖江人,南京信息工程大学马克思主义学院 2014 级硕士研究生。本报告系南京信息工程大学气候变化与公共政策研究院 2014 年开放课题“雾霾风险整体性治理模式及推进战略”(14QHBO10)阶段性成果。

参考文献

[1] 顾为东.中国雾霾特殊形成机理研究[J].宏观经济研究,2014(6):5-6.

[2] 吴兑.近十年中国灰霾天气研究综述[J].环境科学学报,2012,**32**(2):257-269.

[3] 张成福,毛飞.论政府管制以及良好政府管制的原则[J].北京行政学院学报,2003(03):1-7.

[4] OECD. OECD Report on Regulatory Reform[OL]. OECD Praises Canada's Regulatory Reforms and Encourages Sustained Momentum,OECD Report Cites New Regulatory Challenges in Mature and Innovative U. K. Regulatory Environment,www. oecd. org.

[5] 李亚平.论城市雾霾及治理[J].旅游纵览,2013(6):174.

[6] 任保平,宋文月.我国城市雾霾天气形成与治理的经济机制探讨[J].西北大学学报,2014(2):77-84.

[7] 郭俊华,刘奕玮.我国城市雾霾天气治理的产业结构调整[J].西北大学学报,2014(2):85-89.

[8] 严丹霖,高璐.我国城市雾霾治理的能源结构调整研究[J].商业经济研究,2015(13):127.

[9] 梅涛.我国城市雾霾综合治理策略分析[J].资源节约与环保,2014(3):67.

[10] 万玉山,陈艳秋,黄利,等.雾霾治理与低碳城市建设研究——以江苏常州为例[J].常州大学学报,2015(4):62.

[11] 苏惠.长株潭地区雾霾成因分析及治理建议[J].宏观经济管理,2014(8):50.

[12] 王树翠.浅析雾霾的成因及政府治理雾霾的对策[J].经营管理者,2015(1):330.

[13] 马柳颖,李洋.雾霾治理中的政府责任追究机制建构[J].新西部,2015(8):69-70.

[14] 何怡平.雾霾治理中的地方政府职能转变[J].环境保护与循环经济,2014(10):19-20.

[15] 何怡平,袁安琳.法治视域下非政府组织参与雾霾治理的路径创新[J].齐齐哈尔大学学报,2015(9):45-48.

[16] 雷欣.环保社会组织是雾霾治理的重要力量[J].中国社会组织,2014(14):40-41.

[17] 贾卫娜.第三方治理在环保问题中的作用——鉴于对我国雾霾治理问题的思考[J].企业导报,2014(11):22-24.

[18] 吴柳芬,洪大用.中国环境政策制定过程中的公众参与和政府决策——以雾霾治理政策制定为例的一种分析[J].南京工业大学学报,2015(2):55.

[19] 王惠琴,何怡平.雾霾治理中公众参与的影响因素与路径优化[J].重庆社会科学,2014(12):42.

[20] 韩志明,刘璎.雾霾治理中的公民参与困境及其对策[J].阅江学刊,2015(2):52.

[21] 彭红利.雾霾天气治理视角下的企业社会责任反思[J].经济论坛,2014(4):152.

[22] 王惠琴,何怡平.协同理论视角下的雾霾治理机制及其构建[J].华北电力大学学报,2014(4):24.

[23] 吴笑谦.浅析我国雾霾污染协同治理的困境及解决对策[J].现代交际,2015(4):95-96.

[24] 徐璇.雾霾治理——经济与环保之间的博弈[J].中国商贸,2014(34):169-170.

[25] 许军涛,吴慧之.城市雾霾危机治理的现实困境与路径探索[J].理论视野,2015(5):82-84.

[26] 汪旻艳.政府合作治理雾霾的理论依据、现存缺陷及模式选择[J].中共天津市委党校学报,2015(5):52.

[27] 姜丙毅,庞雨晴.雾霾治理的政府间合作机制研究[J].学术探索,2014(7):15.

[28] 李永亮."新常态"视阈下府际协同治理雾霾的困境与出路[J].中国行政管理,2015(9):32.

[29] 杨增荣.雾霾治理中政府间合作问题的原因分析[J].山西建筑,2015,41(12):247-248.

[30] 林洁.从长三角雾霾治理看政府间集体行动逻辑[J].当代行政,2015(7):27-30.

[31] 庄晓华.中国政府间横向关系浅析[J].理论与现代化,2006(4):66-67.

[32] 白丽媛,方华.雾霾治理问题的博弈分析[J].改革与开放,2015(4):71-73.

[33] 马国顺,赵倩.雾霾现象产生及治理的演化博弈分析[J].生态经济,2014(8):169.

[34] 储梦然,李世祥.我国雾霾治理的路径选择[J].安全与环境工程,2015(3):22.

[35] 宋爽.用自主治理理论解决雾霾问题的思考[J].西部财会,2015(2):78-79.

[36] 石朝树.产业升级视角下合肥市雾霾治理对策研究[J].合作经济与科技,2015(8):36-37.

[37] 杨拓,张德辉.英国伦敦雾霾治理经验及启示[J].当代经济管理,2014,36(4):93-97.

[38] 钟廷勇,等.基于雾霾治理的环境审计问题分析[J].中国管理信息化,2015,18(10):49-50.

[39] 白洋,刘晓源.雾霾成因的深层法律思考及防治对策[J].中国地质大学学报(社会科学版),2013(6):21.

[40] 曾维和.后新公共管理时代的跨部门协同——评希克斯的整体政府理论[J].社会科学,2012(5):42-43.

[41] Perri G,Leat D,Seltzer K,and Stoker G. Towards Holistic Governance:The New Reform Agenda[R]. Basingstoke:Palgrave. 2002:29-30.

[42] 杨解君.财政预算决策弊端与体制机制创新研究——以中央财政出资治理北京及周边地区雾霾为例[J].南京工业大学学报(社会科学版),2014,**13**(02):20-29.

[43] 杨增荣.雾霾治理中政府间合作问题的原因分析[J].山西建筑,2015,**41**(12):247-248.

[44] 姜丙毅,庞雨晴.雾霾治理的政府间合作机制研究[J].学术探索,2014(07):15-21.

[45] 任保平,段雨晨.我国雾霾治理中的合作机制[J].求索,2015(12):4-9.

[46] [英]达霖·格里姆斯,[澳]莫文·K·刘易斯.公私合作伙伴关系:基础设施和项目融资的全球革命[M].济邦咨询公司译.北京:中国人民大学出版社,2008:5-6.

[47] 汪伟全.论府际管理:兴起及其内容[J].南京社会科学,2005(9):64.

[48] 屠羽,彭本红.城市雾霾风险的多维分析与行动者网络治理[J].青海社会科学,2017(02):63-71.

[49] 金太军.论长江三角区域生态治理政府间的协作[J].阅江学刊,2012(2):26-31.

[50] 腾飞.竞争、监督、共赢——构建利于区域环境治理的新型政府间关系[J].现代经济信息,2010(6):20-21.

[51] 冯贵霞.大气污染防治政策变迁与解释框架构建——基于政策网络的视角[J].中国行政管理,2014(9):17-18.

[52] 郭巍青,涂锋.重新建构政策过程:基于政策网络的视角[J].中山大学学报:社会科学版,2009,**49**(3).

[53] 史耀波,王敏,赵欣欣.雾霾治理的跨界合作机制:国际经验与启示[J].国际经济合作,2016(12):67.

[54] 王颖,杨利花.跨界治理与雾霾治理转型研究——以京津冀区域为例[J].东北大学学报(社会科学版),2016,**18**(04):388-393.

[55] 李永亮.府际协同治理雾霾的三个问题[J].今日科苑,2017(02):5-9.

Curbing Haze Pollution:Review of Holistic Governance Analysis Framework

Abstract:in recent years,Urban Haze pollution showed a rapid proliferation of trends,from central to local intensive policies introduced,focusing on haze governance. Domestic scholars from the government governance to cross-border cooperation for research on the basic trend of haze governance domain,which is shown the analytic unit of the city center in the view of government regulation,from single subject to multi subject cooperation and action,from hierarchical control to regional linkage,and the use of a variety of research methods under the pedigree of the theory. On the basis of comprehensive academic,with the theory of holistic governance framework for analysis,and combining the domestic haze governance of the latest research of the dynamic analysis，we construct an analytic framework of holistic governance ，which can curb haze from three-dimensional. That is build vertical dimensions of intergovernmental linkage in the haze governance level，the construction of Interdepartmental partner from lateral dimension in the governance body of haze and the construction of regional coordination governance mechanism form spatial dimension in the governance function.

Key words：haze governance；holistic governance analysis framework

基于多中心理论的雾霾治理模式研究

摘　要:我国雾霾问题的日趋严重决定了构建合理的治霾理念、治霾结构和治霾制度体系的必要性与迫切性。而政府单中心的治霾模式已经证明是低效的,需要在认识到这一治霾模式弊端的基础上确立新的治霾模式。作为现代政府公共行政改革中出现的主流理论,多中心理论为克服政府单中心的公共物品供给困境提供了可行的替代性制度方案。这一理论与雾霾治理具有内在的契合性。雾霾治理需要摒弃政府单一的治霾努力,构建多中心雾霾治理模式。多元共治的治霾结构就是在多中心理论的指导下,由政府、企业、公民个人、社会组织等通过不同形式的协作构建的利益共同体。本文通过对多中心雾霾治理模式的阐释以及在多中心视域下对当前治霾结构的审视与反思,提出了形成多元共治治霾结构的制度化策略。

关键词:多中心理论　雾霾治理　多元共治

2014 年 2 月 20—26 日,北京市经历了一次持续 7 天的重度雾霾天气过程。此次重雾霾天气是北京市截至当年持续时间最长、空气污染最严重的一次。部分站点 $PM_{2.5}$ 的小时浓度超过每立方米 550 微克,达到空气质量指数(AQI)评价的浓度上限,也就是俗称的"爆表"。而2015 年 11—12 月,北京又经历一次了多达 5 轮的重污染天气过程。其中,11 月 27 日至 12 月1 日的过程污染最为严重,65 个小时空气质量指数达严重污染,16 个小时空气质量一度爆表。事实上,这仅仅是我们日常生活中频繁出现的雾霾事件的缩影。日益严重的雾霾问题不仅造成了严重的环境污染,也带来社会经济的重大损失,损害了公众的健康,无论是管理部门还是公众都希望"留住蓝天白云",有效治理大气污染问题。虽然近几年我国不断加大力度开展雾霾治理工作,但每年都必然出现的"雾霾围城"现象已然成为社会最大的民生痛点,尤其是雾霾天气的极端表现一次又一次挑动公众的敏感神经,引爆公众的焦虑和不安情绪。可以说,雾霾问题已经不仅仅是一个突出的环境问题,而成为一个具有极高关注度的社会问题。

在此背景下,雾霾治理无可争辩地成为环保工作重点。为此,国家领导人多次对雾霾问题做出指示,环保部门也一直非常重视大气污染治理工作,雾霾治理的政策、立法频繁出台,治理工作以及立法都在走向细化。而我们需要思考的是,为何在政府"积极作为"的情况下还会持续出现大范围的重污染天气?从制度的层面看,又是存在何种问题导致雾霾治理效果不彰?很显然,雾霾治理"攻坚战"到了当前阶段,我们有必要对雾霾防治的相关政策、立法加以系统地梳理和反思,以期整合并优化现有的立法资源,使之发挥制度实效。就此工作而言,当前无论是政府层面还是社会公众,均已认识到治理雾霾问题并非单凭政府一己之力就可以解决,需要全社会的共同参与和努力才能打赢这场"蓝天保卫战"。多中心理论正是这样一种致力于克服政府在供给公共物品上的固有缺陷并提供有效解决之道的理论,经由这一理论的指导对雾霾防治的相关政策与立法开展深入的反思,有助于改变雾霾治理现状,取得理想的治霾效果。

一、多中心理论下的雾霾治理问题

(一)多中心理论阐释

多中心理论是新公共治理运动所产生的诸多理论中广受关注并作为现代政府改革问题研究重要工具的一种政治经济学理论。新公共治理运动带来的是公共管理的社会化,而多中心理论也充分体现了这一显著特征。

"多中心"是与"单中心"相对的概念。由于建立在政府单中心的价值取向基础之上的政府管理模式弊端的不断扩大导致了政府的合法性危机,催生了西方各国的政府管理体制改革,以寻求政府行政范式的转变。改革要求改变政府的单中心模式,确立多中心模式。多中心作为一种组织模式最早是由迈克尔·波兰尼使用的。众所周知,多中心概念获得广泛关注主要是基于美国公共行政学者奥斯特罗姆、麦金尼斯等人的使用和深入研究。文森特·奥斯特罗姆对多中心的描述是这样的:多中心是指这样一个组织模式,其中没有一个机关或者决策结构对强力的合法使用拥有终极的垄断,而是由许多官员和决策结构分享着有限的且相对自主的专有权,来决定、实施和变更法律关系。决策主体由个人、商业组织、公民组织、政党组织、利益团体、政府组织等构成,这些主体能够相互调适、相互独立,在一个一般的规则体系之内归置其相互之间的关系[1]。

在学者们看来,多中心治理模式具有以下特征[2]。①多中心治理结构意味着在社会生活中,存在有民间的和公民的自治、自主管理的秩序与力量,这些力量分别作为独立的决策主体围绕着特定的公共问题,按照一定的规则,采取弹性的、灵活的、多样性的集体行动组合,寻求高绩效的公共问题解决途径。正如达尔所说,在民主国家中,至少在大规模的民主国家当中,独立的组织十分必要。只要民主程序在像民主国家那样大规模的国家当中被采用,自治的组织就一定会产生[3]。多中心治理的前提是存在多元的独立和自治力量,才能确保决策权分散而不产生垄断结果。这也就为所谓"第三部门"的出现提供了正当性和合理性基础。②多中心治理模式强烈要求公民的参与和社群的自治,将公民参与和自治作为基本方式和路径。组织可能增加或维持不公正而非减少不公正。它也可能损害更广泛的公共利益来促进其成员狭隘的利己主义,甚至有可能削弱或摧毁民主本身[3]。所以,组织自治的同时也应受到必要的控制,其途径就是控制决策主体的权力,并通过公众参与来实现决策权的分散化。③多元决策主体的利益也是多元的,多元利益需要通过冲突—对话—协商—妥协的方式达成平衡。多元决策主体之间是相互制衡的关系,因而多元利益冲突的解决无法由具有优势的主体强加自身意志于其他决策主体,必须通过沟通和协商的过程最终达成妥协。这就意味着,参与公共活动的各个组织,它们必须彼此依赖,进行谈判和交易,在实现共同目标的过程中实现各自的目的[4]。④多中心表现为不同性质的公共物品和公共服务可以通过多种制度选择来提供。政府单中心的失败充分证明,政府不一定是公共利益的唯一代表[5]。这就需要由政府这一单一主体扩充为多元主体作为公共利益的代表,通过新的方式和制度安排实现公共利益。多元决策主体的独立及其特性决定了他们之间可以通过灵活的、有针对性的多种组合来实现不同的公共服务目标,提供多样化的公共产品。

虽然多中心理论被奥斯特罗姆等人用来解决大城市改革问题,但实际上它被更加广泛地运用为公共产品供给缺陷解决对策的理论基础。总体上看,多中心理论在强调公共物品的提供与生产区分的同时,更强调从体制和产业的角度理解公共物品的供给,从单个"组织"的研究转向组织间关系的研究[6]。可见,作为一种针对公共物品供给困境而产生的理论,它是在充分认识到政府"单中心"供给公共产品问题的基础上提出的一种替代性制度方案,其实质是政府权力向社会的分散和转移。但需要强调的是,在多元主体的治理结构中,政府仍居于主导地位,这是由政府在资源配置、政策执行力等方面具有区别于其他主体的显著优势所决定的。

(二)多中心理论与雾霾治理

西方各国多年的雾霾治理实践启示和我国近年来在重污染天气频发、雾霾围城问题应对过程中的不断摸索,加上对雾霾成因认识的不断深入,促使我们必须正视这样一个现实:单一的、局部性的、平面化的治霾努力是低效甚至无效的。政府应当在治理雾霾中发挥主导作用,但治霾显然不仅仅是"政府的分内事",单凭政府的努力无法根治雾霾之患,也不能仅靠规制企业的排污行为,必须形成多元共治的雾霾治理新格局。由此可见,多中心理论与雾霾治理存在内在的契合性,可以为雾霾多元治理提供理论支撑,有助于雾霾问题的根本解决。

1. 解决作为复杂环境问题的雾霾问题需要多元主体的共同参与

雾霾毫无疑问是突出的现代环境问题之一,而且是近年来最受关注的环境问题。环境问题的解决需要切实的公众参与早已是公认的。作为现代民主行政的内在要求,公众参与是环境行政和环境民主原则的当然之义。而环境问题的实质是负外部性问题,即市场在提供环境这一公共物品时存在低效率,在同样可能存在政府失灵问题的前提下,环境问题的解决需要依赖公众参与形成科学的、符合客观规律的环境决策,最大限度地实现环境公益。只有相关当事人共同负责及共同参与于环境保护的事务,才能达到个人自由及社会需求一定的平衡关系[7]。雾霾难题的根治同样无法离开公众参与,甚至要求最广泛的公众实质参与。因为空气的流动性使得其相较于其他环境要素而言,大气环境的公共性特征更加突出,从而加重了公众的"搭便车"心理,公众参与的积极性明显不足。公众参与的不足直接影响到雾霾治理的效果。进入21世纪以来,雾霾问题已经成为久治不决的环境"顽症",还有一个重要原因在于,它是综合性环境问题的极端表现,呈现出现代环境问题的复合性特征。西方上百年先后出现的空气污染类型,中国在最近30年集中出现,形成复合型的空气污染局面,以频繁出现的重度霾天气为标志,以 O_3 和二次气溶胶明显上升为特征[8]。雾霾问题的爆发是多种污染源混合作用的结果。环境问题内在地需要公众参与,复杂的综合性环境问题的解决更加需要公众的广泛和实质参与。

2. 雾霾问题的实质迫切需要多元主体的广泛参与

根据研究已知,"雾霾"是"雾"和"霾"的组合词,霾主要是大气污染形成的阴霾天气现象的笼统表述,是特定的气候条件与人类活动相互作用的结果。简言之,作为一种大气污染状态,雾霾现象是人类活动过度干预环境造成的空气质量状况严重恶化的消极后果。国际能源署发布的《能源与空气污染 世界能源展望特别报告》指出,人类对能源的开采与使用是造成空气污染的"唯一重要原因"。大气环境作为一个生态系统,系统中的物质也会进行相应地流动和循环。因此,大气污染不仅是局部的污染问题,必然还会在局部涵盖的各区域之间产生跨界影响。作为突出的大气污染现象,雾霾伴随着大气环流运动进行扩散,在相邻或相似的自然地理区域范围内,大气污染也就会出现局部扩散和区域间污染状态的相互影响。大气流动的基本规律不因人而发生变化,雾霾的扩散也难以人为控制。另一方面,由于潜在的空间范围的扩大,大气污染后果显现的潜伏期就更长,其危害在短期内爆发的可能性较低,导致在其危害的认识上容易存在一定的误区,欠缺全面和积极的应对。这就使得特定区域尤其是单一行政区域的应对努力难以取得实效,而需要在相关区域的一致行动。这就决定了雾霾问题的解决必须有多元主体的广泛参与。尤其是在呈现复合性的特定污染区域,推动公民参与雾霾治理不但可以直接从源头上减轻污染,还可以形成有效的社会舆论监督机制,最终形成政府、市场和社会三方的雾霾治理合力[9]。

3. 雾霾治理的难度现实需要多元主体的协同共治

相较于其他环境要素污染,大气污染是更具普遍性的污染类型,这在治理上就产生了诸多不利后果:一方面,普遍性催生公众对此类污染的耐受力,污染防治的公众参与度不容乐观;另一方面,雾霾问题直接关涉能源结构、产业结构以及科学技术水平等一系列复杂问题,治理难度极大。国际能源署发布的《能源与空气污染 世界能源展望特别报告》指出,空气中 85% 的颗粒物和几乎所有的硫的氧化物及氮的氧化物来自能源。由此,导致雾霾治理呈现出这样一种局面:花大力气治理,效果却不明显,而雾霾的极端表现又存在显著的放大效应,掩盖了治理的成效。雾霾治理本就不能一蹴而就,雾霾成因的复杂性还有待形成更为深入的认识,更加棘手的是,雾霾治理还受制于气象条件。很多学者都指出,诱发重度雾霾的主要因素是气象因素。气象条件不利,雾霾很可能加重,污染治理呈现的成效就微弱。在秋冬季节特别是采暖季,一旦出现适宜的气象条件如静风、低温、高湿度,$PM_{2.5}$ 浓度会急剧攀升,形成严重灰霾,往往表现为全国大范围区域性污染特征[10]。而气象条件的改善和人为控制在目前还是尚未攻克的课题,甚至有人称"雾霾是气象灾害,不可治理"①。这种"不可控性"造成了一个尴尬现象的出现:只要遭遇不良气象条件,雾霾治理就束手无策,而达到空气流动性条件,风就可以驱散雾霾。雾霾治理无疑是一项复杂的、系统的治理工程,需要全社会的长期共同努力。要破解雾霾治理困局,形成"中央主导、地方负责、区域联动、企业主动、社会监督、全民参与"[11]的多元协同治理格局是必由之路。

因此,无论是基于大气运动的规律还是复合性环境问题的解决,防治雾霾都与多中心治理理论存在内在的契合性。多中心的基本特征之一就是多元主体的参与,而多元主体通过不同形式的组合可以实现更多的、更为有效的投入,最终实现环境利益最大化。显然,解决雾霾问题,除了明确其实质与成因,在防治上需要集全社会之力,实现多元主体共治,以取代之前单一的、局部的、平面式的治霾结构。

二、多中心视域下多元共治的治霾结构

将多中心理论作为雾霾治理的理论基础,这便要求雾霾治理必须确立多中心治霾模式,形

---

① 2016 年 11 月,北京市十四届人大常委会第 31 次会议第三次审议《北京市气象灾害防治条例(草案修改二稿)》,其中第二条第二款将霾纳入气象灾害范畴,引起了专家们的强烈质疑并提出反对意见,如将霾作为气象灾害,将导致人人可向大气排污而无须担责,从而为雾霾污染制造者逃避责任提供法律依据。

成多元共治的治理结构。所谓多中心治霾模式,就是政府、社会组织、企业、个人等多元主体基于共同目标参与到雾霾治理的过程中,通过参与、沟通、对话与妥协寻找利益共同点,以特定的方式进行协作,各自承担特定责任,相互之间形成一个良性互动且稳定的治理关系的治霾模式,由此形成的治霾结构即多元共治的治霾结构。换言之,多中心雾霾治理模式要求构建多元共治的治霾结构。在这种治霾模式中,在政府主导与社会主体广泛参与的基础上,要调动各类主体的积极性,以沟通、协商、对话与合作为基本手段和途径,构建多主体、多层次、多形式的利益共享体,形成治霾合力。

(一)多主体

雾霾治理需要多元主体的广泛参与。一直以来,大气环境污染防治作为政府向社会公众提供的公共产品,更多强调的是政府要切实承担起治霾责任,要履行其污染防治职责,导致公众认为雾霾防治似乎与自身关系不大,也没有强调社会公众在雾霾防治中的义务与责任,大气污染治理往往被视为是政府(具体而言是环保部门)的"单打独斗"。我国雾霾治理中存在的首要突出问题就是过度依赖政府,未能形成多元共治格局[11]。要想改变这一现状,就需要在政府之外,加强社会主体在治霾主体结构中的渗透,使之成为实质上的治霾主体。事实上,政府大气污染治理效果不彰已经充分说明单一的治霾主体难以实现空气质量状况的根本改善,还是需要全民参与,通过构建多元化的治霾主体结构,才能达到雾霾防治的理想效果。如前所述,社会主体实现广泛参与应在最大限度内包含各类形式的社会主体。具体包括公民个人、社会团体以及第三方机构等。从国外多年来的治霾经验看,公众和环保组织的参与和监督是雾霾治理取得成效的重要因素。当然,作为雾霾治理中首要补强的部分,公众不仅需要广泛参与,更加需要有效参与。雾霾治理中的多元主体主要包括以下几类。

1. 政府

这里所指的政府是一个涵盖范围广泛的概念,具体是指负有雾霾治理职责的各级政府以及拥有相关执法权限的政府部门。雾霾治理是一个系统的社会治理工程,涉及社会经济发展的很多方面和环节,拥有相应管理权限的政府部门都应纳入该范畴。雾霾问题的产生和发展虽然具有扩散性,但它仍然是一个典型的局部环境问题,因此,地方政府及其相关部门是雾霾治理的当然主体;同时,在雾霾问题多发的局部区域,相关的地方政府及其部门甚至包括区域之间因雾霾治理协作和污染联防联控而成立的跨区域管理机构也均属于雾霾防治的关键主体,尤其是跨区域的管理或协作机构在雾霾治理中扮演着不可替代的角色。因此,雾霾治理中的政府主体包括中央政府和地方政府在内的上下级政府及政府部门、跨区域管理机构等纵向主体,也有不同地方政府及政府部门等横向主体,形成一个纵横交错的管理主体网络(图1)。

2. 民间组织

作为雾霾治理主体的社会团体主要指环保组织等。近年来,随着公共管理理论的发展,社会团体尤其是非政府组织在社会管理与公共服务中的作用越来越得到强调。在新公共管理和社会多元治理视域下,非政府组织更是极为关键的一类主体。就公众参与的主体而言,环保组织相较于公民个人和其他主体,具有组织、资金、专业等方面的优势,更容易达到参与的目的和效果。事实上,非政府组织对民主行政和环境保护而言确实是必不可少的,不仅承担社会管理中的参与功能,更是实现了功能的复杂化和在社会管理领域的深度渗透。雾霾治理中,环保组织可以作为利益相关方行使环境权利,参与、监督相关雾霾治理决策的出台和落地,以促使环保组织的利益诉求和关切反映到雾霾治理相关决策中。此外,更重要的是,环保组织可以通过事后救济程序维护公共环境利益,达到改善环境质量的目的,而这主要依赖环保组织提起环境公益诉讼的方式来加以实现。

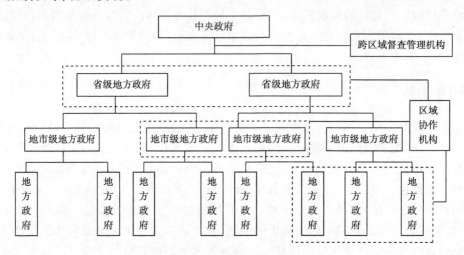

图 1　雾霾治理中的管理主体网络略图

3. 第三方组织

目前国内外学界对于第三方组织是存在理解分歧的,主要集中在两种观点:一是独立于政府和私人企业,具有公益性目的并具有正式组织形式的民间自治组织,即以美国学者萨拉蒙为首的第三部门学派的理解;二是限定在环境污染治理领域,独立于政府和排污企业的专业污染治理机构。前者往往是对第三方组织的广义理解,而后者是对其狭义的理解。从目前国内学界的理解和第三方治理实践来看,多是对第三方组织采用狭义的理解。基于这种理解,可以说多中心理论所构建的多元环境治理结构中,当政府与企业在不具备专业优势时,第三方组织就成为不可或缺的必要主体,具有其他主体不可替代的作用。具体到雾霾治理中,像作为雾霾问题成因的工业污染,包括二氧化硫和 VOCs 等,基于种种原因,排污企业自身进行污染治理很难达到治理目标,由第三方组织或机构来进行专业化的治理不仅具有可行性,能够节约成本,提高治理效率,也可以实现多主体的实质参与和共同治理。

4. 公民个人

公民个人参与是公众参与的基本形式。虽然在公众参与中,越来越多地强调组织参与,但公民个人参与作为组织参与的基础,虽然相对于组织参与如民间组织的参与存在一些劣势,却仍是公众参与不可缺少的力量。随着公众环境意识的提升,特别是借助互联网和移动互联网通信手段的发展,加之政府雾霾治理信息公开的力度增强,公民在雾霾治理中的参与程度有所改善,其中以舆论监督、违法行为举报等为主要的参与方式。公民参与程度深化和雾霾治理措施强化之间可以形成互相促进的良性循环。更重要的是,公民个人还同时是雾霾问题的"贡献者",每个人的个人行为都与雾霾问题之间存在直接关联,从这点上讲,也有必要通过加强公民个人参与提升雾霾问题解决的实效。

5. 企业

企业尤其是工业企业是雾霾问题的"元凶",大量消耗能源的工业企业对雾霾问题的生成和恶化有着突出的贡献。雾霾问题的解决,当然不能将企业排除在外。不仅需要排污企业的参与,还需要排污企业真正认识到雾霾问题的严重危害,节能降耗,实现清洁生产和低碳循环。在多元主体中,企业既可以与管理部门之间通过管理与被管理来履行环保义务,提高环保意识,成为践行雾霾治理政策、立法和措施的主体;也可以与社会主体如公民个人、非政府环保组织等之间通过监督与被监督而自觉成为雾霾治理举措的大力倡导者,并将低碳、节能的理念贯穿于企业生产的始终,通过供给侧的绿化影响并延伸到销售和消费环节,从而实现雾霾问题的解决。

(二)多层次、多形式

除了政府、企业和社会主体在雾霾治理中各自承担相应的管理、节能减排和治污以及监督等职能外,多元共治的雾霾治理结构更是一个多层次的协作体系,各主体间通过不同的协作方式来实现共同的雾霾防治目标。

1. 政府间协作(府际合作)

雾霾治理的形式多样性和协作多层次性集中体现在政府间协作中。从协作的维度上看,政府间的协作包括中央政府与地方政府之间的纵向协作、上级地方政府与下级地方政府之间的纵向协作,还包括区域地方政府及其相关部门之间的横向协作。美国加州空气污染治理实践中就存在大量纵向和横向政府间协作关系。具体到我国,从协作的具体方式上看,既有地方政府对中央或上级政府雾霾防治宏观政策或计划的执行和具体化、中央政府对地方各级政府雾霾治理工作的政策扶持和财政支持,也有地方政府雾霾防治责任制的落实、中央政府和上级政府对地方政府雾霾防治工作各种形式的指导、监督和问责,包括中央环保部门对地方各级政府雾霾治理工作的督查、约谈和巡查等,中央与特定区域地方政府之间建立的纵向治霾共同体,还有特定区域内地方政府及其相关部门之间开展的区域地方政府协作,当然区域地方政府协作的形式也有很多,根据协作的紧密程度不同,包括设立跨区域协作机构、区域立法协作、构建区域雾霾治理合作协同机制、联合行动等。

雾霾治理中政府间协作的重点在于区域地方政府间协作。地方政府是雾霾治理的当然和首要主体,地方政府在纵向和横向的合作都极大地影响雾霾防治的效果,但其中的关键还是在于特定区域内地方政府之间的合作。在央地分权的背景下,虽然地方政府有其独立的利益,但中央政府与地方政府在雾霾问题日趋严重背景下的合作具有利益和目标上的一致性,不缺乏合作的动力和意愿。不过,中央与地方政府之间的纵向合作从实质上看,仍然不脱离管理和监督以及行政科层制的特征,仍可归属于传统行政管理职能的范畴。当然,这种合作也有其消极后果,即可能存在地方政府执行中央政府雾霾防治政策的行为异化,但更突出的后果则是强化了地方政府之间的竞争关系,"分界而治"导致地方政府之间的横向联系极为脆弱,缺乏跨区域公共事务协调或协同合作的传统[12,13]。碎片式、人为分割的环境污染防控模式既不符合雾霾问题防治的特点,也不利于维持区域生态系统的稳定性。基于此,区域地方政府之间的协作就显得极为必要。近年来,京津冀、长三角和珠三角等区域地方政府间的协作明显加强,逐步构建起区域政府协作的机制和制度,也建立了相应的协作机构,在雾霾防治中发挥着不可替代的作用。

2. 政府—第三方组织—企业间的协作

此种合作主要出现在污染防治领域。基于前文的概念界定,本文所指的第三方组织并不泛指所有独立于政府的民间团体、公益机构等,而是特指专业污染治理机构①。所谓第三方是相对于传统治理模式中的政府(监管者)和企业(排污者)两方而言的,将治污功能分离出来,交予专门的污染治理机构,即专业环境服务公司,实质上是一种市场力量[14]。从 2013 年党的十八届三中全会提出到 2015 年初国务院办公厅下发《关于推行环境污染第三方治理的意见》,环境污染第三方治理这一模式在我国逐步发展起来。环境污染第三方治理是排污企业通过缴纳或按合同约定支付费用,委托环境服务公司进行污染治理的一种污染治理模式,其实质是政府将一部分公共事务职能进行分离,借助市场机制将第三方治理机构引入环境污染治理中,旨在充分利用专业污染治理机构的专业优势,集约化、规模化地运营污染治理设施,以克服市场失灵和政府失灵带来的弊端,降低环境污染治理的成本,改善治理效果,提高治理效率。雾霾问题涉及因素复杂,单纯依靠政府或企业已经事实上证明难以取得理想成效,而且存在成本过高问题,在雾霾防治中引入第三方治理极具可行性。从国际层面看,工业减排已经普遍采用了第三方治理模式。在雾霾第三方治理中,政府、排污企业和第三方机构各为一方主体,以合同为核心,基于市场机制进行互助式合作,克服政府或者企业单方进行雾霾防治的不足。此种合作中,政府与企业和专门的环境服务公司之间是合作关系,区别于传统管理行为中的命令与服从关系。

3. 政府与社会主体的合作

政府与社会主体的合作常被称之为政府与社会资本合作模式或公私合作关系(Public-Private Partnership,PPP),是在公共产品或服务的供给中,通过政府与社会主体之间订立合作协议,引入民间资本,以解决政府公共产品或服务供给低效、自然垄断和资金难题,是政府履行公共职能的一种新的工具机制。通常政府与社会资本的合作是作为政府融资方式,从理念和效果上它又是实现政府向社会放权、构建多元治理结构的政府公共行政改革新思路。自 20 世纪 80 年代以来,公私合作在政府公共产品和服务供给领域得到了积极的应用。近几年来,公私合作被视为经济新常态下解决政府环境管理困境的重要替代性方案,得到了中央相关部门的力推,环保领域兴起了公私合作热潮并达到前所未有的热度。目前,环保公私合作主要集中于固废处理、污水处理、新能源等领域,但随着公私合作模式的发展与成熟,在雾霾治理领域开展深度公私合作的前景非常值得期待。公私合作形式主要包括服务合同、合资、BOT、特许经营等。在合作中,社会主体承担项目从投资建设到运营维护的绝大部分工作,并通过使用者付费或者政府补贴等获得收益,而政府则监督项目质量与进度,并且管理公共产品或服务的价

----

① 本文将环境污染第三方治理与 PPP(Public Private Partnership)模式进行区分使用。作为政府与社会合作、实现多元共治的必要手段,两者之间的本质一致,方式上存在交叉,确实易出现概念上的混淆。虽然有学者做过概念辨析,但总体上第三方治理、PPP 模式、政府购买服务等概念之间界定比较模糊,边界不够清晰,而不同部门出台的规范性文件对前述概念的界定也存在不同,导致使用上存在交叉和混用。对第三方概念做广义理解时,是包含 PPP 模式的;但作为狭义理解时,则被视作政企合作的不同类型;财政部《关于推广运用政府和社会资本合作模式有关问题的通知》将 PPP 实质界定为政府购买服务,发改委在其发布的规范性文件中则将政府购买服务作为 PPP 模式的一种类型。基于几个关联概念在概念界定及使用上的混乱状态,根据学界主流的理解和行文需要,本文对第三方采用狭义解释。

格,以保证公共利益不受侵害。在此类合作中,政府与社会主体订立的合同是核心,它从性质上属于行政合同,由于政府本身的特殊性,政府与社会主体之间处于不完全平等的法律地位,作为公共产品或服务供给的最终责任主体,政府需要更为理性、合理地处理与社会主体之间的关系。

4. 企业与社会主体的协作

随着多元共治理念的渗透,越来越多的企业需要通过与社会主体合作履行自身的社会责任,改善企业的社会形象,在环保领域尤其如此。对企业而言,受逐利本性的影响,依靠其自身的环保意识提高和自我约束来履行环保义务显然不切实际;同时,改善环保设施和提高环保水平的动力缺失,缺乏专业优势,也是企业无法充分担负起环保责任的现实障碍。而社会主体既有对企业行为进行监督的权利,在环境问题日趋恶化的背景下更有对企业行为进行监督的动力和意愿。以环保组织为代表的社会主体还具备企业、公民个人欠缺的专业优势,两者完全可以通过合作,促使企业承担环保责任,社会主体也有效地行使监督权,达到环境质量改善之目的。企业与社会主体的合作主要包括企业与环保组织联合开展的环保活动,企业参与到环保组织及其他社会主体的环境宣传教育计划或活动,在环境影响评价、污染防治等过程加强与社会主体的沟通与合作,提升企业环保形象和环保参与度,减轻企业的环保压力。在雾霾防治领域,采取前述合作方式可改进防治效果,进而产生更好的社会效果。

除了前述协作形式外,政府采用市场化的手段组织企业基于减排和治霾需要开展的排污权交易和碳排放权交易等,也是政府环境管理效能优化、实现雾霾问题多元共治目标的重要手段。

三、多中心视角下对当前雾霾治理模式的检视与反思

不管多中心理论是否得到广泛的认可和支持,也无论多元共治的治理模式在我国是否具有扎实的基础和成熟的条件,事实上我们已经在雾霾治理领域开始了立体化的实践。实践本身就产生了对其进行检讨和反思的必要。只有通过对当前雾霾治理现状进行全面审视,从多方面探究多中心理论下雾霾治理结构的应然与实然,才能为形成并完善多元共治的治霾结构提供支撑。

(一)我国近期的治霾努力与实践

随着雾霾问题日趋严重及作为突出环境问题呈现出极大的危害,我国对雾霾问题给予了高度重视,并随之开始了治霾努力。除了党和国家领导人在不同场合的多次表态、指示和讲话外,从制度和实践层面,雾霾治理也在不断尝试寻求引入新制度、新形式和新机制。

1. 传统职能的不断强化

在当前的雾霾治理中,雾霾问题的凸显、社会的高度关注以及各方压力的作用使得政府在履行雾霾污染治理职责方面的力度显著增强。从中央层面看,国务院常务会议对雾霾等大气污染治理做出专门研究部署,环保部开展了多轮巡查和执法督查行动,《大气十条》出台、《大气污染防治法》修订以及《大气污染物综合排放标准》等环境标准、技术政策规范的制定等立法进展,都展示出了政府铁腕治霾的决心和积极的动作。基于雾霾成因对解决雾霾污染问题的重

要性,李克强总理在 2017 年全国"两会"期间就提出要"重奖"攻克雾霾治理难题的科学家,之后,在部署落实政府工作报告工作时就加入设立专项资金,组织科学家集中攻关雾霾形成机理与治理的新任务。治霾压力在分权背景下的中央—地方体制中是一个不断向下传导的过程,地方政府因此有着较之于中央政府更大的雾霾治理压力。在雾霾问题比较突出的地方,各地政府均开展了多角度、多形式的治霾行动。虽然雾霾成因和机理尚未形成定论,但能源结构过度依赖不可再生的煤炭资源是雾霾问题公认的成因之一。各地在严峻的治霾压力下,不得不着眼于改善能源结构和产业结构,开展专项整治活动,大力实施缩减燃煤,推进特定区域的散煤治理,取缔落后产能,关停清理重污染企业。同时,对作为雾霾污染成因的城市机动车、扬尘、工业废气、光污染、餐饮油烟、秸秆焚烧、臭氧等污染源,或进行集中整治,或强化管理控制措施,相关的配套政策、措施和地方立法也陆续出台。整体上看,政府的雾霾污染控制职能不断趋严和强化。而在此背景下,无论是企业、公众还是环保组织,都随着环保意识的增强和雾霾治理压力的提升,强化自身的污染控制与节能降耗、监督和其他的环境保护职能。

　　2. 治霾新手段新机制日益受到重视

　　(1)构建雾霾治理政府协作机制

　　在当前的政府行政过程中,通过政府间协作尤其是区域地方政府间协作解决公共服务的低效与外溢化问题被视为是克服管理体制弊端的基本思路。而在雾霾治理中,由于大气的高度开放性和流动性,大气污染因子易受气候变化等影响,从而进行远距离跨界运输,污染物在大气环流作用下相互影响,导致跨界空气污染问题凸显与区域环境事件频发,往往单个城市凭一己之力进行的积极应对并不能达到理想的控霾效果。尤其是当雾霾污染现实地成为一个复杂的区域公共问题,它不可避免地具有高度渗透性和不可分割性。这使得打破以行政区划为治理边界的封闭的、违背环境自然属性的单一治理模式实属必要。事实上,近年来我们已经充分认识到雾霾治理中政府间协作的重要性,也在努力推动形成立体化、网络化的雾霾治理政府协作模式。

　　政府协作可从央地政府间协作和地方政府间协作两个向度展开。无论是从协作实践还是协作立法的角度看,地方政府间的协作都是近期政府间协作的重点,从而使得我国雾霾治理模式进入了从纵向府际主导向横向府际主导转变的过程。横向府际协作在当前突出的表现形式就是大气污染区域联防联控。

　　首先,就协作实践而言,我国正在大力推进大气污染重点区域联防联控机制的构建,选定了构建联防联控机制的重点区域并划定了区域范围,主要包括京津冀、长三角、珠三角地区,以及辽宁中部、山东、武汉及其周边、长株潭、成渝、海峡西岸、山西中北部、陕西关中、甘宁、新疆乌鲁木齐城市群。其中,京津冀、长三角和珠三角三个区域的协作治理或协同治理已经取得了初步的协作成果。京津冀及周边地区共同成立了京津冀及周边地区大气污染防治协作小组[①],设立了京津冀及周边地区大气污染防治协作小组办公室。随后,京津冀大气污染防治核心区设立,北京、天津与河北廊坊、保定、唐山、沧州四市进一步形成了"2+4"合作机制。截至

---

　　① 2013 年 10 月,京津冀及周边地区大气污染防治协作小组成立,最初由 6 省(区、市)和 7 部委组成,具体由北京市牵头,成员包括北京市、天津市、河北省、山西省、内蒙古自治区、山东省,以及环保部、国家发改委、工业和信息化部、财政部、住房和城乡建设部、中国气象局、国家能源局 7 个中央有关部委。2015 年 5 月,因河南省和交通运输部的加入,协作小组成员增加为 7 个省(区、市)和 8 个中央部委。

2017 年 8 月，京津冀及周边地区大气污染防治协作小组已经召开了 10 次会议，在区域重污染预警及空气质量预报预警会商、环境执法联动、大气污染标准建设、大气污染防治政策与立法及大气污染治理资金合作等方面取得了相应的协作成果。长三角地区也成立了由 4 省市和 8 部委组成的长三角区域大气污染防治协作机制①，该协作机制于 2014 年 1 月启动，设立了长三角区域大气污染防治协作小组办公室，在 10 个方面开展协作和联合行动，制定了协作清单。截至 2016 年 12 月，长三角区域大气污染防治协作小组召开了 4 次会议。珠三角的区域雾霾协作治理起始较早，早在 1998 年，粤港两地已经就珠三角内空气质量改善开展联合研究，根据研究结束后发布的联合声明，粤港两地共同制定区域空气质量管理计划。而且，珠三角所在的广东省较早地建立区域污染防治联席会议制度，并将大气污染区域联防联控工作机制写入了地方规章。广东省先后出台了《广东省珠三角大气污染防治办法》和《珠江三角洲清洁空气计划》，还根据《粤港政府改善珠三角空气质素合作框架》设立了粤港持续发展与环保合作小组，加强粤港之间的区域大气污染治理合作。此外，我国还以北京奥运会、上海世博会、广州亚运会、南京青奥会、APEC 会议、G20 峰会等重大活动的举办为契机，开展了极具代表性和短期成效显著的区域联防联控实践。值得注意的是，我国横向的区域地方政府间的合作中，虽然地方政府是主体，但往往仍带有纵向府际合作的色彩，主要表现为区域协作中大多有中央部委的参与，而非完全是区域地方政府间的协作机制，这与我国政府体制结构有着直接的关系。与实践不断推进相伴随的是区域协作机构的出现。空气污染的流动性导致一个行政区的努力根本就很难奏效，必须要有一个跨越行政区域并拥有指令权的机构来负责区域空气污染问题。设立一个跨行政区域的、独立的、专门的权威机构，对于综合治理空气污染至关重要[15]。为此，前述区域不仅产生了具体的控霾协作案例，大多还根据需要设置了区域协作机构。从京津冀、长三角等重点区域来看，设置的区域协作机构主要为区域大气污染防治协作小组及协作小组办公室。北京市环保局还成立了京津冀第一个区域大气污染治理协调机构——大气污染综合治理协调处。

其次，从协作立法看，它是区域联防联控的法律依据和保障。目前，区域联防联控机制已由各个层级的立法以及不同的规范形式加以明确（表 1），已经迈入了制度化进程。

表 1 部分涉及区域联防联控内容的立法及规范性文件

立法主体	立法名称	年份	所涉章节（重点条文/内容）
国务院办公厅	《关于推进大气污染联防联控工作改善区域空气质量的指导意见》（国办发〔2010〕33 号）	2010 年	全部
环境保护部、发改委、财政部	《重点区域大气污染防治"十二五"规划》（环发〔2012〕130 号）	2012 年	六、创新区域管理机制，提升联防联控管理能力（一）建立区域大气污染联防联控机制
中共中央	《中共中央关于全面深化改革若干重大问题的决定》	2013 年	十四、加快生态文明制度建设（54）改革生态环境保护管理体制（建立污染防治区域联动机制）

① 长三角区域大气污染防治协作小组成员由上海市、江苏省、浙江省、安徽省 4 个省市及环保部、发改委、工业和信息化部、财政部、住房和城乡建设部、交通运输部、中国气象局、国家能源局 8 个中央部委共同组成。后该协作小组还同时作为水污染防治协作小组进行区域水污染协作治理，参与的中央部委多达 14 个。

续表

立法主体	立法名称	年份	所涉章节(重点条文/内容)
国务院	《大气污染防治行动计划》 (国发〔2013〕37 号)	2013 年	第八部分 建立区域协作机制, 统筹区域环境治理
环境保护部、发改委、 工业和信息化部、财政部、 住房城乡建设部、能源局	关于印发《京津冀及周边地区 落实大气污染防治行动计划 实施细则》的通知(环发〔2013〕104 号)	2013 年	(六)加强组织领导,强化监督考核 (23.建立健全区域协作机制)
全国人大常委会	《中华人民共和国环境保护法》	2014 年	第 20 条
全国人大常委会	《中华人民共和国大气污染防治法》	2015 年	第五章 重点区域大气污染 联合防治(第 86 条)
中共中央、国务院	《中共中央国务院关于加快 推进生态文明建设的意见》 (中发〔2015〕12 号)	2015 年	五、加大自然生态系统和环境保护力度, 切实改善生态环境质量 (十五)全面推进污染防治 (健全跨区域污染防治协调机制)
中共中央、国务院	《生态文明体制改革总体方案》	2015 年	七、建立健全环境治理体系 ((三十六)建立污染防治区域联动机制)
国务院	《国务院关于印发"十三五"生态环境 保护规划的通知》(国发〔2016〕65 号)	2016 年	第四章 深化质量管理,大力 实施三大行动计划 第一节 分区施策改善大气环境质量 (深化区域大气污染联防联控)
广东省人民政府	《广东省珠江三角洲大气污染防治办法》	2009 年	第 5 条
广东省环保厅、发改委、 经济和信息化委员会、公安厅、 财政厅、质量技术监督局	《广东省珠江三角洲清洁空气行动计划》 (粤环发〔2010〕18 号)	2010 年	三、保障措施 (二)健全管理体制 (1.建立区域环境管理协调机制①)
广东省人民政府	《广东省人民政府关于印发广东省大气 污染防治行动方案(2014—2017 年) 的通知》(粤府〔2014〕6 号)	2014 年	三、保障措施 (十)完善协调和预警应急机制 (1.完善防控协调机制②)

(2)政府与企业和社会资本的合作逐渐兴起

近几年,作为政府与企业和社会主体合作的主要方式,实现多元共治理念的新举措以及污染治理市场化、专业化、产业化的重要手段,环境污染第三方治理与环保 PPP 模式受到了高度重视,在环保领域得到了大力推广。两类手段在我国提出和推广的时间都较晚,处于发展的初始阶段,虽然重视程度很高,实践中也在快速推进,但制度化程度相对较低,政策性色彩非常浓厚。目前,只有国家发改委牵头制定出台了《基础设施和公用事业特许经营办法》《政府和社会资本合作法》公布了征求意见稿。

环境污染第三方治理方面,先后由国务院办公厅和发改委、财政部、环保部、住建部四部委分别发布了《关于推行环境污染第三方治理的意见》(国办发〔2014〕69 号)和《环境污染第三方

---

① 具体包括完善区域大气污染防治联席会议制度,建立新型区域大气污染联防联控协作机制。

② 具体包括进一步健全全省大气污染联防联控工作机制和粤港澳区域合作机制,并要求全省各地之间建立"五个统一"的大气污染联防联控协商合作机制。

治理合同(示范文本)》(发改办环资〔2016〕2836号)。2017年8月,环保部又进一步发布了《关于推进环境污染第三方治理的实施意见》(环规财函〔2017〕172号)。2015年,发改委、财政部、环保部、住建部又确定北京市、江苏省、大连市等10省市开展环境污染第三方治理试点。在地方上,近三年来共计18个省(区、市)颁布了第三方治理指导实施的文件[16]。河北省还专门出台了《河北省环境污染第三方治理管理办法》。虽然环境污染第三方治理得到各级政府的积极推行,但仍处于发展的初期,环境公用设施和服务领域如污水处理、垃圾处理等污染第三方治理发展较为成熟,就雾霾治理而言主要是大气污染治理中的脱硫脱硝除尘和有机废气治理领域发展相对较快,总体上还有极大的潜力亟待挖掘。目前,与雾霾治理关联度高的污染第三方治理文件主要是由发改委、环保部、国家能源局联合发布的《关于在燃煤电厂推行第三方污染治理的指导意见》(发改环资〔2015〕3191号)。此外,在各地关于推进环境污染第三方治理的指导性文件中,也往往将大气污染作为第三方治理的推进重点领域,并集中在脱硫脱硝除尘、挥发性有机物污染治理、燃煤锅炉改造、建筑扬尘控制等方面,主要聚焦火电、钢铁、煤炭、石化、水泥、有色金属冶炼等高污染行业。因此,在雾霾污染治理领域,随着实践和立法的完善,政府和企业完全可以与第三方机构开展合作,不仅可以委托第三方机构开展污染源科学分析,对污染源包括外来传输源进行数据解析,据此确定科学合理的治霾对策,还可以开展专业化、市场化的第三方雾霾污染治理。

政府与社会资本合作(Public-Private Partnership,PPP)环保项目方面,自2014年推行PPP模式以来,PPP的市场潜力不断释放,大量PPP项目实现落地。2015年,国务院出台《基础设施和公用事业特许经营管理办法》,明确将市政公用事业特许经营领域拓展到包括环保、水利、能源、市政、交通在内的多个领域。综观各类PPP项目的分布,虽然从数量上不及市政工程、交通运输、城镇综合开发等类别的项目,但生态建设和环境保护类PPP项目一直保持比较高的热度,也一直作为重点示范和推广的领域。事实上,除生态建设和环境保护类PPP外,很多其他类别的PPP项目如市政工程项目都不乏环保元素,有的内在含有环保诉求,有的则有环保社会资本的介入,所以也都可以归入泛环保类PPP项目。环保类PPP项目主要集中于污水处理、固废处理、再生资源循环利用以及环保装备制造等领域。以财政部公布的第三批PPP示范项目为例,泛环保类PPP项目(涵盖生态建设和环境保护、水务、垃圾处理等)在涉及的18个行业领域里,行业集中度较高。而现有的环保PPP项目中,固废处理领域中的垃圾焚烧发电PPP项目数量上占比较高,与大气污染防控关联度较高。在立法方面,2017年3月,国务院办公厅印发《国务院2017年立法工作计划》,在全面深化改革亟须的法律项目制定方面,列入"基础设施和公共服务项目引入社会资本条例",并由国务院法制办、发改委和财政部联合起草,标志着PPP条例纳入了2017年立法计划。2017年7月,国务院法制办、发改委和财政部起草了《PPP条例》(征求意见稿)向社会公布并广泛征求意见。2018年,根据《国务院2018年立法工作计划》,《PPP条例》第二次列入了立法计划。具体到雾霾治理领域,2016年至今,雾霾治理PPP模式制度化有了一定进展,多个政策性文件出台(表2),为大力倡导和落实雾霾治理PPP提供了政策性依据。

表 2 2016 年以来与雾霾治理相关的部分 PPP 规范性文件

制定主体	时间	文件名称	相关内容
国家能源局	2016 年 4 月	《关于在能源领域积极推广 PPP 模式的通知》（国能法改〔2016〕96 号）	鼓励和引导社会资本投资能源领域，在能源领域积极推广 PPP 模式
国务院办公厅	2017 年 3 月	《关于转发国家发展改革委住房城乡建设部生活垃圾分类制度实施方案的通知》（国办发〔2017〕26 号）	鼓励社会资本参与生活垃圾分类收集、运输和处理
国家能源局	2017 年 3 月	《关于深化能源行业投融资体制改革的实施意见》（国能法改〔2017〕88 号）	鼓励政府和社会资本合作，重点在城镇配电网、农村电网、电动汽车充电桩、城市燃气管网、液化天然气储运设施等领域推广运用政府和社会资本合作模式
财政部、住房城乡建设部、环境保护部、国家能源局	2017 年 5 月	《关于开展中央财政支持北方地区冬季清洁取暖试点工作的通知》	明确要求"探索采取 PPP 等市场化模式建设运营清洁取暖项目，调动企业和社会资本参与清洁取暖改造积极性。"
财政部、住房城乡建设部、农业部、环境保护部	2017 年 7 月	《关于政府参与的污水、垃圾处理项目全面实施 PPP 模式的通知》	要求在政府参与的污水、垃圾处理项目中全面实施 PPP 模式

（3）企业与社会主体合作初露端倪

在雾霾问题成因中，工业污染是公认的主要污染源。作为雾霾污染的主要制造者，企业必须承担起更多的治霾责任，不仅包括自身的减排责任，还包括环保社会责任。这就需要企业既要密切与政府之间的合作，接受公众的监督，也要开展与科技企业或其他社会主体的深度合作。企业与社会主体的合作在企业经营的全环节均可实现。目前，合作主要集中在企业污染设施的升级改造、生产过程的节能降耗与清洁生产、流通和销售环节的污染减量等方面，具体方式包括企业与研究机构的合作清洁技术研发，企业设立专项环保公益基金，企业与环保组织联合开展环保行动、发布绿色排名，企业承担污染治理和生态修复责任时受到环保组织的技术支持和监督等。企业与环保组织的合作比较有代表性的是阿里云计算平台于 2014 年 6 月推出的环境监测 APP"污染地图"。该款 APP 是由公益组织——公众环境研究中心发布，而阿里云则免费为其提供云计算资源。该案例中，合作双方充分发挥各自的优势，为雾霾污染有效遏制发挥了积极作用。企业间的合作主要体现在污染企业与科技企业在技术研发领域的合作。2017 年初，京津冀区域的多家钢铁企业就技术升级和节能降耗与相关领域的科技企业达成了合作协议。

此外，政府与各类社会主体的合作还表现为公众参与的深化。随着 2015 年施行的《环保法》新增"公众参与和信息公开"一章，环保部制定《环境保护公众参与办法》以及一些环境保护公众参与地方性立法的出台，环保领域的公众参与也取得了相应进展。具体到雾霾治理中，伴随雾霾危害引发的公众广泛关注，公众参与意识也有所增强。一方面，越来越多的公众参与各类与雾霾污染控制相关的公益活动，从自身开始改变消费和生活方式；另一方面，参与对雾霾污染源和雾霾治理过程监督的公众数量也在增加，对违法行为进行检举、举报的案件数量不断增长，环保组织、检察机关通过提起环境公益诉讼维护环境公益，环保组织之间在监督环境执法、开展环境宣传教育、组织环境公益活动等方面也在加强合作。在公众参与不断深入的过程中，政府履行治霾职能与公众参与之间正在开展积极互动与合作。

（二）我国现行雾霾治理模式的检讨与反思

在近期不断加压的治霾态势下，虽然我国正在开展多层次、多角度、多形式的雾霾治理，但总体上尚未取得令人满意的效果，需要在对其进行深入剖析的基础上进行完善。除了传统的治霾手段，主要是政府的雾霾污染控制职能，仍需要通过完善总量控制制度、排污许可制度、环境监测制度、环境保护目标责任及考核制度等加以强化外，更重要的是，需要通过宏观和微观两个向度检视雾霾治理结构，尤其是新形式新机制中存在的问题，才能有助于探索取得理想治霾效果的对策。

1. 宏观层面的审视与检讨

（1）治霾新手段新机制亟待构建与完善

除不断强化的政府雾霾治理责任外，目前治霾手段和方式呈现多元化的趋势，特别是2015年施行的《环保法》修订前后，出现了以市场为基础的新型环境治理手段，有些治理方式还在短时间内得到了大力推广和快速发展，但这些新手段、新机制还存在诸多现实问题。因为多处于起步阶段，发展时间短，实践刚刚展开，或多或少都会面临一些比较突出的问题，缺乏成熟的实践经验。因此，这些治理手段的运用上，往往具有应急性和被动性特点，相关决策难免欠缺科学性，实施效果不够理想。雾霾治理领域引入的这些新手段、新机制亟待通过实践积累更多的经验，从实践中探索形成稳定的方法、路径和内容。

（2）治霾结构多元化缺乏制度性保障

一方面，多中心治霾模式要求的多主体与多形式，就目前看，采取的是分别立法模式，虽然对特定的治理手段而言具有很强的针对性，但是各类规定之间容易出现矛盾和冲突，也容易出现不能适应雾霾治理特点的问题。另一方面，因为起步晚，雾霾治理领域的新手段、新机制大多处于制度化的初期，主要采取政策性文件形式，比如环境污染第三方治理与雾霾治理PPP模式均是如此。甚至有的手段刚在环保领域推行，还尚未在雾霾治理领域进行有效的具体化操作，存在大量的制度空白。受我国立法理念、技术与立法实际的制约，采取政策化立法的方法也是可取的。但是这种政策化的制度初始推进路径，虽具有适应性和针对性，却失之于稳定，既不能提供具体操作的法律依据，也难以为各类主体的行为提供稳定的预期。目前，一些被寄予厚望的治霾手段仅有顶层设计和原则性的立法规定，欠缺具体的制度内容，需要对主体、内容、范围、方法、权利义务关系、追责机制等进行全面细化。

（3）政府与各类社会主体间治霾努力未形成合力

虽然政府、企业、社会组织、公民个人都对雾霾危害有了更加深刻的认识，除政府本身承担的治霾职责外，企业、社会组织和公民个人都对雾霾污染控制给予了很高程度的关注，也开始有企业、环保组织和公民积极参与到治霾行动中，但不同主体之间的治霾努力尚未形成合力。不同主体间存在治霾目标和动机的不一致、治霾行动的被动性以及治霾参与能力和意愿受限等均是影响治霾合力形成的因素。地方政府面临现实的治霾压力与发展经济之间的矛盾，难以两者兼顾，强压力或者强激励在两者间变化会极大地影响地方政府的选择，就可能导致治霾行动的异化，从治霾主导地位角度看，政府的行为异化会抵消自身以及社会主体的治霾努力，府际协作的碎片化更加剧了这一问题。企业虽然环保意识和环保社会责任感均较之以前有所提升，但受制于逐利本性、新能源技术研发与应用困境，大多还是基于外来压力如政府管理措施趋严和社会舆论影响等参与到治霾行动中,不能做到主动减排、主动承担环保责任,没有真正将治霾意识内化于其经营活动中。多元主体结构对环保组织的有效参与有着极高的要求,而现实是环保组织大多面临生存困境,发展迟缓,参与范围和程度还受到现行立法的制约,在参与深度、范围和效果等方面都还无法适应多元共治结构的需要;公民个人则因环境意识不强、信息不对称、参与途径有限、参与保障不足、利益的实质影响等导致被动参与且参与效果不明显。我国民间组织及民间力量长期无法得到重视,使其原有的能力不但没有得到发挥,反而逐渐退化[17]。各方主体的治霾行动不能形成合力,多元共治的治霾结构就难以真正形成。

(4)建立多中心治霾模式欠缺基础条件和配套机制

治霾结构要实现多元共治目标,构建多元化的主体机制、科学的操作内容以及稳定的制度体系,需要有良好的基础环境和配套机制。我国治霾模式在这两个方面均存在突出问题。在基础条件方面,多中心治霾模式的生成需要科学合理的治霾理念、公众较强的环境意识和参与度、专业机构相对于政府部门的独立、社会主体特别是环保组织具有良好的生存基础和参与环保事务的能力、企业具有很强的环保意识并热衷承担环保社会责任等,我国在前述各类基础条件方面大多是存在不足的。在配套机制方面,需要构建比较完善的环境监测制度、主体间的利益平衡机制、协作激励机制等。但环境监测制度尚存在监测体系不健全、数据真实性监管存在漏洞等问题;区域地方政府间协作中欠缺利益平衡机制的设计,比如生态补偿制度的建立健全、差别化的治霾责任目标、利益和信息共享机制等;当前的协作也缺乏激励机制,不利于提升协作主体的积极性和主动性。治霾结构的多元化还须夯实基础条件,完善配套机制。

2. 微观层面的审视与反思

(1)区域政府间协作尚未形成稳定的制度内容

目前,重点区域地方政府间已经开展了协作实践,也已经出现了相应的协作立法,但是区域政府间的协作仍存在如下问题。

首先,区域政府间协作的应急性特征不利于协作的长期化、稳定性和可持续。

区域联防联控机制构建的本身就是一种问题倒逼式合作的产物,虽然主要的重点区域如京津冀、长三角和珠三角等都已经初步构建起了区域政府间协作机制,也通过协作小组会议等方式解决区域内的雾霾治理问题,但这些区域内雾霾协作治理主要还是体现为应急性和临时性的特征。区域联防联控多集中在重污染天气或重大活动期间,主要是发布重污染天气预警,启动应急预案,采取停课、停工、限产、单双号限行等治霾措施,其短期保障和临时应对色彩突出;而且现行的区域协作机制多为问题导向,侧重于被动的、事后的、末端的治理,治理手段不经济,往往表现为"休克式疗法",即通过大量关停取缔企业的方式加以应对。这种方法姑且不论其治霾效果好坏,但易引发其他社会问题却是不争的事实。一旦引发社会问题,这种休克式治理也难以持续,且会导致更严重的"报复性污染"[18]。总之,应急性和临时性的区域政府间协作,不仅可能带来治理决策的滞后和失误,不适应雾霾污染治理需要长期和持续治理努力的要求,更重要的是,将更多精力放置在事后的应急处理,重视末端治理,而忽略事前初端预防的应急型危险防治理念可能对于局部环境问题有所改善,但对于整体的生态环境而言,则难以达到真正的修复,而且可能造成长期的、更严重的生态环境问题[19]。从制度化的角度看,充分的实践是形成制度内容的基础,应急性、临时性的联防联控实践影响实践经验的总结,不利于形成稳定的制度内容,难以形成稳定的制度预期,长期来看必然会影响区域政府间协作的制度化进程。

其次，区域政府间协作的松散化不利于产生正向的协作激励。

目前的区域政府间协作存在松散化特点。一是除重大活动或者重污染天气期间，基于突出问题应对的现实需要，区域内各政府间开展较为密切的合作外，多数时间里，治霾任务直接下沉至地方政府，各地之间"各自为战"，缺乏横向的沟通与合作，治理的碎片化问题无可避免。更重要的是，区域内各地方之间存在治理程度和效果的落差，不同地域之间在雾霾治理标准、质量检测与监控以及处罚体系等方面尚未统一，造成雾霾污染源跨界转移[20]，但区域协作实践却存在治理措施的"一刀切"现象，其结果要么是在不同地域之间加剧发展失衡和结果不公平问题，要么则是导致地方政府出现"逆向选择"。而且，虽然大多区域协作签署了协作协议，但协议的效力未从法律上加以明确，不能约束地方政府行为，一旦为地方利益出现违背协作协议的行为，协议的执行将陷入尴尬境地。这也不可避免地出现协作中地方政府的消极参与，引发"集体行动困境"。协作的特点和功能都无法充分发挥。二是从现有开展区域联防联控实践的重点区域看，虽然基本上都设立了协作机构，但与雾霾协作治理要求的专门的、独立的权威协作机构还存在一定的差距，组织化程度低。从性质上，协作小组只是一个没有制约性的议事平台和协调机构，其意志的实现取决于领导的注意力和相关政府、部门的配合程度[21]。再如京津冀及周边地区的区域协作机构设在北京市环保局，其专门性和独立性有限，难以满足治霾诉求，且区域协作在法律性质与定位、职能分工、权限分配以及与现有机构之间关系方面缺乏明确的法律依据，无论是独立性还是权威性都明显存在不足。三是在制度层面，虽然对区域联防联控制度进行了原则性规定，但该制度还需要进一步细化，不能以法定义务来约束地方政府的行为，就容易出现协作动力缺失和协作动机的异化，而缺乏相应的激励机制和配套制度，对积极治霾并取得实效的地方政府而言，会进一步导致相关地方政府即便在承担沉重治霾压力的前提下，基于雾霾治理与经济发展之间的矛盾，包括其背后所需的产业结构调整和经济发展模式改革的难度等考量、治理动力和意愿的缺乏或丧失。此外，生态补偿机制的缺失也会直接影响地方政府参与协作治理的积极性，地方政府间逐底竞争加剧，区域协作流于形式。前述诸多因素导致协作不足，缺乏刚性，其后果就是雾霾协同治理博弈容易倒向最坏的结果，即选择不治理[22]。显然，这种松散化的协作方式不利于协作的深入和协作成果的取得，使得需要长期努力的治霾行动难以为继。

（2）环境污染第三方治理与环保 PPP 模式的制度化程度低

目前，环境污染第三方治理与环保 PPP 模式在弥补单一环境治理模式的不足、解决环境保护资金困难、作为政府污染治理有益补充方面的功能受到了高度重视，在环境保护领域进行了大力推广。但如前所述，这类市场化手段存在的最大问题在于发展时间短、实践经验少以及受制于此的制度化程度低。

首先，第三方治理和 PPP 模式发展时间短，这就决定了存在大量的实践空白。第三方治理除在脱硫脱硝除尘领域实践相对较为成熟以外，其他与大气污染相关的领域实践经验还比较匮乏。而环保 PPP 模式，虽然在水和固废等领域已经得到推广甚至是"全面强制实施"，但在大气污染治理领域却只是在与能源、垃圾焚烧发电等环节有初步的实践，其他方面还需要进一步推广。即便如此，环保 PPP 在众多的 PPP 项目中也存在突出的问题，如 E20 研究院数据中心经过数据比对发现，入库环保类 PPP 项目落地率远低于财政部 PPP 入库项目总的落地率，不及后者 1/2[23]。说明环保类 PPP 项目存在比较突出的社会资本融资难问题。农工党中央提交的《关于创新环境 PPP 模式推动环保产业转型发展的建议》提案中也指出了社会资本融资难问题制约了 PPP 模式的有效应用。而且,在其他环境要素领域的成功经验也不能完全在雾霾治理领域进行简单复制,因为环境要素污染的差异化也会影响商业模式、回报机制、投资安全性、绩效考核、责任划分等诸多方面,还是需要根据雾霾污染的特点设计合理的实践与制度内容。整体上看,在雾霾治理领域,环境污染第三方治理与环保 PPP 模式的优势还未充分显现,潜力未充分挖掘。

其次,制度化程度低主要有以下表现。一是关于第三方治理和 PPP 模式的关系尚未厘清,集中反映为不同概念界定下两者之间关系的不同,而这背后还存在立法主导权之争,与之相关的各个部门互不相让,甚至连 PPP 该如何翻译,乃至内在含义、外延范围也"一词各表"[24]。主导立法权之争所致的概念不清以及相关概念之间的关系不明,其后果就是难以形成稳定的制度内容,并且会进一步导致定性、主体范畴、政府定位等基本问题的忽视或者无法做出明确,进而影响到制度化进程。二是目前的污染第三方治理和 PPP 模式制度化主要是通过政策性文件的形式表现,这种形式的制度缺乏刚性,稳定性差,欠缺实质的制度内容。当事人权责分配不明,追责机制不健全,回报机制、模式分类、投资安全、绩效考核、风险评估、价格调整机制等内容缺失,导致实际上的无法可依。三是政府主导欠缺相应法律机制的背景下,就不可能设计出平等合作、互利互惠的合作机制,政府与社会主体权责不对等,对政府行为难以起到约束和监督作用。此外,环保 PPP 项目存在边界划分不科学的问题,多以县域行政范围为单位进行项目招标,以行政区域为自然边界的划分方式,容易忽视环境技术的适用性和资源条件的差异[25],不利于环境的综合治理,与多元共治诉求相悖。

四、形成多元共治治霾结构的制度化策略

目前雾霾治理的制度化程度整体偏低,难以适应雾霾治理的现实需要。要形成多元共治的治霾结构,必须加快推进制度化进程,强化制度保障。基于前述讨论,可行的制度化路径是在不断优化传统治霾手段的前提下充分发展治霾新手段,待条件成熟,进行分别立法。具体是针对不同的治霾手段,在总结相关政策性文件立法经验的基础上,制定一定数量的行政法规,形成稳定的、效力层次较高的、刚性的制度规范形式。在此基础上,还要适时修订《大气污染防治法》,对雾霾治理的新机制新手段做出原则性规定,并明确不同治霾手段之间的关系、定位和协调机制。结合国外经验,治霾结构多元化的制度化策略具体包括以下几方面。

(一)确立科学治霾理念和治霾目标

针对当前治霾理念与治霾目标存在的问题,应从制度上确立科学的治霾理念和治霾目标。确立科学的治霾理念即多中心的治霾理念,就是要摒弃由政府负责的治霾理念,强调雾霾治理应由全社会各主体多元协同。科学的治霾理念是长远和常态化的治霾理念,它要求变应急减排、临时性治理、被动治理为常态化治理、长期治理,避免治霾过程中的短视行为、短期行为。科学的治霾理念还包括雾霾治理与发展的协调,雾霾治理不是不要发展,而是科学发展、可持续发展,要尽量避免采取休克式疗法、断崖式治污和一刀切式治霾,这种做法既不能达到理想的治霾效果,还极易引发其他层面的危机。科学的治霾理念也是风险预防理念在雾霾治理中

的具体化，它并非只做预防性制度设计而忽视事后、末端的治理，而是将治理行为提前，注重初端预防和源头控制，当风险发生后，仍然要进行积极治理。确立科学的治霾目标则是在相关科学研究取得的成果基础上，在不同地域、不同行业、不同主体之间确立合理的、一致但差别化的治霾目标。确立一致的治霾目标要求在立法中做出治霾动机和目标异化消解、主体间治霾目标协调和平衡的制度安排。一致的治霾目标有助于形成治霾合力，差别化的治霾目标则是考虑到发展程度、能力禀赋等方面的差异，公平地在各主体、各区域、各行业之间分配治霾责任。科学治霾目标的确立与落实都要求改变现有的政绩考核机制。

（二）健全多元治霾主体制度

多元共治治霾结构首先要求确立多元主体结构，这就需要立法做出及时回应。除对政府的治霾职责进行优化和加强权力约束外，更重要的是确立企业、公民个人、第三方机构、环保组织以及其他社会主体在雾霾治理中的主体地位。这就需要在立法上明确上述各类主体为治霾主体，进而明确各类主体在治霾活动中所处地位、相互关系与权责范围，还要针对各类社会主体参与治霾行动所需具备的条件和资质做出规定。此外，对公民个人、专家、环保组织等主体的参与能力培育做出制度安排。比如，针对公民个人参与存在的被动参与、参与积极性不高、参与效果不明显等问题，通过加大宣传教育力度、完善信息公开制度、拓宽参与途径和方式、参与不能的法律救济机制设计、参与雾霾治理的激励机制等方面的制度设计加以解决。基于环保组织在治霾结构的重要性，要从制度层面解决其生存和发展困境，比如降低环保组织的设立门槛、引入多元化的资金来源机制、拓宽参与环境事务决策的渠道、扩张环保组织的公益诉讼主体资格等；还要从制度上着重培育环保组织的参与能力和参与积极性。专业的污染治理机构除应强化资质审查和能力建设外，还应从制度上确保其独立性，包括一部分的治理机构从政府部门中剥离，成为真正意义上的"第三方"组织。

（三）构建不同主体间的协作制度

不同主体间协作制度的构建是多元共治治霾结构的核心内容。它需要基于不同的协作形式确立具体的协作制度内容。本报告主要针对区域地方政府间协作、环境污染第三方治理、PPP模式等协作方式构建相应的协作制度。

1. 府际协作机制

纵向的府际协作应形成双向互动，但以往主要体现为中央政府对地方政府的监管，未来在府际协作立法中应加强地方政府对中央政府反馈和动力传导，并且强化中央政府的财政和资金扶持机制。而府际协作中作为主导模式的区域地方政府间协作，针对目前协作中存在应急性和松散化的特点，结合区域联防联控制度构建，可从如下方面构建和完善区域地方政府间协作机制。

（1）建立专门的、独立的、权威性协作机构

因地方政府之间处于平级关系，如果不设立专门协作机构，无法保证协作的顺利开展。目前的协作方式极为松散，达不到应有效果。针对协作机构的建立，相当一部分学者认为，应当成立专门的、具有独立性的权威协作机构。就实践中采取的协作小组的机构形式而言，大多认为它无法满足政府间协作的现实需要，而在区域内某一地方下设协作机构也无法保证机构的

独立性和权威性,建议在相关区域专门设置大气污染跨域治理委员会或者区域雾霾治理委员会之类的跨地区治理协作常设机构,其地位应不低于所跨区域的行政级别,跨省级区域的协助机构应受国务院领导,从而确保其独立性和权威性。有学者提出应建立"国家级—大区域级—重点区域级—地市级"四级一体的区域联防联控机制[26],在机构设置上也可根据层级一级一级铺开,形成立体化的协作机构网络,但这种机构设置上要注意理顺上下级协作机构、同级协作机构之间以及与地方环保部门之间的关系。设置专门协作机构就必须明确其与环保部、作为环保部派出机构的区域环境保护督查中心以及地方政府之间的关系,明确其职能和权限范围、组织机构、人员构成、职能履行方式、责任追究方式和制裁措施等。在协作机构的设置上应遵循经济性原则。而且,协作机构应当包含一项重要职责就是进行区域协作立法,这也需要就区域协作立法的性质及其与行政法规、部门规章以及地方性法规规章的关系做出规定。

（2）确立权责明确的协作内容和常态化的协作措施

目前区域地方政府间协作在协作动机、协作时间和协作方式上均存在应急性、临时性特征,导致协作仅在特定的时间节点为了解决特定问题而开展短期性的治霾措施,这种协作非常态化、不可持续,容易诱发"报复性污染"和引发更为严重的污染后果。为避免短期的应急性雾霾治理成为地方政府另一种形式的"形象工程",应确立稳定的、常态化的协作内容和协作措施。首先,如果区域政府间协作订立了协作协议,协作立法应对协作协议进行效力确认,使之对协议各方能够产生实际的约束力。美国就通过宪法确认协议效力,1787 年美国宪法就明确了州际协议的法律地位,各州之间受契约的约束,类似于商业交易中双方或多方当事人受到契约约束一样[27]。协作协议不得违背协作立法且未做约定的应适用协作立法。其次,内容以权责分配为核心,主要明确协作规划、信息共享、治霾责任分配与保障措施、污染联动预警、污染预报预警会商、联动执法等过程中各协作主体之间的权利义务关系。协作立法还应对协作中的公众参与和监督机制进行详细规定,对区域污染排放和空气质量标准的制定做出原则性规定。再次,协作方式分定期和不定期两种,定期协作有助于解决治理碎片化问题,加强地方政府间的横向沟通与交流,不定期协作则主要运用于突发事件的应急和重大活动的空气质量保障。在立法中应当进一步规定定期协作的频次、形式、参与人员层级等。最后,协作措施的常态化要求摒弃休克式的治霾手段,根据区域实际允许采取差别化的治霾措施,坚决杜绝区域治霾中的一刀切现象,引导地方政府采取长期性、源头性、根本性的治理措施,限制强制关停措施的适用范围和适用条件。

（3）设计区域利益平衡与保障性机制

决定区域地方政府间协作能否取得成效的一个重要因素就是是否进行区域利益平衡与保障性制度设计。在区域利益平衡机制中,首要是建立健全生态补偿机制。具体可结合国务院办公厅《关于健全生态保护补偿机制的意见》（国办发〔2016〕31 号）,细化区域各地方之间生态补偿的条件、范围、方式、补偿标准以及救济机制等内容,避免因消极治霾的地方政府"搭便车"导致积极行动的地方政府治霾积极性和治霾意愿降低甚至退出协作的后果出现。其次是建立利益平衡的保障性机制。一个是在雾霾治理责任目标分配中"共同但有区别"原则的确立,结合各区域经济发展水平、环境空气质量现状和管理水平等要素,通过相关的制度安排和政策等在环境质量目标和达标时限上,进行差别化监管[28];二是建立地方保护行为惩戒机制、污染跨界转移风险预防和处置机制以及终身追责机制,对地方政府及官员的违法行为进行严厉制裁,避免地方政府可能出现的逆向选择。此外,从制度安排上消除经济发展观念和政绩考核评价机制对地方政府治霾选择的影响，亦会产生区域利益平衡的效果。

2. 政府与企业和社会主体间的协作模式

（1）推进环境污染第三方治理立法

除实践中在雾霾治理领域继续推进环境污染第三方治理外，还应尽快改变政策性立法为主的立法现状。一方面，总结第三方治理中的实践经验，条件成熟即形成立法。另一方面，则是要完善第三方治理具体制度内容。首先，以合同为核心进行明确的权责分配，明确监管部门、排污企业和环境专业治理机构三方的责任和义务，明确排污企业和专业治理机构之间的法律关系。其次，构建完整的追责与激励并存的奖惩机制，加强对排污企业和第三方机构的监管和制度激励，建立第三方机构的市场准入与退出机制。激励主要体现在融资渠道拓展机制、税收优惠制度、环境保险制度、收益共享机制以及第三方治理机构的培育机制等。再次，政府在第三方治理中处于比较特殊的地位，应对政府行为进行法律规制，如构建政府违约风险补偿机制及责任追究机制[29]。此外，还要在第三方治理制度中细化信息共享与公众参与机制。

（2）加快 PPP 模式制度化

PPP 模式在我国起步最晚，从 PPP 模式在雾霾治理领域的实践看，还是要经由实践积累经验，这是基础。PPP 条例已经分别纳入 2017 年和 2018 年的立法计划，且已经公布了征求意见稿，立法进程不断推进，一旦出台，将根本性改变 PPP 立法缺失的现状。但是因 PPP 立法面向所有实行 PPP 的领域，具有一般性和普适性特点，并不能完全契合雾霾治理的特点，还是需要在雾霾治理领域进行具体化。首先，要从整体利益的角度对 PPP 和污染第三方治理的概念进行厘清，明确两者之间的关系。其次，从适应多元治理要求的角度，还是应从权责分配入手，以政府权力约束为核心，以合同为基础，合理配置主体间的权利义务，明确合理的项目范围界定、PPP 商业模式的类型及适用范围，构建社会主体利益保障和激励机制、风险评估制度、责任追究机制、价格调整机制、项目的进入和退出机制等，尤其要注重政府违约和异化行为的预防与救济以及地方债风险的预防和控制。

另外，在企业参与的各类协作中，要从制度上明确企业在污染第三方治理、PPP 模式、与社会主体的合作等协作形式中的权利义务，加大对企业排污行为的监管力度，构建企业履行环保社会责任和实施减排行为的激励机制，利用清洁生产、全过程控制、排污权交易、碳排放权交易等手段，促使企业形成减排降耗、转换能源消费方式、开展技术升级改造的自觉。

3. 不同协作机制之间的嵌入与互动

值得注意的是，不同的协作机制在多中心治霾模式中并不是孤立存在的，而是存在嵌入关系，相互之间可以进行互动的。也正因如此，才能形成网络化、立体化的多元共治治霾结构。比如，在政府主导型的多元治霾结构中，采取第三方治理和 PPP 模式治霾是政府间协作内容的组成部分，第三方治理和 PPP 模式在区域内的发展又会受到相关地方政府一致行动的影响和制约，作为一方主体，政府的行为约束机制在第三方治理和 PPP 模式中又是必要的制度内容。此外，环境污染第三方治理和 PPP 模式本身即为公众参与的形式，而区域地方政府间协作也离不开公众参与的相关制度设计，不同协作方式具有共性的制度内容。因此，不同协作机制间存在嵌套性，互相影响、互相制约，这就要求在各类协作机制之间设计协同机制，以便在它们之间形成良性互动。

(四)完善多中心治霾模式的配套机制

多中心治霾配套机制包括环境监测制度、协作激励机制、主体利益平衡机制等。就环境监测制度而言,它是评判污染情况、采取预防措施、开展治霾协作、确定污染责任的前提和基础,对雾霾治理是非常重要的基础性制度。2015 年施行的《环保法》增加了大量环境监测制度内容;2015 年 8 月,国务院办公厅印发《全国生态环境监测网络建设方案》,上收全部国控点的监测运行权;2016 年 1 月 1 日施行《环境监测数据弄虚作假行为判定及处理办法》,但目前该制度仍然存在监测体系不健全、监测数据失真等问题。对此,应结合《环境信息公开办法》,完善数据质量监控制度、责任追究制度、信息公开制度、违法黑名单制度等。协作激励制度对开展多主体协作治霾至关重要,缺乏激励机制,各类主体治霾意愿和治霾能动性将受到极大影响。应根据各类主体及不同协作方式的特点采取针对性的激励机制。在区域各地方之间,公民、环保组织等社会主体参与协作、环境第三方治理、PPP 模式中都需要构建激励机制。主体利益平衡机制对雾霾治理也非常重要。要确立共同但有区别的责任原则;在各类治霾主体之间,针对公众和环保组织构建利益表达机制和利益损害救济机制;在不同的治霾方式中,主要体现为区域地方政府协作中的生态补偿机制、环境污染第三方治理和 PPP 模式中的政府权力制约机制等内容。多元雾霾治理手段所对应的不同立法之间还需要构建沟通与协调机制,以解决立法内容分散可能导致的立法冲突、立法漏洞等问题,也为避免立法内容与雾霾治理要求相悖的情形出现。

雾霾治理归根结底是要改变现行的能源结构和产业结构,因而,能源开发利用和产业结构调整的程度和效果直接影响雾霾治理的成效,需要根据能源开发利用和产业结构调整的目标和路径,完善能源开发利用制度、产业结构调整法律机制、清洁生产制度和全过程控制机制。此外,针对提升公众和环保组织等社会主体参与能力和积极性的现实需要,应尽快完善公众参与、信息公开和环境公益诉讼制度;还应从中央层面形成更加完善、更加严格的空气质量标准、污染排放标准制度,探索技术创新和转化机制等。

(本报告撰写人:宋晓丹)

作者简介:宋晓丹,法学博士,南京信息工程大学法政学院副教授。本报告受南京信息工程大学气候变化与公共政策研究院开放课题"基于多中心理论的雾霾治理模式研究(14QHA018)"资助。

参考文献

[1] [美]迈克尔·麦金尼斯.多中心体制与地方公共经济[M].毛寿龙,李梅译.上海:上海三联书店,2000:73,95.

[2] 孙柏瑛.当代地方治理——面向 21 世纪的挑战[M].北京:中国人民大学出版社,2004:79-80.

[3] [美]罗伯特·A.达尔.多元主义民主的困境[M].周军华译.长春:吉林人民出版社,2011:1.

[4] 晋海.走出环境治理的困境:我国公众参与机制的建构与运行保障[J].生态经济,2008(1):391-394,410.

[5] 赵俊.环境公共权力论[M].北京:法律出版社,2009:5.

［6］李文钊.国家、市场与多中心——中国政府改革的逻辑基础和实证分析［M］.北京：社会科学文献出版社，2011：6.

［7］陈慈阳.环境法总论［M］.北京：中国政法大学出版社，2003：189.

［8］柴发合，支国瑞，等.空气污染和气候变化：同源与协同［M］.北京：中国环境出版社，2015：158.

［9］韩志明，刘璎.京津冀地区公民参与雾霾治理的现状与对策［J］.天津行政学院学报，2016（5）：33-39.

［10］刘书云，姜辰蓉.科学治理雾霾需处理好多重关系［N］.经济参考报，2017-03-20（007）.

［11］詹承豫.多元共治解决雾霾治理"五难"问题［N］.光明日报，2016-06-15（015）.

［12］马海涛，师玉朋.三级分权、支出偏好与雾霾治理的机理——基于中国式财政分权的博弈分析［J］.当代财经，2016（8）：24-32.

［13］胡佳.区域环境治理中的地方政府协作研究［M］.北京：人民出版社，2015：2,124.

［14］董战峰，等.我国环境污染第三方治理机制改革路线图［J］.中国环境管理，2016（4）：52-59,107.

［15］吴志功.京津冀雾霾治理一体化研究［M］.北京：科学出版社，2016：73-74.

［16］董战峰，等.环境经济政策年度报告2016［J］.环境经济，2017（11）：10-33.

［17］周利敏，马语若."公私协力"、环境污染及雾霾灾害的治理［J］.风险灾害危机研究，2017（2）：31-45.

［18］石庆玲，郭峰，陈诗一.雾霾治理中的"政治性蓝天"——来自中国地方"两会"的数据［J］.中国工业经济，2016（5）：42-56.

［19］张鲁萍.从管理到多中心治理：我国雾霾治理模式创新［J］.湖北行政学院学报，2016（1）：43-48.

［20］李永亮."新常态"视阈下府际协同治理雾霾的困境与出路［J］.中国行政管理，2015（9）：32-36.

［21］徐骏.雾霾跨域治理法治化的困境及其出路——以G20峰会空气质量保障协作为例［J］.理论与改革，2017（1）：38-43.

［22］秦立春.政治学视野下的雾霾协同治理机制［J］.江西社会科学，2016（5）：201-204.

［23］安志霞，郭慧."环保大数据观察：万余PPP项目揭秘落地困境与水环境业绩排名"［EB/OL］.2017-03-17.http://www.h2o-china.com/news/view? id=255393&page=1.

［24］邓峰."PPP的制度困境和出路"［EB/OL］.2016-11-28.http://www.h2o-china.com/news/249766.html.

［25］崔煜晨，童克难.环保类PPP有苗不愁长［N］? 中国环境报，2017-3-9（006）.

［26］柴发合，云雅如，王淑兰.关于我国落实区域大气联防联控机制的深度思考［J］.环境与可持续发展，2013（4）：5-9.

［27］姜丙毅，庞雨晴.雾霾治理的政府间合作机制研究［J］.学术探索，2014（7）：15-21.

［28］张强斌."差别化监管"破解大气污染联防联控难题［J］.北京观察，2013（8）：18-20.

［29］谢海燕.环境污染第三方治理实践及建议［J］.宏观经济管理，2014（12）：61-62,68.

Research on the Mode of Haze Treatment Based on Polycentric Theory

Abstract：The increasingly serious haze problem has been decided the necessity and urgency to construct a reasonable concept, structure and system of haze governance in our country. The single-center model of haze treatment has been proved inefficient and requires a new model of governance to be established on the basis of recognition of the drawbacks of single-center model of haze treatment. As the mainstream theory in the reform of modern government public administration, the polycentric theory provides a feasible alternative system for o-vercoming the supply of single-center public goods of government. The theory has the inherent fit with the haze treatment. We need to abandon the government's single efforts and build a polycentric model of haze treat-ment. Multivariate co-governance is a community of interests constructed through different forms of collabora-tion by governments, enterprises, individual citizens and social organizations under the guidance of polycentric theory. The author puts forward an institutionalized strategy for the formation of multivariate co-governance structure through the interpretation of the polycentric model of haze treatment and the review and reflection of the current structure under multi-center vision.

Key words: polycentric theory; haze treatment; multivariate co-governance

中国大气污染状况及其法律对策研究

摘　要:中国自改革开放以来,长期着力于涉及基本民生的大气污染问题。通过建设完善自上而下的相关法律法规,积极推动公权机关、企事业单位以及社会公众防治大气污染的各项活动,取得了一定成效。但基于经济利益与环境利益、局部利益与整体利益、近期利益与远景利益的固有矛盾以及大气污染与身心健康关联指数的存疑性、大气污染案件取证质证的高难度、大气污染司法救济举措不健全等现实障碍,大气污染防治法律制度建设仍是生态法治构建的关键环节。亟待在深入分析中国大气污染概念形态、演进表征与殊别影响的基础上,参鉴域外相关法律原则与特殊制度,探讨中国大气污染防治主要法律法规的历史发展、立法难点与完善建议,促进中国经济社会可持续发展。

关键词:大气污染　防治　中国　法律对策

　　工业革命以来,来源复杂多样的氮氧化物、一氧化碳、氟氯化碳和其他污染物导致的严重大气污染已经不再是一城一国之事,而是影响全球、关乎整个人类族群永续发展的关键难题。"由于快速的长距离传输,空气污染跨越洲际和海洋,形成含亚微米颗粒的跨洲际和跨海洋的大气棕色云烟羽"[1],严重损害暴露人群的身心健康,破坏生态环境,阻碍经济社会可持续发展。

一、大气污染的概念与形态

(一)大气污染的概念界定

　　地球大气是指由氮气(78.08%)、氧气(20.95%)、氩气(0.93%)、二氧化碳(0.033%),以及氢、臭氧等其他微量气体混合而成的气体、悬浮液态和固态微粒等构成的质量约为 $5.2×10^8$ 千克(占比为地球总质量的百万分之一)的气体外壳,"50%质量集中在 6000 米高度以下,75%质量集中在 10 千米高度以下,99%质量集中在 35 千米高度以下"[2]。生活在大气环境底部的人类族群以其为保障生命存续的核心屏障。例如,二氧化碳和氧气的相对平衡(碳—氧平衡)是生命体新陈代谢的重要保障。又如,低浓度的臭氧是消毒圣手,且一定厚度的臭氧层可以吸收穿过大气层的过量紫外线(总臭氧量减少 1%意味着紫外线 B 增强 2%,与此相应,人类的基础细胞癌变率增加 4%)。严重大气污染破坏有序的地球大气环境,直接或间接影响人类族群永续生存与全面发展。

　　大气污染界定有广义和狭义之分。广义方式认定大气污染源于自然过程和人类活动两个途径。例如,国际标准化组织提出,"所谓大气污染通常是指由于人类活动和自然过程引起某种物质介入大气中,呈现出足够的浓度、达到足够的时间,并因此危害了人体的舒适、健康和福利或污染了环境"[3]。又如,国际劳工组织认为,大气污染"包含一切被不论何种物理状的、有害健康或有其他危害的物质所污染的空气"[4]。具体而言,包括火山喷发、山林火灾、岩石风化及空气运动等自然过程导致大气中浮游粒子状物质增加,以及钢铁、炼焦、火力发电等工矿生产和取暖燃料燃烧、化工、涂装、油品存储等人类活动直接排放污染物和大气二次物化反应等导致进入地球大气动态系统的污染物在输入总量上持续地明显超出通过大气转化和干湿沉降而形成的消减总量,进而严重威胁暴露人群身心健康和全域生态系统有序维系的负面现象皆为大气污染。

狭义方式将自然过程导致的大气环境恶化排除在外,仅将污染来源限定为人类活动。例如,联合国欧洲经济委员会出台的防止、控制和削减远距离、跨国界大气污染(空气污染)的《长程越界空气污染公约》①中写道,"空气污染是指人类将有害的物质或能量直接或间接地引入空气,以致造成危害人类健康、损害生物资源和生态系统、损坏物质财产、减损或妨碍环境优美以及环境的其他正当用途等有害影响"。由于自然过程导致的大气污染是千万年来一直存在的自然现象且自有天然的平衡秩序,而今谈及的大气污染绝大多数针对人类活动引发的恶劣状况,中国不少学者倾向于采纳狭义界定方式。即"所谓大气污染是指由于人类的生产活动和其他活动,而向大气环境排入有毒、有害物质,改变大气的物理、化学、生物或者放射性特性,从而导致生活环境和生态环境质量下降,进而危害人体健康、生命安全和财产损害的现象"[5],或"人类的各项活动都与大气污染之间存在着因果关系,人类是污染大气的主要实施主体,而大气污染则是人类向外界排放各种废弃物质的恶性结果之一"[6]。

面对当前严峻的大气污染形势与防治重心在于控制人类族群有害大气环境的不良行为,有必要对大气污染进行相对狭义的界定。即大气污染是指由于人类活动导致地球表面由气体、水汽和部分杂质组成的混合物中某种物质积累到一定浓度并持续足够时间,进而对社会公众身心健康和生态环境产生不利影响的现象。

(二)大气污染的形态解析

广义大气污染形态依据污染来源可以分为火山喷发和山林火灾等自然因素产生的烟、粉尘、含硫海雾等污染,以及工业生产、交通运输等人类活动产生的废气、烟雾、沙尘等污染。狭义大气污染的形态多种多样,可以依据人类族群活动内容、污染源排放方式、污染物来源、污染物存在形态等进行分类。

(1)依据人类族群活动内容划分:可以分为厂矿锅炉中排放污染物引发的大气污染、农药化肥产生或使用残留并扩散进入大气层的污染以及交通运输和生活采暖等排放污染物引发的大气污染等。

(2)依据污染源排放方式划分:可以分为持续生产的工矿企业和持续使用的生活设施等以定常方式排放污染物、非持续生产的工矿企业和非持续使用的生活设施以规则或不规则的间歇方式排放污染物,以及核泄漏等短时间内突发性大量排放污染物等。

(3)依据污染物来源划分:可以分为工矿用煤和生活炉灶等烟雾排放引发的污染、化石燃烧排放有害大气环境的物质引发的污染、相关混合物排放引发的大气污染,以及氯气、氟化氢、硫酸氢等微量气体排放引发的污染等。

---

① 《长程跨界空气污染公约》是国际社会第一部以控制跨界大气污染为目的的区域性多边公约。该公约是典型的仅规定了基本原则和基本制度的框架公约,授权 51 个缔约国签订议定书以处理特定大气污染物的控制问题。

(4)依据污染物存在形态划分:可以分为大气颗粒物和气态污染物。其中,大气颗粒物是最复杂的大气污染物,"是由各种各样的人为源和自然源排放的大量成分复杂的化学物质所组成的混合物,并在粒径、形貌、化学组成、时空分布、来源、大气过程(包括干湿沉降)及寿命等方面均具有很大的变化"[7]。既包括污染源直接排出的一次颗粒物(如秋冬季节常于清晨出现辐射逆温层的二氧化硫和煤烟颗粒、常于午后出现下沉逆温层的氮氧化物和挥发性有机物),亦包括经过大气冷凝或复杂化学反应而生成的粒径更小、滞留时间更长且传输距离更远的富集更多有毒有害物质的二次颗粒物(如秋冬季节常于清晨出现辐射逆温层的硫酸和硫酸盐气溶胶,常于午后出现下沉逆温层的臭氧、硝酸、硝酸盐气溶胶)。

狭义大气污染还可以依据范围分为局部性污染、区域性污染、广域性污染和全球性污染;依据污染属性可分为物理性污染、化学性污染和生物性污染等;依据污染源位置分为居民住房等位置不变的污染源和车船飞机等移动污染源;依据大气污染物排放口高度分为通过地面或低矮高度排放的地面源污染和通过离地一定高度的排放口排放的高架源污染;依据大气污染物排放口排出物的扩散方式分为一定口径点状排放的污染源、线状排放的污染源、在一定区域面积内以密集低矮方式排放的污染源以及呈现一定体积排放的污染源[8]。

二、大气污染的重大事件与表征解析

(一)大气污染的重大事件历程

近百年来,轰动全球的极端大气污染事件频频发生,造成无法挽回的巨大损失。①1930年冬,比利时马斯河谷的钢铁厂、炼锌厂、玻璃加工厂等13个工厂排放的二氧化硫气体积聚在河谷上空无法消散,短短一周内导致60人死亡和千余人患上呼吸道疾病。②1943年、1946年、1954年和1955年美国洛杉矶持续性的光化学烟雾事件造成严重损失。其中,1946年夏秋之际,该地区机动车尾气排放中无法扩散的氮氧化物和碳氢化合物导致出现长达十多天的淡蓝色光化学烟雾,致使哮喘病人和支气管炎患者大幅增加,整个区域植被大面积枯死。1955年,该地区持续近10日的高温光化学污染导致65岁及以上人群死亡率甚至上升到70～317人/日,最终400多名抵抗力较弱的老人死亡。③1948年秋,美国宾夕法尼亚州的多诺拉小镇上,炼锌厂、钢铁厂、硫酸制造厂排放的硫酸氢和二氧化硫在气候反常的情况下积聚山谷,导致全镇1.4万人中有5910人出现眼痛、喉痛、胸闷和呕吐等症状,最终18人死亡。④1948年,美国联合碳化物公司博帕尔农药厂的储料罐进水导致化学原料发生剧烈反应引起爆炸,41T异氰酸甲酯泄漏到居民区酿成迄今最大的化学污染事件,导致32477人严重暴露于有毒气体,中度暴露者达到71917人,轻度暴露者达到416868人,最终2500人因急性中毒死亡,导致的各种后遗症与并发症不计其数。⑤1952年寒冬,英国伦敦上空反常积聚家庭生活使用和工矿燃煤排放的一氧化碳和二氧化硫,导致该地区连续4天大气能见度很低,最终导致1.2万人死亡。⑥1961年起,日本四日市市十数家石油化工企业排放的二氧化硫导致该地区哮喘、肺气肿和慢性支气管炎等患病率大幅提升(一些患者甚至因为不堪忍受而自杀)。⑦1986年,苏联切尔诺贝利核电站发生二战中日本广岛和长崎遭受原子弹袭击以来全球最为严重的核污染,造成13万人急性暴露,事故发生3个月内31人死亡。⑧2003年,中国重庆市开县"12·23"

特大天然气井喷事件导致大量富含硫化氢的天然气喷涌而出,波及 9.3 万余人,最终导致 243 人死亡[9]。

随着中国经济社会持续发展,较为清洁的燃料、高架源排放模式和烟气脱硫技术等广泛使用,大幅减少化石能源燃烧产生过量二氧化硫。但是,中国交通运输业快速发展导致机动车数量急剧增加,氮氧化物、挥发性有机物以及区域性光化学污染不断增多;房地产业飞速发展中愈加巨量的建筑工程导致扬尘污染大幅增多;广域的农药和化肥施用量以及秸秆露天焚烧和禽畜养殖直接排放等,导致大气能见度持续降低(甚至连远离人类活动的北极地区都出现了局部雾霾现象),由此引发视盲、哮喘、支气管炎等。

目前,中国作为制造业大国,包括化工、纤维、机械等在内的产品生产能力和实际产量均居于全球前列。国内重工业林立之下的产业结构转型升级尤为困难,整个国家的大气污染状况呈现出复合型与季节性特征,尤其是京津冀、长三角、珠三角等重点区域的大气污染较为严重。亟待通过法律法规的修改完善与有效推行,进一步发展低耗能、低排放、高产出的资源集约型和环境友好型发展模式。

(二)中国大气污染的表征解析

依照《大气污染防治计划》《环境保护法》《大气污染防治法》等政策法规,中国大气污染物主要源于燃煤、工业生产、机动车船、扬尘和农业生产等。①作为煤炭生产和使用大国,中国以煤炭为主的能源消费产生二氧化硫和氮氧化物等大气污染物。②中国的工业生产中产生大量粉尘、硫化物和氮氧化物等大气污染物。③机动车一直是中国大气污染物排放总量的重要来源。"中国汽车四项污染物排放量由 3770.6 万吨增长到 3939.3 万吨,年均增长 0.9%。[10]"随着中国居民生活水平不断提升,截至 2016 年底,全国机动车保有量达到 2.9 亿辆(连续第 8 年成为全球机动车产销第一大国),排放污染物升高到 4472.5 万吨,"机动车尾气已成为我国大气污染的首要污染源"[11]。排放的一氧化碳易与生命体内血红蛋白结合,使其遭受缺氧损害;排放的碳氢化合物在一定浓度下对生命体有直接毒性,经过复杂的化学反应之后亦会引发光化学烟雾,具有致癌危险[12];排放的硫化物和氮氧化物容易引发呼吸系统疾病,甚至直接损伤肺器官。除去威胁生命体的健康风险之外,机动车排放的尾气中二氧化碳累积到一定浓度就会导致引起土壤和水源酸化的酸雨,进而影响农作物生长。④随着我国城镇化建设和房地产行业高速发展,房屋、道路、管线等建设和拆除施工、相关建筑材料、建筑垃圾和工程渣土等物料运输中产生的扬尘污染日趋严重①。例如,中国城镇化建设中粗放型施工时的物料堆积遮挡不足、垃圾和原煤等堆放时未做防尘处理等造成容易起尘的物料和渣土外逸,未能及时打扫施工现场路面以及未能及时冲洗出入工地的机动车辆等加剧这一问题。又如,交通运输中洒落的沙土、渣土和煤灰等经过往来车辆碾压后形成粒径较小的道路扬尘。⑤中国居民消费能力的显著提升使得食品加工过程中挥发油脂、排放苯和环戊酮等多达 220 多种污染物的问题日益突出,不仅导致社会公众的呼吸系统疾病,甚至导致生命体的"外周血中淋巴细胞 ANAE 阳性率和 CD3+细胞百分数显著降低,影响体内平衡",甚至致癌。⑥中国一些省市地区大肆焚烧秸秆和燃放包括氧化剂、火焰着色物和其他可燃物质成分的烟花爆竹导致大气中一氧化

---

① 一般而言,扬尘包括自然风力从高空将外地尘土输送本地产生的扬尘和城市建筑施工、渣土堆放等在自然风力、机动车辆行进等作用下产生的扬尘。

碳、二氧化碳和可吸入颗粒物等生成物浓度频创新高，不仅引发为数众多的呼吸系统疾病，还往往形成影响大气能见度的浓厚烟雾，严重影响陆地和空中交通安全。此外，焚烧中地温升高直接烫死土壤中有益微生物，影响农田作物充分吸收土壤养分，甚至引发火灾。化肥和农药的普及使用产生的氨气和挥发性有机物以及养殖牲畜产生的恶臭气体也是大气污染的重要缘由。

（三）大气污染的殊别影响

大气污染防治是关系到国计民生的重大问题。污染现象对经济社会发展与人类族群永续繁衍皆有明显的负面影响，有报告称"自 2010 年以来，细颗粒物暴露已经造成全球 320 万例新生儿先心病和 22.3 万例肺癌死亡"，已受到理论界和实务界的高度关注。但对于大气污染与暴露人群健康的关联程度和大气能见度受损的消极效应皆存在一定争议。

事实上，大量流行病学研究已经揭示了大气污染暴露与呼吸系统疾病入院人数和患病概率之间呈现正相关性。例如，粒径较小的大气纤维颗粒和富硅颗粒等滞留于生命体肺部、甚至通过肺泡中的毛细血管渗透血液循环系统，导致肺功能紊乱，进而引发呼吸系统疾病。大气环境中细颗粒物和可吸入颗粒物浓度超标有可能引起固有免疫系统和适应性免疫系统的炎症反应，降低机体免疫能力，引起氧化应激反应，增加心肌缺血、心肌梗死、心律失常以及动脉粥样硬化等心血管疾病的患病风险。大气细颗粒物中提取的多种多环芳烃增加了生命体胚胎干细胞中芳香烃受体，"影响心脏发育相关基因表达，引起斑马鱼胚胎心脏发育畸形、心率降低"[13]，导致中国数以百万带有出生缺陷的新生儿中先天性心脏病比例高达 62.1%[14]。同时，越来越多的证据表明，包括大气细颗粒物和可吸入颗粒物等在内的环境恶化因素有可能导致人类族群的生殖细胞数量减少和功能降低、破坏母体的内分泌系统、诱发遗传因子损伤，出现死胎、流产、早产和发育迟缓或异常等生育问题和妊娠并发症。世界卫生组织下属的国际癌症研究机构（International Agency for Research on Cancer，IARC）将大气颗粒物列为"明确的人类致癌物"，严肃警告大气污染对人类健康的负面影响。国家卫生计生委统计数据显示，目前中国的肺癌发病率以年均 26.9% 的速度增长且死亡率在过去 30 年间上升 465%，已经是中国致死率最高的恶性肿瘤（曾经很长时间内一度为肝癌），区域调查表明其与大气污染关系密切。例如，中国云南省宣威是农村肺癌高发区，当地发病率高达其他地区的 20 倍，而区域上空大气二氧化碳等总悬浮颗粒物的浓度高于其他低发区数倍到数十倍。此外，大气污染物通过植物气孔被渗透吸收、通过动物饮食和呼吸等渗入体内。这些人类族群长久存续必需的食物链传递中遭受的大气污染引发侵害间接危害社会公众身体健康。

大气能见度是指水平背景天空下个人可以识别的黑色目标物体的最远距离。能见度降低是社会公众能够感觉到大气污染最直接的途径，在污染防治领域意义重大。但大气污染影响能见度的认知存在诸多技术问题。依据瑞利散射现象理论①，自然状态下氮、氧等正常成分混合气体、水汽和气溶胶粒子构成的洁净大气一般呈现出透明度好、能见度高的蔚蓝色。而大气污染造成能见度降低的最典型表征是大量细颗粒物的散射和吸收作用对光传播产生干扰而导致的可察觉的远处光亮物体微带黄红色而黑暗物体微带蓝色的严重霾现象。现实生活中，

---

① 科学家瑞利发现的瑞利散射现象是当微粒直径小于可见光波长时，红、橙、黄、绿、蓝、靛、紫等组成太阳光的七种光中，红、橙、黄波长较长，蓝、靛、紫波长较短。而波长较短的色光，更易于被正常的大气分子散射。

"雾""霾"二字常常被混用或连用。虽然两者都是导致视野模糊的漂浮粒子,但"雾"是一定气象条件下大量微小水滴浮游空中,"霾"却是城镇化建设、工矿产业发展和机动车辆激增等导致的过量排放悬浮颗粒积累在近地面层。两者在成分(雾的悬浮物主要是水滴和水晶,霾的悬浮物主要是硫酸盐、硝酸盐和碳氢化合物)、湿度(雾的湿度大于霾)、厚度(雾一般为数十至数百米)、色度(雾为乳白或青白色,而霾为黄色或橙灰色)以及能见度(雾小于 1 千米而霾小于 10千米)等方面存在较大差别。严重的霾现象不仅导致交通困难,还影响社会公众身心健康、经济增长与社会稳定。

(四)大气污染防治的域外立法状况

20 世纪 50 年代起,弥漫全球的"经济增长决定论"引领西方国民生产总值快速增长,伴随而来的却是大气、水源和土壤状况逐渐恶化,爆发众多类似日本千叶市苏我镇要求千叶制铁所停止"第六号熔铁炉"建设的典型案件。一些有识之士开始意识到综合考虑经济利益和环境利益、局部利益和整体利益以及眼前利益和长远利益的重要性。1971 年比蒙斯教授发表的《控制污染的社会成本转换研究》与 1973 年马林博士发表的《污染的会计问题》提出了以相关法律规范为依据、采用货币单位计量环境污染防治的成本和实效并综合评估环境绩效对企业财务的影响。1979 年,国际社会第一部以控制跨界空气污染为目的的区域性多边公约《长程跨界空气污染公约》出台,明确要求各缔约国尽可能地逐步减少和防止长距离跨界空气污染排放(尤其是控制二氧化硫排放和酸雨),推动欧洲地区大气质量环境的优化。随着环境状况日益恶化,联合国《人类环境宣言》首次发出了全球环境陷入危机的警告;联合国大会通过的《世界自然宪章》确立了环境优先原则,要求确保经济发展规模和发展速度超过环境承载力时的经济利益应当让渡于环境利益。1992 年,联合国环境与发展会议通过了《21 世纪议程》和《里约环境与发展宣言》,将《我们共同的未来》里"能满足当代人的需要,又不会对后代人满足其需要的能力构成危害"的可持续发展作为人类族群的共同行动纲领。1993 年,联合国统计机构出版的《综合环境与经济核算手册》中正式提出生态国内产出的概念,将自然资源因素汇入传统产值计算量能。《关于限制特定物质等保护臭氧层的法律》《地球村变暖对策推进法案》等明确规定大气污染排放总量不得超过大气环境自净能力以及人类族群对大气环境的开发利用不得超过大气环境供给能力。《持久性有机污染物公约》要求缔约方严格限制使用 DDT 类杀虫剂并将二噁英和其他有毒有害物质的排放量减少到一定标准,同时规定缔约各方为保持环境质量应当共享相关信息和技术资源。

英国率先将低碳经济设定为基本国策,颁布《我们能源的未来——创建低碳经济》,制定了可持续发展战略和环境影响评价制度;通过《气候变化和可持续发展》《气候变化法》《创建低碳经济——英国温室气体减排路线图》等完善排放交易体系、环保补贴和收税优惠制度、明确百万能源改造计划的长期目标和基本路线、推广低碳生活理念,保障人类族群在尊重环境、资源和生物多样化的极限之内健康有序地生活下去[15]。美国颁布了《清洁空气法修正案》和《国家能源战略》,规定社会公众作为最直接的利益相关者有权作为大气污染的原告,向违反大气污染排放标准的个人、企业、政府机构或未曾实际履行法定职责的联邦环保局长提起诉讼。为了避免过于宽泛的诉讼条件导致滥诉,还明确规定起诉人在起诉前必须将书面的起诉意愿通知送交被主张的违法者(给予被告纠正违反行为的机会)或政府部门(给予政府部门自行起诉的机会),且为了降低公益诉讼的成本,规定适当判发律师费和专家鉴定费给当事人。美国还陆续发布了 5 个版本的《能源部战略计划》,提出了保障能源供应安全、科技创新、维护环境质量等战略目标,制定了区域环境管理机制并针对颗粒污染物、一氧化碳、臭氧等规定了具体的排放标准。日本通过《公害对策基本法》《环境基本法》《大气污染防止法》《烟煤控制法》《环境影响评价法》《关于机动车排放氮氧化物以及颗粒物质的特定地域总量削减等特别措置法》《石油替代能源开发及应用促进法》《新能源利用促进特别措施法》《可再生能源特别措施法案》《电源开发促进税法》等明确规定了政府部门、企业单位和社会公众"谁污染、谁负责、谁治理"以及促进清洁能源产业发展中的义务和责任,全力资助高节能的设备生产,重点推进大气污染防治工作。印度为了克服大气污染诉讼的举证查证困难,创设了书信管辖权制度和调查委员会制度,但大气污染防治主要以临时性和应急性救济措施为主[16]。瑞典在大气污染诉讼中甚为注重公众参与,积极强调区域合作。德国则采用公益代表人和检察官参与大气污染诉讼的特殊形式。

(五)中国大气污染防治的主要法律法规

随着中国产业发展与城镇化建设加快,以细颗粒物和可吸入颗粒物等为主的海量大气污染物已经成为整个社会有序运作中无法逃避的问题,对于以人类族群为代表的诸多生命存续构成巨大威胁,破坏整个生态系统的平衡,甚至是引发全球变暖的重要因素,严重威胁居民生产生活和社会资源安全。亟待建设完善相关法律法规,积极完成大气污染防治重点任务,迅速改善中国大气环境质量,避免严重雾霾现象等极端天气频频出现,突破中国生态文明建设的关键阻力,是保障社会公众身心健康,改善民生的着力点和转型升级的重要抓手,能够促进经济社会可持续发展。

1. 中国大气污染防治的立法进程

1972 年,中国政府参加了联合国第一次人类环境会议,就此拉开大气污染防治事业的序幕。1973 年,国务院召开第一次全国环境保护会议,制定了《关于保护和改善环境的若干规定》(新中国成立以来第一部环境保护法规),提出"全面规划,合理布局,综合利用,化害为利,依靠群众,大家动手,保护环境,造福人民"的方针;主张"消除烟尘和有害气体",开发多种途径以综合利用"含氟、含硫、含氯等有害气体和各种烟尘"且对于暂时不能利用的有害气体和烟尘要"尽可能实行净化处理";要求"排放有毒废气、废水的企业,不得设在城镇的上风向和水源上游","各单位的排烟装置,都要采用行之有效的消烟除尘措施。要积极创造条件,有计划、有步骤地以煤气、天然气、燃料油和液化气等代替煤炭作燃料,逐步推行区域供热,代替分散的供热设备。工矿企业的有害气体,要积极回收处理"。

改革开放之后,中国为了"保证在社会主义现代化建设中,合理地利用自然资源,防治环境污染和生态破坏,为人民创造清洁适宜的生活和劳动环境,保护人民健康,促进经济发展",1979 年制定了《环境保护法(试行)》(新中国成立以来第一部综合性环境保护基本法)。清晰覆盖"大气环境",要求"积极防治工矿企业和城市生活的废气、废水、废渣、粉尘等对环境的污染和危害",强调"有害气体的排放必须符合国家规定的标准"。不仅对于"需要排放的,必须遵守国家规定的标准;一时达不到国家标准的要限期治理,逾期达不到国家标准的,要限制企业的生产规模。超过国家规定标准的排放污染物,要按照排放污染物的数量和浓度,根据规定收取污染费",而且提出"对于企业利用废气、废水、废渣作主要原料生产的产品,给予减税、免税和价格政策上的照顾,盈利所得不上交,由企业用于治理污染和改善环境"。同时,提出在国务院设立环境保护机构、省级人民政府设立环境保护局以及市县级人民政府根据需要设立环境保护机构的主张并明确相应的具体职责范围。此时,由于中国的大气污染问题尚不严重,对于超标排放才收取排污费。

社会发展到一定阶段,"物质财富不能满足人们对幸福的追求。[17]"随着中国工业生产发展、居民生活水平提升与整个社会权利意识增强,生态环境开始出现恶化趋势,大气污染及其破坏性后果导致的过高预防与治理代价开始引起社会公众的关注。众多居民开始公开表达独立个体有权生活在充分尊重个人尊严、自由平等与充足生活保障的环境之中,亦负有保护当前以及后代生存和居住环境的历史责任。国家根据《宪法》第 26 条"保护和改善生活环境和生态环境,防治污染和其他公害"的基本精神,在"用制度保护生态环境"的思路引领之下,积极发挥法律规范推动大气污染防治的重要作用,力求形成尊重自然、顺应自然、保护自然的创新型经济社会可持续发展范式。

1987 年,"为防治大气污染,保护和改善生活环境和生态环境,保障人体健康,促进社会主义现代化建设的发展",第六届全国人民代表大会常务委员会通过了《大气污染防治法》。明确授权国务院环境保护部门制定国家级大气环境质量标准和大气污染物排放标准,授权省、自治区、直辖市人民政府细化制定地方性标准;规定简单的建设项目环境影响评价制度和大气污染监测制度;分章明确防治烟尘污染、防治废气、防治粉尘等的法律规范及相应的违法责任。1989 年,第七届全国人民代表大会常务委员会通过了《环境保护法》,加大对排污的企事业单位的监测力度与管理力度。要求"排放污染物的企业事业单位,必须依照国务院环境保护行政主管部门的规定申报登记。排放污染物超过国家或者地方规定的污染物排放标准的企业事业单位,依照国家规定缴纳超标准排污费,并负责治理"。虽然相关法律法规"在我国环境保护事业的发展中发挥了巨大作用,也为我国法律体系的发展与完善做出了应有的贡献"[18],但相关执法手段简单且执法力度较差(如行政处罚大多以单一的罚款形式进行),导致"违法成本低、守法成本高、执法成本更高"的局面,不足以应对逐渐恶化的生态环境,亦缺乏有关社会公众参与环保的具体条件、可行方式和细化程序的明文规定。

随着中国政府部门、企事业单位和社会公众对大气污染的认知和防治需求持续加强,中国进一步加快大气污染防治的立法工作。1995 年,修订了《大气污染防治法》,增加了诸多"国家采取有利于大气污染防治以及相关的综合利用活动的经济、技术政策和措施""各级人民政府应当加强植树造林、城市绿化工作,改善大气环境质量""企业应当优先采用能源利用效率高、污染物排放量少的清洁生产工艺,减少大气污染物的产生""国家鼓励、支持生产和使用高标号的无铅汽油"等宣告式和鼓励性条款。积极完善落后设备淘汰制度,细化煤炭洗选加工和民用炉灶改良机制,实施热力和电力联合生产的火电设置,划定酸雨控制区或二氧化碳污染控制区,并将"防治烟尘污染"修改为"防治燃煤产生的大气污染"。1996 年,第四次全国环境保护会议上提出了具体的大气污染控制任务,不仅出台大量综合性、行业性的大气污染排放标准,还积极借助政策法规手段和技术改良措施,在气溶胶行业(1998 年)和泡沫塑料行业(2000 年)等开展技术改造,逐步避免消耗臭氧层物质。

21 世纪以来,中国经济发展水平不断提升、社会公众的生活条件不断改善且社会状况保持稳定之下,对于影响广大人民群众身体健康和经济社会可持续发展的大气污染防治工作高度重视。2000 年,再度修订《大气污染防治法》,明确了超标排放下处以罚款、限期治理、责令关闭和没收违法所得等相应处罚;确立了将酸雨控制区和二氧化硫污染控制区等划定为主要大气污染物排放总量控制区,且按照公开、公平、公正的原则核定企事业单位排放总量并核发排污许可证;建立了按照排污种类和数量征收排污费的制度;强调重点防治大气污染的区域可以划定燃用煤炭的区块;采取多种措施管理烟尘、废气、粉尘等排放问题。特别是针对机动车尾气排放污染日益严重,专章规定了"防治机动车船排放污染"。明令"任何单位和个人不得制造、销售或者进口污染物排放超过规定排放标准的机动车船""在用机动车不符合制造当时的在用机动车污染物排放标准的,不得上路行驶""机动车维修单位,应当按照防治大气污染的要求和国家有关技术规范进行维修,使在用机动车达到规定的污染物排放标准";主张各级各地政府部门有必要按照法律规范对机动车船尾气排放进行年度检测,积极鼓励生产和消费使用清洁能源的机动车船,"对保护和改善大气环境产生重要的推动作用"[19]。此后很长时间内中国一直将主要污染物减排作为防治大气污染的主要举措(如"十一五"规划将减少10%的二氧化硫排放作为约束性指标),却未能改变大气污染重点区域的恶劣状况。

"随着我国工业化、城镇化的深入推进,能源资源消耗持续增加,大气污染防治压力继续加大",为了实现"五年或更长时间,逐步消除重污染天气,全国空气质量明显改善",尤其是"京津冀、长三角、珠三角等区域空气质量明显好转"的目标,国务院印发了《大气污染防治行动计划》(简称"大气十条",国发〔2013〕37 号),具体列明大气污染防治的奋斗目标、总体要求和细化标准,主张"到 2017 年,全国地级及以上城市可吸入颗粒物浓度比 2012 年下降 10% 以上,优良天数逐年提高;京津冀、长三角、珠三角等区域细颗粒物浓度分别下降 25%、20%、15% 左右,其中北京市细颗粒物年均浓度控制在 60 mg/m³ 左右"。包括"加大综合治理力度,减少多污染物排放;调整优化产业结构,推动产业转型升级;加快企业技术改造,提高科技创新能力;加快调整能源结构,增加清洁能源供应;严格节能环保准入,优化产业空间布局;发挥市场机制作用,完善环境经济政策;健全法律法规体系,严格依法监督管理;建立区域协作机制,统筹区域环境治理;建立监测预警应急体系,妥善应对重污染天气;明确政府企业和社会责任,动员全民参与环境保护"等在内的十项行动计划,旨在通过"坚持政府调控与市场调节相结合、全面推进与重点突破相配合、区域协作与属地管理相协调、总量减排与质量改善相同步"的方式,逐渐"形成政府统领、企业施治、市场驱动、公众参与的大气污染防治新机制","推动产业结构优化、科技创新能力增强、经济增长质量提高,实现环境效益、经济效益与社会效益多赢",促进整个社会的可持续发展。

《大气污染防治行动计划》的颁布充分体现了中国从国家层面高度重视与积极治理大气污染的决心、信心与行动力,采取的统筹协调的区域性大气污染治理方式也契合中国幅员辽阔、地理地貌复杂、大气质量状况层级化以及经济发展不均衡的现状。通过明确的奋斗目标、总体要求和细化标准(尤其是详实的责任分配方案)切实提高全国范围内广域推行防治计划的可能性,助力过剩产能压缩、推进产业结构优化升级,真正从源头治理大气污染。优良制度的黄金标尺在于落实情况是否顺利圆满。"大气十条"开始实施之际,国务院环境保护和其他相关政府部门等并未及时将区域协调治理大气污染的具体责任安排细化明确并落到实处,广大人民群众也未获得参与大气污染防治事业的良好通路及其他有益支持。随后国务院出台《大气污染防治行动计划实施情况考核办法(试行)》,详细规定了各省(自治区、直辖市)和各市人民政府具体实施《大气污染防治行动计划》的年度考核和终期考核办法,将"空气质量改善目标完成情况以各地区细颗粒物或可吸入颗粒物年均浓度下降比例作为考核目标",要求经国务院审定的考核结果必须向全社会公开并交付干部主管部门(作为综合考评各地区领导班子和领导干部的重要依据），提出"中央财政将考核结果作为安排大气污染防治专项资金的重要依据，对考核结果优秀的将加大支持力度，不合格的将予以适当扣减"，尤其是明确规定"对未通过终期考核的地区，除暂停该地区所有新增大气污染物排放建设项目（民生项目与节能减排项目除外）的环境影响评价文件审批外，要加大问责力度，必要时由国务院领导同志约谈省（区、市）人民政府主要责任人"，充分展现中国坚决治理大气污染的决心、信心和行动力。

2013 年"大气十条"紧锣密鼓地实施以来，京津冀、长三角、珠三角等重点污染区域乃至全国主要大中城市相继出台了地方性大气污染防治条例，积极在本地区防治工作中分解大气污染治理的考核目标和问责计划。然而，大气污染防治面临着固有的经济利益、环境利益与生活利益等矛盾冲突，相应的执法活动和司法工作具有长期性、艰巨性和复杂性。例如，"大气十条"要求"到 2017 年，煤炭占能源消费总量比重降低到 65% 以下"，但煤炭能源迄今仍然是中国能源结构的主要组成，难以在短期内妥善解决传统形式的生产与使用中大量物质资源和人力资源的去向安排，也很难承担相应的较为清洁的生产中巨额资本的投入。目前全域范围内不平衡的经济发展在一定程度上促使部分地方政府、企事业单位和社会公众铤而走险。例如，2016 年 12 月 16—21 日的严重雾霾中，国家环保部派出的 16 个督查组对京津冀地区应对重污染天气的举措落实情况进行全面督查，不仅发现有些钢铁企业单位并未按照要求停产减排，还遭遇少数企业单位在督察组离开现场后重新开启竖炉的恶意应对检查的现象，甚至遇到个别企业单位增加用电、提升污染物排放量的情况。

事实上，早在 2014 年，中国就为了应对日趋严重的环境问题，修订出台了"史上最严"的《环境保护法》，提出"环境保护坚持保护优先、预防为主、综合治理、公众参与、损害担责的原则"，明确规定重点污染物排放总量控制制度、排污科学管理制度、环境污染公共监测预警制度以及环境影响评价制度，强调采用严格的行政监管手段和处罚方式全方位预防和治理大气、土壤和水体污染等，却存在管理体制和具体机构设置不科学、效力等级不够、相应权力认可障碍、处罚权缺乏层级性且难以保障社会公众参与权益等问题[20]。

2015 年，中国为了应对经济社会快速发展导致的大气污染物种类向煤烟燃烧和机动车尾气复合过渡以及重点区域大气污染日趋严重问题（尤其是秋冬雾霾），审时度势地本着全面落实"大气十条"的考量，修订了《大气污染防治法》。尝试解决旧法缺乏源头治理能源结构和产业结构的具体规范且未曾协同控制颗粒物、氮氧化物和挥发性有机物等问题；改变旧法总量控制不力和排污许可的酸雨控制区和二氧化碳控制区范围过小等问题；调整不健全的防治重点区域燃煤、扬尘、工业生产和机动车尾气等措施；完善重点区域的大气污染联防联控机制；提升相应考核和问责机制的约束力与处罚力度，改变相关企事业单位违法成本过低的状况。尤其是通过专章规范强调"重点区域大气污染联合防治"和"重污染天气应对"，进一步细化相关法律责任。

2. 中国大气污染防治的立法难点

(1) 大气环境质量的法律标准

大气环境质量的法律标准是为了保护社会公众身心健康、维持生态环境稳定有序而定量描述一定时间和空间内大气质量状况的法律标准。目前法定的参与大气环境质量评价的主要污染物包括臭氧、细颗粒物、一氧化碳、二氧化硫、二氧化氮以及可吸入颗粒物等。1982 年，中国颁布了《大气环境质量标准》（GB 3095—1982），首次将大气环境质量分为三级并提出总悬浮颗粒物和飘尘、二氧化硫、氮氧化物、一氧化碳和光化学氧化剂的浓度限值和监测方法。随着中国大气污染问题日渐加剧,1996 年修订出台了《环境空气质量标准》(GB 3095—1996),规定了大气质量功能区划、标准分级、污染物项目、平均时间、浓度限制、监测方法及数据统计的有效性规定、实施及监督等内容,依旧按照三类标准进行大气质量功能分区,增加了臭氧、可吸入颗粒物等污染物种类,明确规定了有效数据统计的认定标准等。2000 年,中国为了适应经济社会发展新形势,小幅修改《环境空气质量标准》,提出"取消氮氧化物指标;将二氧化氮的二级标准的年平均浓度限值由 0.04 mg/m³ 改为 0.08 mg/m³、日平均浓度限值由 0.08 mg/m³ 改为 0.12 mg/m³、小时平均浓度限值由 0.12 mg/m³ 改为 0.24 mg/m³;将臭氧的一级标准的小时平均浓度限值由 0.16 mg/m³ 改为 0.20 mg/m³"。此后十多年间,虽然全国大气环境质量相对稳定,但大气污染物排放总量较大,为了确保大气质量评价结果更加符合实际情况、更为贴近人民群众切身感受,2012 年中国再次修订颁布《环境空气质量标准》(GB 3095—2012),将大气环境功能区的三类特定工业区并入城镇规划中确定的居住区、混合区、文化区、一般工业区和农村地区等二类区,收紧了可吸入颗粒物、二氧化氮、铅等污染物的浓度限值,增设了细颗粒物平均浓度限值和臭氧 8 小时平均浓度限值,增加臭氧、二氧化硫和二氧化氮等自动监测分析方法并将监测数据统计中有效数据要求提高到 75%～90%,进而提出分期分批实施方法。即 2012 年在京津冀、长三角、珠三角等重点区域以及省会城市和直辖市实施,2013 年则需要铺开到环境保护重点城市和国家环保模范城市,2015 年需要继续覆盖到所有地级以上城市,2016 年在全国实施新标准。实施不久后就获得了一定成效。但迄今为止,与预定目标之间还存在不小的差距。"全国细颗粒物年均浓度是 46.7 mg/m³,同比下降 7.1%,但其中 270个城市未达到国家环境空气质量标准。"[21]

(2)大气污染物排放的法律标准

大气污染物排放的法律标准是根据法定纳入计算的二氧化硫、氮氧化物和总悬浮颗粒物等污染物的最大限值确定排放状况的标准。1973 年,国务院《关于保护和改善环境的若干规定》出台后,全国大中城市全面开始了以锅炉和工业窑炉为控制对象的消烟除尘,进而颁布了首个《工业"三废"排放试行标准》。"根据对人体的危害程度,并考虑到我国现实情况,暂定二氧化碳、二氧化硫、硫化氢、氟化物、氮氧化物、氯、氯化氢、硫酸(雾)、铅、汞、铍化物、烟尘及生产性粉尘等 13 类有害物质排放标准。"在《大气环境质量标准》(GB 3095—1982)颁布后,全国第一次工业系统防治污染经验交流会进一步推动废气治理工作,提出"要在工业调整、改组中解决一些难以治理的严重污染源……把那些污染严重而又难以治理的企业,列入调整的对象,分别轻重缓急,有计划、有步骤地实行关停并转。今后,大型联合企业缴纳排污费,应根据排污量的多少,按经济核算单位分别承担。要在技术改造中防治污染。要提高综合利用水平,采取积极的回收措施,打破行业界限,实行厂际套用,使'三废'资源化;对生产工艺上必须排放的'三废',要采取技术上先进、经济上合理、处理效果好的方案,进行净化处理。"[22]随即陆续颁布了包括《汽油车怠速污染排放标准》《柴油车自由加速烟度排放标准》《汽车柴油机全负荷烟度排放标准》《汽油车怠速污染物测量方法》《柴油车自由加速烟度测量方法》《汽车柴油机全负荷烟度测量方法》等在内的第一批机动车辆尾气排放标准和测量方法,又出台了《合成洗涤剂工业污染物排放标准》(GB 3548—1983)、《火炸药工业硫酸浓缩污染物排放标准》(GB 4276—1984)、《雷汞工业污染物排放标准》(GB 4277—1984)、《农用污泥中污染物控制标准》(GB 4282—1984)、《船舶工业污染物排放标准》(GB 4286—1984)等大气污染相关排放的法律标准。1988

年,国家环境保护部门在第三次全国环境保护会议上提出了同时实行浓度控制和总量控制的策略,确定了由浓度控制专项总量控制的大气污染防治方向。经过数年贯彻落实与实践总结,我国于 1996 年通过《国民经济和社会发展"九五"计划和 2010 年远景目标纲要》,将大气污染物排放总量控制正式确定为中国大气环境质量保护的重大举措。并于同年正式出台《大气污染物综合排放标准》(GB 16297—1996),严格规定了 33 种大气污染物的排放限制与具体的法律标准执行要求,同时明确按照不交叉执行综合性排放标准与行业性排放标准的基本原则,仅仅适用于一般大气污染案件,对于恶臭物质排放执行《恶臭污染物排放标准》(GB 14554—1993)、摩托车排气执行《摩托车排气污染物排放标准》(GB 14621—1993)、工业炉窑执行《工业炉窑大气污染物排放标准》(GB 9078—1996)、炼焦炉执行《炼焦炉大气污染物排放标准》(GB 16171—1996)、汽车排放执行《汽车大气污染物排放标准》(GB 14761.1~14761.7—93)。此外,不断修订和增设的行业性排放标准也进一步丰富了大气污染物排放的法律标准体系,逐渐形成了针对饮食企业执行《饮食业油烟排放标准》(GB 18483—2001)、锅炉企业执行《锅炉大气污染物排放标准》(GB 13271—2001)、火电企业执行《火电厂大气污染物排放标准》(GB 13223—2003)以及水泥企业执行《水泥工业大气污染物排放标准》(GB 4915—2004)等的细化规范体系。

(3)大气污染联防联控的法律制度

由于大气系统本身是循环流动的统一结构,大气污染固有的流动性特征,在相邻或者不相邻的区域之间会产生巨大的相互影响。全国各个地区受限于经济条件和技术水平且大气污染防治是涉及多地政府和若干相关职能部门的复杂的综合性事务,难以独立解决本区域的污染问题。2010 年,国家发改委、环境保护部、财政部等九个部委联合发布了《关于推进大气污染联防联控工作改善区域空气质量的指导意见》,首次综合提出大气污染联防联控的管理规章,并在 2012 年的《重点区域大气污染防治"十二五"规划》和 2013 年的"大气十条"中进一步予以明确。2014 年修订的《环境保护法》规定,"跨行政区域的环境污染和生态破坏的防治,由上级人民政府协调解决,或者由有关地方政府协商解决"。2014 年修订的《大气污染防治法》专章规定了"国家建立重点区域大气污染联防联控机制,统筹协调重点区域内大气污染防治工作",要求"重点区域内有关省、自治区、直辖市人民政府应当确定牵头的地方人民政府,定期召开联席会议,按照统一规划、统一标准、统一监测、统一防治措施的要求,开展大气污染联合防治,落实大气污染防治目标责任",力求明晰防治过程中各方的权利义务、切实指导区域立法[23],逐渐构建政府主导、公众参与、严防严治的制度化和规范化的大气污染联防联控机制。

然而,具有相对纯粹公共性的大气污染危害是身处区域范围内的任何个体都可以感受到的严重问题。区域间大气污染联防联控推进过程中不平衡的经济社会发展水平、不合理的传统考核和评估制度、各个区域之间自身的立法冲突、不同行政区划权力和财政分配隔离以及不充分的信息共享等导致区域之间会商研判机制、联合监测预警机制以及应急管理机制等运行不畅。亟待借鉴域外经验,在全国范围内(非仅限重点区域)遵循经济发展与环境保护相协调、区域协作与属地管理相结合、总量控制与质量改善相统一的基本原则,采取系统性技术辅助手段助力大气污染联防联控的执法活动和司法工作。

三、结语

基于大气污染加剧导致的各种危害,中国建设完善大气污染防治机制是法治文明的集中体现。目前主要地区的大气污染状况在一定程度上持续改善,但还是处于严重侵害社会个体身心健康和经济社会可持续发展的关键阶段,尤其是秋冬季节大气污染物扩散条件较差之时的重污染雾霾天气频繁发生。中国的大气污染防治法律制度的细化程度不足、取证查证困难、区域协调不力且专业执法司法队伍不健全等。例如,虽然《大气污染防治法》对扬尘污染进行了概括规定,各级各地管理部门并没有细化指出扬尘污染的具体情况。建筑工程施工扬尘既存在土方开挖、回填、建筑材料运输、施工现场搅拌混凝土等直接产生扬尘的情况,也存在因施工现场未进行必要围挡、未硬化道路、未覆盖积土以及未及时清运垃圾等产生的环境扬尘,还存在衍生的建筑材料、渣土和建筑垃圾等运输车辆未严密封闭或未冲洗干净造成的沿途扬尘,以及房屋拆迁工程施工中无防治措施或措施不当产生的扬尘等。此外,有必要积极完善调整能源结构、加强能源自给并大力推进节能的法律法规,改变中国"富煤、少油、贫气"的能源格局,引领实现整个国家资源的最优配置。

(本报告撰写人:蒋洁)

作者简介:蒋洁,博士,南京信息工程大学法政学院法律系副教授,硕士生导师,南京信息工程大学大气科学博士后。主持国家社科基金、教育部基金和中国博士后科学基金等多项课题。本报告受气候变化与公共政策研究院开放课题资助(14QHA010),是中国法学会2016年部级法学研究重点委托课题"大气污染防治法律制度研究"(CLS(2016)ZAWT26)阶段性研究成果。

参考文献

[1] 贺克斌,杨复沫,段凤魁,等.大气颗粒物与区域复合污染[M].北京:科学出版社,2011.
[2] 安徽省环境保护厅.同呼吸共奋斗——大气污染防治知识读本[M].北京:中国环境出版社,2014:3.
[3] 魏文静.中国城市大气污染现状及综合防治措施探析[J].天津科技,2009,6:23-25.
[4] 国际劳工组织.保护工人以防工作环境中因空气污染、噪音和振动引起职业危害公约[Z].1979:148(3).
[5] 蔡守秋.环境资源法教程[M].北京:高等教育出版社,2004:221.
[6] 高桂林,陈云俊,于钧泓.大气污染联防联控法制研究[M].北京:中国政法大学出版社,2016:1.
[7] 贺克斌,杨复沫,段凤魁.大气颗粒物与区域复合污染[M].北京:科学出版社,2011:28.
[8] 蒋维楣.空气污染气象学[M].南京:南京大学出版社,2003:5.
[9] 郭新彪,杨旭.空气污染与健康[M].武汉:湖北科学技术出版社,2015:7.
[10] 董乐.2016年全国机动车排放污染物超4400万吨[N].成都商报,2017-6-5.
[11] 国家知识产权局专利局专利文献部,北京国知专利预警咨询有限公司.大气污染防治技术专利竞争情报研究报告[M].北京:知识产权出版社,2017:6.
[12] 安徽省环境保护厅.同呼吸 共奋斗——大气污染防治知识读本[M].北京:中国环境出版社,2014:89.
[13] Kurt Stralf,Aaron Cohen,Jonathan Samet. IARC Scientific Publication No. 161:Air Pollution and Cancer[EB/OL]. http://www. iarc. fr/en/publications/books/sp161/161-Tableofcontents-Contributors-Preface. pdf,p. 5.
[14] 顾小萍.新生儿出生缺陷疾病六成是先心病[N].南京日报,2017-09-13.
[15] 林伯强.发达国家雾霾治理的经验和启示[M].北京:科学出版社,2015:39.
[16] 王轩.印度公益诉讼制度评鉴[D].北京:中国政法大学,2007.
[17] 理查德·沃特森.智能化社会:未来人们如何生活、相爱和思考[M].北京:中信出版集团,2017:90.

[18] 王曦,陈维春.论 1989 年《环境保护法》之历史功绩与历史局限性[J].时代法学,2004.2:3-7.

[19] 蔡炳华,蒋宏奇.新修订《大气污染防治法》的特点[J].环境,2000.10:26-27.

[20] 常纪文.新《环境保护法》:史上最严但实施最难[J].环境保护,2014.10:23-28.

[21] 2016 年我国有 270 个城市未达国家环境空气质量标准:2016 年中国 366 个城市 PM2.5 浓度排名[EB/OL].http://news.sciencenet.cn/htmlnews/2017/1/366187.shtm.

[22] 马仪.在全国工业系统防治污染经验交流会开幕式上的讲话(摘要)[J].环境保护,1982.10:14-15.

[23] 高桂林,陈云俊,于钧泓.大气污染联防联控法制研究[M].北京:中国政法大学出版社,2016:87-88.

Research on the Air Pollution Status in China and its Legal Solutions

Abstract: Since the reform and open policy, China has been continuingly focused on the air pollution, the basic livelihood problem. By establishing and improving related top-down laws and regulations, and actively promoting control activities of departments of the public rights, enterprises and institutions and the public, it has already taken effect. Because of realistic obstacles like inherent contradictions in economic & environmental interests, partial & overall interests and recent & long-term interests, the uncertainty of the relationship between air pollution and physical & mental health, the high challenge in the evidence collection and the cross-examination and the imperfection of judicial remedy, the construction of the legal prevention and control system of air pollution is still the key link to build ecological laws. It is urgent to know extraterritorial legal principles and special systems and discuss the historical development and difficulties of legislation on the basis of deeply analyzing forms of concepts, characteristics of evolution and special systems of the air pollution in China. Thus, Related legal solutions will improve the sustainable development of Chinese economic society.

Key words: air pollution; prevention and control; China; legal solutions

雾霾治理成本的分担原则

摘 要：作为一个道德问题的雾霾治理问题所关注的核心问题是：在面对共同的环境危机和个人利益诉求不同的环境下，我们应该遵循什么样的正义原则来界定各种环境参与者所应承担的治理义务，并决定不同的环境治理参与者应当承担多少减排责任或受到多大程度上的权利限制。人们试图运用历史责任、污染者付费、获利者付费、人均平等责任等原则来决定谁该承担治理雾霾的成本。但这些原则不同程度地存在一些缺陷。本文尝试提出一种基于机会成本的平等家务负担原则，为分配雾霾治理成本提供一个不同版本的方案。

关键词：雾霾治理 责任原则 家务负担 机会成本

近几年来，日趋严重的雾霾[1] 使得空气污染问题成为公众最为关心的问题之一①。2014年，京津冀地区采取非常措施所创造的"APEC 蓝"②让人们看到了治理雾霾的希望。但当看到"APEC 蓝"背后所付出的代价[2]时，我们一方面意识到，治理雾霾的任务有多么的艰巨；另一方面，我们不禁要问：雾霾治理的成本该由谁来埋单？在这场与雾霾的战斗中，每一个社会群体，乃至每一个人都不应该缺席（共同承担环境治理的负担）。但是，我们也要意识到，拿出来的任何治理方案不一定要在科学上是最可行的，也不一定要在经济上要最优的，但一定应该是对于每个人而言责任分担是最为公平的。之所以如此，是因为雾霾治理一定是一个集体性的社会合作事业，而任何有效的合作都必须建立在公平正义的基础之上。本文的目的是尝试提出一种较为合理的分担雾霾治理成本的分配原则。

一、道德为什么要关注雾霾问题

在进入主题之前，我们首先来谈一谈道德为什么以及如何进入雾霾问题的讨论。雾霾问题首先是一个环境科学问题。作为"科学问题"，它所关注的是它的产生机制以及治理技术，重点讨论如何通过"技术革新"来减少有害气体的排放。这可以有几个途径来解决，比如，通过提高能源品质和燃烧效率减少有害气体的排放；通过脱硫技术降低空气中的二氧化硫；大力发展清洁可再生能源（如核能、太阳能、风能、地热能及作物能源）以替代污染比较大的煤炭等化石能源等。其次，人们也习惯于把雾霾问题看作是个"经济问题"。作为"经济问题"，它认为雾霾

---

① 按照我国最新制定的空气质量标准，目前全国只有 20.5％的城市空气质量能够达标；而根据有关报告显示，中国最大的 500 个城市中，只有不到 1％的城市达到世界卫生组织推荐的空气质量标准，同时，世界上污染最严重的 10 个城市中，就有 7 个在中国。

② 据环保部发布的数据显示：初步测算，6 省（区、市）在 APEC 期间实际停产企业 9298 家，限产企业 3900 家，停工工地 4 万余处。此外，北京市及河北全省机动车单双号限行。据河北省委常委、常务副省长杨崇勇透露，APEC 期间，河北停产限产企业达到 8430 家，停工工地 5825 家。他表示，2014 年前三季度河北省 GDP 规模以上工业增加值在全国都排在倒数第三位，河北进入了 20 多年来最困难的时期。

之所以日益严重,是 GDP 主义的恶果[3],由此,解决的方案就是调整经济结构和能源结构,发展绿色经济。更为具体的政策建议认为,"产权"不清晰导致了资源的不合理使用。因此,解决雾霾问题的关键在于强化市场的作用,通过明晰产权、征收资源税和污染税等手段来达到资源的"合理"使用[4]。还有人把雾霾问题作为一个"政治问题"。"政治问题"论者认为,雾霾的产生既是中央政府与地方政府权力博弈[5]以及地方政府与企业合谋[6]的结果,更是资本逻辑的必然结果[7],所以,开辟出既能保护生态环境、免受雾霾之苦,又能发展经济、创造出丰富的物质生活资料的"中国道路"是治理雾霾的必由之路。

　　这些视角的讨论对于我们认识雾霾问题以及提出治理雾霾的建设性方案是有益的,但它没有解决问题的根本。首先,这些视角的讨论都没有认真反思产生雾霾问题的深层原因。我们必须意识到,包括空气污染在内的人类社会面临的任何危机本质上首先都是人自身的价值危机。因此,治理雾霾的过程也是一个重新反思和塑造人自身的过程。在这里,重新塑造自身有两层含义:一是需要我们认真反思人类生存的真正价值是什么。就我们这里的议题而言,主要是要对支配现时代人类社会结构的基本要素,如理性、资本、技术、市场等进行彻底的反思。GDP 主义也好,不合理的经济结构和能源结构也好,都是这些要素综合作用的结果;二是需要对我们现行的社会基本结构,尤其是对人们的生活会产生重要影响的基本结构进行反思。因为任何环境危机不是关于"环境"的,而是关于"社会"的,进而是关于"道德"的。因而,解决环境问题的根本途径就在于寻求建立一个基于公正的秩序,在于寻求基于正义的社会合作。所以,从我们如何应对雾霾而言,雾霾治理问题更是一个道德问题。作为"道德问题",我们必须反思这样一些根本性的问题:是优先捍卫个人自由(表现为捍卫个人的经济权利、满足个人的各种偏好)还是优先维护共有的生存环境?是效率优先还是公平优先?如果公平优先,那么我们应该实现何种意义上的公平?是优先捍卫自由市场经济模式还是更多地强调"有形的手"的矫正作用?如果应对雾霾问题需要每个人参与合作,并约束自己的行为,那么我们有什么理由说参与这种合作是每个人的道德责任?毫无疑问,厘清这些问题能使我们更为清楚地分析雾霾形成的原因,揭示围绕雾霾治理所展开的各种讨论背后的问题所在,以及提供解决问题的思想资源。这是"道德"为什么进入雾霾问题的原因。

　　科学研究基本上可以得出这样一个结论:雾霾天气的出现主要是人类不合理的生产和生活所造成的,雾霾治理的基本途径就是减少或者停止有害气体的排放。当我们在一个相当长的时期内无法根本改变现有的生产模式和生活方式的情况下,减少污染物的排放也就意味着个人经济利益的损失(或者人们通过使用替代性清洁能源来实现减少污染物的排放,但这会增加人们的支出成本)。因此,从某种意义上讲,雾霾治理问题也就是一个涉及治理成本在社会各阶层、各利益集团之间如何分配的伦理政治问题。雾霾治理之所以是一个"伦理政治问题",也是由治理的对象——空气(容纳有害气体的排放空间)这种公共财产资源自身的特点所决定的。任何一个有效率的,且合理的公共财产资源治理所要处理的最艰难问题是"分配正义"这类伦理政治问题。而清洁空气正是这种典型的公共财产资源。但又不同于一般的公共资源,它是一种具有非排他性和竞争性的公共财产资源①。现在的一个基本事实是，有害气体排放（产生雾霾）所产生的好处（如经济利益）由排污者排他性地独占，但产生的危害（雾霾天气）却由几乎所有人共同承担。由于容纳有害气体的排放空间属于公共财产资源，每个人的排放权并未明确界定，所以，每个个人（企业）的最优选择就是排放得"越多越好"，这必将导致加勒特·哈丁称之为的"公地悲剧"②。同时，由于有害气体产生是个人（企业）行为，而一旦产生就会在大气层中任意流动，所以单个人（企业）为治理雾霾所产生的减排成本要由自己独自承担，但产生的好处（雾霾治理所产生的好天气）却为所有人共享。这样，为了实现各自成本的最小化，每个人（企业）就都会选择"不减排"或搭便车。这样，雾霾治理就容易出现所谓的"集体行动的困境"。这些异常艰难的问题使得雾霾治理需要一种有效的社会合作。而任何有效的社会合作都必须建立在公平正义的基础之上。因此，在具体构建雾霾治理的公共政策和制度安排之前，必须首先搞清楚：在面对共同的环境危机和个人利益诉求不同的环境下，我们应该遵循什么样的正义原则来界定各种环境参与者（污染者）所承担的治理义务，并决定不同的环境治理参与者应当承担多少减排责任或受到多大程度上的权利限制。这是在雾霾治理问题上，伦理学所要回答的首要问题。

二、人们如何分配治理雾霾的成本

我们关注雾霾治理中的责任问题，是基于两种被人们所普遍认可的道德义务，即不伤害他人的义务和帮助那些需要帮助的人的义务。这两个普遍义务分别引起了两种不同的道德责任。违背不伤害他人的义务就引起了补偿或矫正的正义责任，而帮助他人的义务则引起了援助的人道主义责任。任何在雾霾问题中有过错或有能力的人，如果试图借口各种理由而逃避责任的行为，都是对这种人类普遍认同的道德义务的违背。雾霾的制造者显然已经违背了不伤害他人的道德义务，他们必须要为自己的行为承担起补偿或矫正的责任，也就说，他们必须首先要承担起治理雾霾所产生的负担和成本。而那些在制造雾霾中获利而变得有能力的人，也有义务帮助那些受到雾霾伤害却无力应对的人。但雾霾问题的复杂性在于，几乎所有人都是问题的制造者。之所以这样说，是因为所有人都必然在自己的生活中以不同的方式消耗能源，而消耗能源就会产生引起雾霾的污染物，这是一个在相当长时间内都无法改变的事实。只

---

① 　根据奥兰·杨的理论，任何物品或资源可以根据排他性和竞争性这两大标准划分为四类物品：私人物品、俱乐部物品、公共财产资源和纯粹公共物品。纯粹公共物品是既具有非排他性又具有非竞争性的物品。所谓非排他性，是指这一物品一旦提供给集体中的任一成员，就不可能排斥其他所有成员的消费和使用。所谓非竞争性，是指任一成员对这一物品的消费不会减少其他任何成员对这一物品的消费量。严格来讲，在我们所居住的这个地球上，基本上没有了纯粹意义上的公共物品。兼具排他性和竞争性的物品为私人物品；具有排他性和非竞争性的为俱乐部物品，这种公共物品大多数情况下是契约各方通过合作共同创造的物品，其使用范围是有限的，具有排他性，但在契约内部则不具有竞争性；公共财产资源则介于私人物品和纯粹公共物品之间。一方面它和公共物品一样具有非排他性，想要享用共有资源的任何一个人都可以免费使用；另一方面它与私人物品一样具有竞用性，一个人使用了共有资源就会减少他人对共有资源的享用[8]。

② 　哈丁设想了一个能被许多牧民共同使用的牧场，牧场虽是一个有限的资源，但能够给那些牧民们赖以维持生计的牲畜提供足够的食物。假设某一位牧民想增收，他可以将牧群的数量增加一倍来达到目的。毫无疑问，这是他所拥有的个人权利，并且他并没有直接地攻击任何其他人，他的额外收入是在不伤害原则下努力挣得的。既然这是一个公共牧场，那么其他想增收的人也可以将他们的羊群、牛群增加到两倍或三倍。然而，随着在公共牧场上放牧的动物愈来愈多，牧场内的植被会因为过度放牧而彻底毁坏。结果就是，所有人都赖以为生的牧场这一公共资源以毁坏而告终[9]。

不过,不同的人对产生雾霾的"贡献"大小不同而已。因此,治理雾霾的行动人人都得参与。从某种意义上讲,治理雾霾是一个集体性的社会合作事业。既然人人都是伤害的制造者,既然只有通过集体性的社会合作才能重新拥有蓝天,那么,我们就需要弄清楚承担治理雾霾所产生的负担和成本的责任在彼此之间该如何分配。而要搞清楚谁该承担多大的成本,我们首先要明确责任分担的原则。之所以要首先确定合适的分配原则,是因为只有首先通过一定的正义原则确定每个人"应得"什么,才能知道它该付出什么。

根据人们对公共物品的讨论以及雾霾治理问题自身的特点,以下的分配建议不同程度地得到人们的关注:一是根据过去排污的大小来决定各自应承担的责任,即历史责任原则或者是污染者付费原则;二是根据从制造雾霾的行动中所获得利益的大小来决定各自应该承担的份额,即受益者付费原则或者是能力原则;三是根据平等原则来平摊责任,即人均平等原则。前两个原则是"回溯过去"的原则,旨在"追责"。它试图在行动和结果之间建立起一种因果性关联,从而来指派责任,有点"惩罚"的意味。而后一个原则,则是一个"面向未来"的原则,它的目的旨在创造未来更好的结果,而不是去追究过往的过错。我们将看到,这些原则都有各自的优点,在生活中也不同程度得到人们道德上的认可,但也都在理论和实践中存在一些缺陷。我们试图在这些原则的基础上,提出一种替代性的方案,既吸收它们各自的优点,也能在一定程度上改进它们各自的缺陷。

(一)历史责任原则(污染者付费原则)

历史责任原则(污染者付费原则)所反映的是人们这样的一种道德直觉:那些其行为引起有害的事态,或者对他人有伤害的人,有责任因其行为而承担赔偿或矫正责任。一个人的行为引起了环境的变化(比如污染),这个事实并没有引起什么道德上的问题,而只有当这种环境的变化导致对某个第三者的伤害时,道德的考量便开始了。如果一些人受益,而另一些人受伤害都与雾霾天气没有必然的因果关系,那么这两者生活状态之间的差别也就不存在道德责任问题。但是,如果一个人所受伤害与另一些人的大量排污行为之间存在着恰当的因果联系,道德责任就会产生。因此,在确定雾霾治理的历史责任时,需要在雾霾产生与具体的伤害之间建立明确的因果联系。雾霾治理的历史责任原则(污染者付费原则)就是根据一定的因果关系把治理雾霾所需要的成本和负担指派给过去引起雾霾的责任人。在这里,在行动者和事态之间的因果性关联是指派责任的关键。科学研究的结果表明,雾霾在很大程度上是人为活动的结果。而且,雾霾对人的身体健康会产生严重的伤害①。所以,这种因果性关联是没有问题的。

历史责任原则(污染者付费原则)的实践效果就是要求那些富人(富人的"富",在某种意义上讲,是建立在过去的大量排放污染物的基础上的,因为在现有的生产模式和能源结构下,某种程度上财富是与污染成正比的)承担更多的雾霾治理成本。一些人会反对把历史责任(污染者付费原则)作为分配雾霾治理责任的前提,甚至否定历史责任的存在。他们的理由是:工业化、城镇化以及机动车的使用并非我有意而为,这是国家经济发展战略、经济发展模式以及人们的普遍认同的生活方式的必然结果。如果这是一种过错,那也只是一种无意的犯错行为,是

---

① 大量研究表明,大气中 $PM_{2.5}$ 浓度每增加 10 微克/立方米,人群急性死亡率、心血管系统疾病死亡率和呼吸系统疾病死亡率分别增加 0.4%、0.53% 和 1.43%。据另一项研究显示,仅 2010 年,北京、上海、广州和西安的 $PM_{2.5}$ 污染就导致了7770 例的过早死亡和 61.7 亿元的经济损失[11]。

可以被宽恕的。这些质疑确实是雾霾治理中历史责任指派所遇到的困境，但是，从分配正义的视角看，这些质疑无法改变工业化、城镇化以及机动车的使用过程中相关企业和个人确实排放了大量污染物这一事实。虽然这种"非故意的过错"或者"集体性过错"是属于"知识之外"或"法律之外"的错误，但却不一定属于"道德之外"的错误。在道德上，"污染有理""法不责众"是不能成立的。更何况，这种历史上的污染物大量排放也确实给污染者带来了收益。从这个角度讲，因为你从污染中获利了，你就有义务承担补偿因你的污染行为而受到伤害的人，这在道德上是能获得辩护的。这是属于另一个原则，我们将在下面进行分析。

虽然上面的反驳在道德上显得没有多少前途，但历史责任原则（污染者付费原则）也确实存在一些问题。由于它过于简单地定义"污染者"，从而忽视了不同人的不同需求。根据污染者付费原则，需要承担主要责任的应当是有害气体的错误排放者——无论是过去的排放者，还是现在的排放者。但什么样的排放是错误的呢？如果一个人因为要维持自己的基本生存而进行排放，比如，如果住在非常寒冷的北方的人因为取暖而进行排放，那么，这种排放是错误的吗？这里实际上就是要区分所谓的"生存排放"和"奢侈排放"[10]。也就是说，并不是所有的排放都是"错误的"，基于满足人的基本生存所需要的排放，比如人们取暖、做饭、坐公共交通出行等所产生的排放，在道德上是可以得到辩护的；而超出基本生存所需的排放则是奢侈性排放。这也就是为什么我们的日常直觉告诉我们，那些开着大排量汽车、住着豪宅的富人应该为治理雾霾承担更多的责任。因为他们的奢侈性消费制造了更多的污染，对雾霾的产生所做的"贡献"更大。如果我们一刀切地要求基于"生存排放"的人也与那些开着大排量汽车的富人一起承担雾霾治理的成本，这对于穷人来讲是极度不公平的。所以，不做区分地谈污染者付费原则是不合理的。

（二）受益者付费原则（能力原则）

污染者付费原则是"谁污染，谁付费"，这就在实践中会出现许多人会声称自己不是污染者而不愿意付费，即使他们正在享受着过去高污染排放所带来的高物质生活。而受益者（受益者，在某种意义上讲，也是那些有能力承担更多治理成本的人）付费原则可以避免这个问题：无论你是不是排放的实际制造者，只要享受了排放所带来的利益，就应当为污染付费。这恰好可以体现全社会应共同承担雾霾治理的整体责任的要求，使每个社会成员不再推脱自己的责任，尽管不同的人具有不同大小的责任。这个原则根据从对环境的污染中获利多少来决定各自所应承担的治理成本，它非常类似于社会合作中的"公平游戏原则"，即"如果一些人根据某些规则从事某种共同事业，并由此而限制了他们的自由，那么那些根据要求服从了这种限制的人就有权利要求那些因他们的服从而受益的人做出同样的服从"[11]。意思就是说，一个公平的原则要求那些从某种事态中获利的人，要为产生和维持，或者矫正那种公共物品做出相应的贡献。这个原则要求把治理雾霾的责任分派给那些直接或间接从引起雾霾的行动（有害气体的排放）中获利的那些人，这不仅内在地是合理的，也比较符合我们的道德直觉。

支持受益者付费原则（能力原则）的理由有两条。其一是出于公平的考虑，通过受益者的付费矫正因错误排放所造成的社会不公平。把一些人的获利建立在另一些人遭受痛苦的基础上，这是不正义的。其二是出于能力的现实考虑，因为受益者具有更大的付费能力，受益者所具有的更大支付能力往往是与其（过去）所产生的排放水平之间存在着关联的。这样让有能力的人承担更多治理成本，也是合情合理的。但是，究竟谁是"受益者"？"获利"指的是什么意思？一种可能的情形是，过去的排放者可能并没有从污染排放中获利。这或许是因为他经营失败，虽然排放了大量有害气体，但企业终究倒闭了；或许是因为虽然有一些获利，但自己也深受污染的伤害，由此获利与伤害之间相互抵消，甚至出现负值，这在现实中并非不可能，比如某个资源过度开发而环境恶劣的地方，并未由于资源的开发而变得富有，他们依然贫困。显然，让这样的"受益者"付费就不太现实了。而且从更广的角度看，全社会每个人在某种意义上都是"受益者"，这样，这个原则也同样存在前面两个原则所存在的问题，即没有考虑到"那些必不可少的排放"的问题。甚至于，它们还可能导致一个极端的反直觉的后果：从边际效益的角度看，恰恰是那些必不可少的"生存排放"使得人们"获利最大"，如果按这个原则的话，那么，那些刚刚摆脱贫困的人才是应得到最大惩罚的人。

受益者付费原则（能力原则）直接是着眼于矫正正义。正义的主要功能在于矫正一个社会因道德上任意的因素而导致的不公。如果我们不是孤立地看待雾霾治理问题，而是把它与实现社会的整体公平问题连在一块看，那么我们发现，雾霾治理就成为一个十分重要的契机，一个借以实现更加和谐公平的社会的重要手段。如果这种看问题的方式能被接受的话，那么，受益者付费原则（能力原则）确实是一个值得认真考虑的方案。但基于上面所提到的那些原因，这个原则也不是没有争议，因而，也是一个不完备的方案。

（三）人均平等责任原则

这个原则是建立在这样的两个判断上。从理论上讲，每个人应该在道德上得到平等的关心和尊重无疑应该是人类所追求的最重要的道德理想。尤其是涉及每个人的生存和发展时，对关乎生存和发展的基本资源的分配，以及应对共同的挑战时所要承担的责任的分配应贯彻平等原则。不能因为某个人的自然禀赋和社会禀赋这些在道德上任意的"因素"的不同，而对其进行不同对待。在雾霾治理中，清洁的空气无疑是关乎每个人生存和发展的最为重要的物品之一，也无论是富人还是穷人，都有不可剥夺的享有平等份额的权利。所以，任何一个在道德上能够得到辩护的雾霾治理方案都必须建立在对每个人的平等关心和尊重的基础之上。从实践上讲，鉴于雾霾的产生不是哪个人单独引起的，在某种意义上讲，它是我们所共有的生产方式和生活方式的必然结果，可以说，是每个人"共谋"的结果。既然每个人都对雾霾的产生有所"贡献"，那么，每个人平均承担起治理雾霾的责任就没有什么在道德上说不过去的东西。

从以上两个前提出发，人均平等原则就是根据每个人是平等的道德主体的理念，在合作创造共同的利益时，每个人应该平等地获得应得的利益，同时，也应平等地承担相应的责任。这个原则的一个很重要的特点在于，它是一个"向前看"的原则，也就是说，它不过问历史责任，也不追究现有的排污状况，它主要面向"未来"。支持这个原则的可能的理由有两点：一个是从雾霾产生的原因上讲，人们普遍认为雾霾频发是与我们的生产方式、经济发展模式以及能源结构息息相关的。比如，新中国成立后所确定的优先发展重化工业的战略，在发展积累到一定阶段就会出现雾霾问题。重工业的快速发展为我国经济增长不断创造奇迹，为人们的物质生活水平的大幅度提高奠定了坚实的基础。与此同时，作为全球的重要"工厂"，中国的制造业附加价值已占到世界的 20％以上，而工业烟尘粉尘排放是世界第一也在情理之中。再比如，由于历史和现实的原因，我国的能源结构一直是以煤炭为主。据统计，我国能源结构中煤炭与石油占比分别达到 65.9％和 17％，清洁能源占比仅为 17％。廉价煤炭所提供的能源为我国经济的快速发展起到了不可替代的作用，但同时也产生了巨量的空气污染物。再加上在工业化和城镇化发展过程中，土地城镇化快速发展、人口急剧膨胀、机动车保有量的快速增长等因素，在此背景下，工业与建筑扬尘以及车辆尾气排放交织在一起，导致 $PM_{2.5}$ 大量产生，对大气环境造成巨大污染，雾霾更成为无法避免的"负外部性"。所有这些，无疑给每个人都带来了物质生活上的提升，所以，从这个意义上讲，我们不能把产生雾霾的责任算在某个单独的人的身上。另一个从治理方案的现实可操作性上讲，人均平等原则可以减少治理中所遇到的阻力。这些阻力当然主要是来自于在历史上排污最多的那些人或利益集团。如果一味追问历史责任，可能会使得雾霾治理寸步难行！

但是，这个原则在雾霾治理的语境下，存在着极大的道德上的缺陷。这个原则存在两个方面的缺陷。一是它不关心个人在历史上的排污水平上的不平等，也不关心每个人现有的排放水平。二是它不关心每个人的不同需求和必不可少的"生存排放"与"奢侈排放"之间的区别。普通大众有限的排污量主要是属于生存排放，与富人的奢侈性排放有着本质区别。这种人均平等的做法会导致社会普通大众的利益没有得到充分的重视，因为普通大众历史上本身排污较少，因而在社会中才处于不利地位，现在不过问历史责任，而一律平等承担治理成本，他们突然发现为了雾霾治理，他们不能和那些过去排污量大的人一样排放，几乎永远也达不到和那些富人一样的生活水平，这对普通大众是不公平的。所以，人均平等原则的失误在于：它没有实现用同样的方式和同样负担影响每个人的生活这个正义的要求。这个原则表面上看起来公平，但这种"公平"却隐藏了极大的不公平。因为，所谓的"平等"对每个人所造成的"负担"是不同的。比如，对普通大众和富人征收同样税率的治污费，对两者的生活影响是截然不同的。

三、基于机会成本的平等家务负担原则

上一小节我们讨论的几个原则中，前两个原则属于"回溯过去"的分配原则，这些原则旨在得出这样的结论：即那些富有的人应该承担更大的治理成本。因为富有的人过去的大量排放引起了现在的雾霾问题，他们也因此从中获利最多，由此他们也具有更大的能力来承担治理的成本。这些原则的实施所遇到的最大问题是实践问题。鉴于雾霾的产生不是哪个人单独引起的，在某种意义上讲，是所有人"共谋"的结果。因而，雾霾问题是一个典型的"公共性问题"。也鉴于持续的雾霾天气对人的身体健康和社会经济发展会产生巨大的影响，每个人都很关心这个问题，希望能有有效的措施解决这个问题。但在现实中，每个人又都不愿意贡献自己的责任，或者是选择"搭便车"，指望别人付出成本而自己坐享其成。另外，当人们相信或有理由怀疑他人没有承担自己应有的成本时，他们或许也想逃避自己的责任。也就是说，当其他人没有做出自己应有的贡献时，遵守自己的承诺将会吃亏。正如有些学者所说："如果社会上一部分人的非正义行为没有受到有效的制止或制裁，其他本来具有正义愿望的人就会在不同程度上效仿这种行为，乃至造成非正义行为的泛滥。"[12]因为对于每一个人来说，承诺并践行自己的义务并不是绝对无条件的。相反，它具有康德"假言命令"的性质，即只有当所有其他人也同样承诺并践行自己的义务、遵守正义的伦理规范时，我才会自愿地承诺、践行、遵守之。面对这样的实践困难，有选择性地挑选一部分人（通常被认为是富人）来承担治理成本将使道德论证变得异常艰难，更不用说在实践中让他们切实地行动起来。

人均平等份额原则不纠结过去，而是着眼于"未来"，它旨在得出这样的结论：所有人都要参与治理，并承担平等的责任份额。虽然它一定程度上克服了上面两个原则有选择性地挑选

责任人而导致在实践中的困难。但它的实践效果是：对普通大众造成更大的伤害。因为它并没有真正实现"平等待人"的道德理想，也就是说，它没有实现以同样的方式和同样的负担来影响人们的生活的基本道德原则。人均平等分配方案看似公平，但所谓的"平等份额"对每个人的影响是不同的，对穷人和富人所造成的影响也是截然不同的。比如，一个穷人和一个富人同样交 100 元的排污费，但这 100 元的"损失"对一个穷人的意义和对一个富人的意义是十分不同的，也许 100 元对于穷人来说，意味着一家人一天的生活费，而对于富人来说可能就也是一杯"卡布奇诺咖啡"。因此，人均平等分配方案用表面的平等掩盖了实质性的不平等。我们要记住，雾霾治理绝不仅仅就是一件孤立的污染治理事件，雾霾治理牵动着我们这个社会方方面面的利益。

　　为了克服以上几个原则的缺陷，我们在吸收它们的优点的基础上，提出一种称之为"平等家务负担原则"的治理原则。我们需要对"家务负担"做些解释。人们之所以不喜欢"家务"是因为：这样的负担需要花去我们大量的时间、精力以及钱财，而得到的回报可能十分不起眼，或看起来并不那么"重要"。或许，如果我们把这些时间、精力和资源用到别的事情上，比如炒股，则可能会给我们带来更大的物质和精神上的回报。在这个意义上讲，所谓"家务负担"指的是：做某件事对导致你没有做另一件事所造成的"损失"。比如，因为雾霾治理要求减少污染物的排放，这就意味着你可能不能开车，不能坐飞机，你可能不能天天吃牛肉、喝牛奶等；对一个地区、一个城市来讲，则可能意味着你要放慢经济发展的速度，你需要花费大量的资金来进行经济结构的调整和能源结构的调整，你还需要花费大量资金进行城市功能的升级改造；对于一个企业来讲，这可能意味着，你要花费大量的资金来进行设备的升级改造或者放弃能挣钱但不符合排放标准的项目，你或许还要承担因能源结构调整所带来的电费等价格上涨的成本等。总之，你会有经济上或者发展机会上的"损失"。这些"损失"就是"负担"，就是"机会成本"。这个原则的实践意义在于：他要求每个人平等地承担在雾霾治理中的机会成本，即每个人所"丧失"的发展机会。

　　这个原则较之其他几个方案而言，最大的优点在于，它考虑了"必不可少的污染排放问题"，也即认真对待了"生存排放"与"奢侈排放"的区别问题。根据与"负担"相对应的机会成本的大小，也就是那些因减少污染排放或资源使用量而产生"损失"的大小，那些对一个人而言有最少收益回报的事项就是最先被要求牺牲的项目，相反，有最高收益回报的事项将是被要求最后放弃的项目。比如，一个富人放弃开大排量的汽车，而选择坐地铁出行，就交通出行这个事项而言，他的行动对于他来说"损失"很小，因而机会成本就很小。但一个穷人放弃乘坐交通工具，而选择步行，则对于他的"损失"就很大，因而机会成本也就高。

　　那么，什么样的机会成本高，什么样的机会成本低呢？这取决于我们如何测度机会成本。比如，如果我们用现有的市场价格来测度机会成本的话，那么，放弃奢侈排放的机会成本最高。但是，如果我们用更为合理的"人的福利"来测度的话，那么，奢侈排放将会有最低的机会成本，所以奢侈排放应该首先被牺牲掉；而生存排放则具有最高的机会成本，应该被最后牺牲掉。当我们把这种分配原则看作是机会成本的分配时，它就提高了我们的治理效率。这意味着，污染排放的某种特殊使用的效率越低，那么，这种排放被牺牲掉的机会就越高。这也就是为什么我们认为，就乘坐交通工具出行而言，开大排量汽车应该被最先限制，因为它的污染排放的效率最低。所以，人均平等负担分配原则将首先要求那些奢侈排放的人（机会成本最低）采取行动，或者承担更多的减排成本。这里关键的是，我们要用"人的福利"，而不能用货币价格来作为我们的测度标准。因为,如果我们用货币价格来测度,那么,生存排放,或接近于生存排放的排放就将被砍掉。原因是:砍掉奢侈排放的货币损失将比砍掉生存排放的货币损失大得多。因此,用货币来测度机会成本的方法如果应用于雾霾治理上,那么就很容易导致要求在砍掉奢侈排放(对人的福利而言并不是必不可少的)前,先砍掉生存排放(而生存排放是对人而言最为宝贵的排放)。

这样,我们就可以设想:在雾霾治理过程中,逐渐砍掉那些机会成本越来越高的排放,直至每个人在应对雾霾问题时承担相等的福利牺牲。那么,这个原则会要求穷人做出巨大的牺牲吗?根据这个原则,每个人被要求做出相等的牺牲和承担相等的负担,这意味着,每个人所面对的机会成本应是一样的。虽然富人的机会成本(来自奢侈排放)可能与穷人的相同(如果穷人被要求砍掉他的超出生存排放之上的排放话),但穷人不用牺牲掉自己的生存排放,而只须牺牲掉部分接近生存排放的排量就能与富人的大量的奢侈排放相等同。正因为如此,这个分配原则能更有利于穷人。这意味着,一个公平的负担分配并不是一个相同数量的减排成本的分配(就像人均平等份额原则所主张的那样),相反,这个原则要求富人砍掉大量的奢侈排放,从而要求他们在雾霾治理问题上减少更多的排放或拿出更多的治理资金。

除了上述优点外,这个原则还有进一步的优点。第一,因为它不是一个"回溯过去"的方案,所以,它避免了对历史责任的追问,因为对历史责任和谁是污染者的追问是一个道德上十分复杂,而又会引起现实社会中更进一步矛盾的问题。但一些主张"回溯过去"的人认为,不追究历史责任是不公平的,它严重违背了我们普遍持有的"谁污染,谁负责"的道德直觉。毫无疑问,对雾霾治理问题的道德思考既要考虑公平正义问题,也要考虑治理效率问题。尤其是在雾霾治理实践中,由于雾霾的产生是一个十分复杂的过程,既有自然本身的原因,也有一个国家整体的经济社会发展阶段和发展战略的原因,还有现有的能源结构和我们利用能源的技术手段的原因,这些都会使得我们去追问历史责任和谁是污染者这样的正义问题变得十分困难,从而导致雾霾治理陷入无穷无尽的争论当中而得不到真正地解决。虽然平等家务负担原则有点复杂,但如果我们要彻底解决雾霾治理问题的话,这个方案看起来更合适一些。那种"宁可世界灭亡,也要坚持正义"的想法并不十分可取。因为,正义对于那些受到雾霾影响最为严重的人来说,并不是一个压倒一切的价值追求。也就是说,有比正义更为紧迫的东西,那就是生存和发展。更何况,实现社会正义的途径是可以采取更为灵活的形式。

任何一个社会治理方案的顺利实施,都需要社会成员积极遵守。而社会成员对规范的遵守是源于:或者是他认可该规范的道德合法性,或者是他迫于该规范的道德强制力。一个大家都感觉满意的公平的治理方案具有很强的道德力量,它能对每个人形成一种道德压力,从而有利于治理方案的实施。我希望,我们提出的这种责任分配方案在某种程度上具有这样的道德力量。当然,这个方案也会有一些需要进一步讨论的问题,比如,在价值多元的现代社会,我们如何划定生存排放和奢侈排放的边界?在每个人对"机会"的理解存在偏好差异的情况下,机会成本的测度公制能否在整个社会达成共识?这些都是十分难以回答的理论问题,但我们认为,这并不能完全否定我们在这里提出的原则的道德价值。我们希望在另外的地方专门讨论这些问题。

(本报告撰写者:陈俊)

作者简介：陈俊，湖北大学哲学学院副教授，中央编译局世界战略研究部博士后，主要研究方向为气候伦理。本报告受南京信息工程大学气候变化与公共政策研究院开放课题"雾霾治理的道德基础研究（14QHA003）"资助。

参考文献

［1］马俊，李治国. PM$_{2.5}$减排的经济政策［M］. 北京：中国经济出版社，2014.

［2］APEC 蓝背后：6 省区停限产企业超万家，污染代价大［N］. 中国新闻网，2014-11-27.

［3］戴星翼. 论雾霾治理与发展转型［J］. 探索与争鸣，2013(12)：70-73.

［4］毛丽冰. 潘家华. 釜底抽薪治"本"为主［J］. 经济，2014(1)：47-50.

［5］陈工，邓逸群. 中国是分权与环境污染［J］. 厦门大学学报，2015(4)：110-119.

［6］聂辉华. 穹顶之下的政企合谋［EB/OL］. 财经，2015-08-17.

［7］陈学明. 什么才是雾霾的罪魁祸首［N］. 环球时报，2015-3-3.

［8］Oran R Young. The Institutional Dimensions of Environmental Change［M］. Cambridge：The MIT Press，2002：141.

［9］Garrett Hardin. The tragedy of the commons［J］. Science，1968，162(3859)：1243-1248.

［10］Henry Shue. Climate Justice：Vulnerability and Protection［M］. Croydon：Oxford University Press，2014：47-67.

［11］Hart H L A. Are there any natural rights［J］? Philosophical Review，1955(64)：175-191.

［12］慈继伟. 正义的两面［M］. 北京：三联书店，2001.

Fair Division for Haze Governance

Abstract：The major concerns of haze governance as a moral issue is：in the face of the common environmental crisis and personal opposing interests，What kind of justice principle should we follow to define the costs of haze governance which everyone should bear，and the extent of rights which everyone should be limited. People try to use historical responsibility principle，polluter pays principle，the advantaged pays principle，equal per capita principle to decide who should bear the cost of haze governance. But there are some defects in these principles. This article aims to put forward a new method ，that is the fair chore division principle based on the opportunity cost，to decide the division of costs of haze governance.

Key words：haze governance；responsibility principle；chore division；opportunity cost

南京市大气污染行政执法的现状与反思

摘　要:人民网 2013 年报道将南京比作"雾都"。南京市三面环山,市内更是有百余家化工企业。同时伴随着高强度的城市建设,如"青奥"场馆建设和"雨污分流"工程,南京市内的环境空气质量一度在江苏全省所有地级市中处于末端。但数据显示,近两年的大气污染治理初见成效,南京的空气质量得到了一定的改善。南京市大气污染防治的行政执法手段可以说在其中起到了关键性的作用。本文以实证研究的方法,通过问卷调查、数据采集等多渠道调研分析南京市大气污染的执法现状,总结经验与反思不足,有针对性地探讨今后城市大气污染治理与防范的执法运行机制。

关键词:大气污染　行政执法　执法机制

一、引言

大气资源,或者说环境资源本质上是一种公共物品,在市场调节失灵的情况下,政府应当主动介入,进行资源分配的调整[1]。不同于其他社会公共物品,环境资源处于社会分配的底层,它既可以用来直接分配,如利用水能和风能进行发电;也可以间接分配,如房地产开发,实际上就是对土地资源的分配。习近平总书记所讲的"绿水青山就是金山银山",从经济学的角度来说,"绿水青山"本身就可以被开发成为"金山银山"。丰富的环境资源如果完全由市场进行支配,在资本主义市场早期导致的就是著名的"圈地运动",而在近现代,可以说最为明显的后果就是环境污染。由此可见,政府介入环境污染的治理,对市场进行规范性调整,对实现绿色发展建设美丽中国有非常的必要性。

政府介入污染治理的手段多种多样,但最核心的环节就是行政执法。有学者认为,目前对于大气污染防治的研究大多停留在立法层面上,比如 2015 年和 2016 年先后两年针对环境保护和大气污染治理出台了两部法律,而忽视了行政执法问题的探讨,这也是地方政府在治理大气污染问题时难以发挥其应有作用的原因之一[2]。而早在党的十八届四中全会,党中央就有过明确的论断,"法律的生命力和权威都在于实施"。因此,只有行政执法机制的完善才能有效实现大气污染的防治。

实行新的国家标准以后,监测数据中南京空气环境质量出现明显的下降,2013 年空气质量达到优良的天数仅占 55.3%[3]。这一情况在 2014 年更加严重,2014 年南京市全年空气质量环境达到优良的天数仅占 52.1%,在全省 13 个地级市中排名倒数第一[4]。但到 2015 年,南京市超额完成当年的大气污染治理目标[5],不仅达到优良空气质量标准的天数占全年 64.4%[6],更被评为全国生态文明城市。在京津冀地区大气污染问题积重难返,包括 2016 年冬季,该地区空气质量急剧恶化,导致雾霾围城的情况下,南京市成功的经验是值得借鉴的。另一方面,在 2017 年江苏省开展的"两减六治三提升"行动中,南京市在 2020 年设区市优良空气质量比达到 72% 要求的基础上,主动提高标准至 80%[7]。按照目前南京市平均每年 1.6%

的优良天数增长比来看①,到 2020 年,南京市仅通过保证现有的行政执法手段是很难实现目标的。如果要力求增幅上的突破,实现 2020 年 80％的大气污染治理目标,今后治理大气污染的行政手段该如何做出调整,是至关重要的。

本文对南京市鼓楼区等 11 个区的常住人群通过问卷调查②进行数据统计,多渠道信息采集调研,同时运用对比研究的方法,将南京市大气污染治理手段与国内其他城市,如兰州和北京,以及国外有关城市,如伦敦、东京等治理大气污染的经验教训相对比,分析南京市大气污染行政执法存在的困境,探讨大气污染防治的行政执法最优方案。

二、南京市大气污染现状的实证分析

作为省会城市和六朝古都,在 2013 年以前,单从数据结果来看,南京市的大气污染防治工作是卓有成效的。但当 $PM_{2.5}$ 的概念被引入,新的空气质量标准在南京施行,数据上反映的南京环境空气质量就出现反复波动,民众也更加关注南京的空气、化工产业和大规模的城市建设等问题。但需要认识到的是,大气污染问题的产生并不仅仅是 $PM_{2.5}$ 等可吸入颗粒物的原因,还包括一些气态污染物等多种因素。

(一)城市地理环境特征

南京素有"火炉"之称,新华社 2013 年的报道更是将南京比作了"雾都",这和同在长江流域上的重庆十分相似,因此南京的地貌特征与"山城"重庆存在诸多联系。南京以长江为界分为江南和江北地区,城市内三面环山,包括牛首山、紫金山和青龙山。但实际上南京不仅是三面环山,位于西北面还有老山,城市中心外围还不乏栖霞山和将军山等山丘。整体而言,南京并不是一个典型的山陵地带,城市大部以岗地为主,主城内集中有平原、湖泊和河流,低山和丘陵坐落于城市中心外围。大范围的岗地、低山和大规模的城市建设使得南京有了"火炉"和"雾都"的称号。

住建部 2011 年的全国城镇体系规划研究中表明,由于大气环流的变化和南京城市绿化的扩大,南京夏天气温相对有所下降,所谓"火炉"实际上已经不存在,但对于南京居民而言,南京依旧是没有春、秋季节的,整体气候环境呈现两种极端。这也是有一定依据的,有学者通过研究南京城市气候效应发现,南京有明显的"城市热岛效应",而这种效应强烈地表现在每年的3、4、5 月份,也就是春季,而秋冬季则是比较低的[8]。反常的气温成为大气污染的诱因之一,同时空气中尘埃的聚集也反作用于城市的热岛效应。

另一方面,南京夏季主要受来自海面的东南风影响,而冬、春季则受来自内陆的西风影响。两种风向给南京空气质量造成的影响也是大不相同的。通过定点监测也不难发现,南京春、冬季节大气污染程度远高于夏季[9]。

综上,南京城市地貌和气候特征本身就不利于大气污染的防治。加上大规模的城市化建设,使得南京市的空气质量问题在前几年,尤其是新的空气质量标准施行后,更加堪忧。而污染最为严重的就是春、冬季节,同时受到人为因素干扰,如"城市热岛效应",导致南京冬季遭受

---

① 数据源自 2017 年南京市政府工作报告,笔者将其作为年增长比例的平均值来计算。

② 截至 2017 年 4 月 28 日,共发出电子问卷 568 份,成功回收 252 份,完成率约为 44％。

逆温和自然气候的双重影响。

（二）南京市大气污染成因

对于大气污染成因的讨论，现阶段科学的研究方法包括源解析和二次生成机制，分别针对大气污染的一次来源和二次来源。然而涉及污染源和防控问题，源解析也会因利益导向而使研究结果出现偏差。同时，因为研究方法和一些客观因素的差异，在大气污染成因问题上，各个研究者意见也无法统一。所以环保部前部长陈吉宁就指出，针对大气污染成因问题，要防止学术上的过度解读。因此，笔者在总结南京市大气污染成因之时，注重理论上运用科学仪器调查研究得出的结论，也注重实践中民众对于南京市大气污染形成原因的认识。

1. 理论研究背景下的成因

大气污染形成的原因错综复杂，在新的空气质量标准施行前，主要的污染物为硫化物、氮氧化物和PM_{10}，根据2001—2010年南京地区三种污染物浓度的监测结果来看，SO_2浓度稳定，氮氧化物，尤其是NO_2浓度在上升，而可吸入颗粒物PM_{10}呈现下降趋势。从可能产生的污染源来看，SO_2的稳定得益于能源结构的优化，PM_{10}的下降归功于扬尘治理和文明施工，NO_2的上升则明显是机动车持有量增加导致的[10]，到2016年2月份南京才全面禁止"黄标车"上路。

随着新的空气质量标准施行，$PM_{2.5}$作为大气污染物被民众熟知和关注，大气污染治理的手段和内容也上升到一个新的高度，尤其是对污染源的检测，不再是传统的理论研究，而是更进一步采用源解析，比如运用同位素分析来源[11]，或者更深入分析直径更小颗粒物$PM_{1.1}$中碳质的影响[9]。通过定点监测和采样对比，研究者发现不同采样地点在不同采样时间反映出的结果也都不相同。设立在南京化工学院的监测点反映出该地区在春季，颗粒物来源集中于工业，而秋季则主要是秸秆燃烧和交通排放，南京师范大学的监测数据反映出该地区空气污染集中于交通排放[9]。早在2009年，南京迈皋桥和草场门$PM_{2.5}$的监测结果就已经显示，机动车排放在草场门较高的$PM_{2.5}$值中起到了关键性作用[12]。

由此可见，南京地区大气污染的人为影响因素可以科学地总结为以下几点：第一，化工产业；第二，机动车排放；第三，工地施工和扬尘；第四，秸秆燃烧。在南京不同地区、不同季节和不同时间，其作用大小也各有不同。

2. 实证研究背景下的成因

理论研究在研究南京大气污染成因时占了很大比重，但正如陈吉宁所说，科学解读有时候也会因为利益偏向不同，而产生过度解读。借鉴民众对于大气污染成因的一般认识是有其必要性的。如图1所示，在对南京鼓楼区等11个区的常住人口进行调查时，有50%的被调查者认为南京市产生的大气污染人为因素源自于南京的化工产业。南京市化工产业目前集中于六合区的化工园区内。南京对于化工产业可以说"爱恨交加"，巨大的产业意味着庞大的税源和就业，还包括对于公益体育事业投入，如著名的江苏南钢篮球。排除生产事故，化工园区对于南京空气质量的影响是很难摆脱的。早在2014年，南京市委就决定对于南京化工园区实行"十年搬迁计划"，但庞大的化工企业数量（约250家）让南京市委到2015年却再没有公开提及[13]。南京作为江苏的省会城市，长三角地区的核心之一，有22%的被调查者认为机动车尾气是本地区大气污染最主要的人为因素是有一定合理性的。12%的受访者认为城市建设是主要因素，源于南京近几年高速发展，最典型的就是南京青奥会的举办和国家级江北新区的建设。加上前任市长以大搞城市建设而"闻名",如南京雨污分流工程,城市建设给南京带来的负担是不容忽视的。对于秸秆燃烧和燃煤问题,随着科技水平提高、能源结构优化和监管力度的加大,这两类问题并不被民众重视。值得注意的是扬尘问题,在江苏曾开展的"263"环境整治行动中,南京就重点提出要整治扬尘问题[7]。笔者认为,比起化工产业,扬尘问题在日常生活中更为常见,但却容易被忽视。江宁区 2017 年 1—3 月针对扬尘问题就下达整改通知书 154 份,处罚 10 家工地;而六合区仅在一次专项行动中就检查整改存在扬尘问题的区域达 53 处。扬尘问题在决策层面和执行层面的严重性与仅有 8% 的选择比例形成鲜明的对比,这是值得深思的地方。

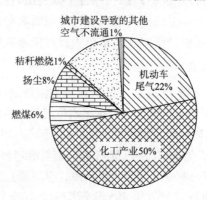

图 1　导致南京空气质量问题的最主要的人为因素

(三)南京市大气污染现状

对于南京大气污染的现状,科学的监测数据是最主要的依据。但数据的变迁反映的仅仅是一定条件下客观结果的变迁。笔者认为,大气污染问题并不是单纯的气象科学问题,它是社会与自然环境相互角力、平衡的综合问题。例如,新的空气质量标准引入之前,数据显示的中国空气质量与民众的切身感受就存在着较大的出入。因此,社会科学背景下,将民众,包括政府对于南京空气质量的主观态度和看法作为参考,同样重要。

1. 空气质量环境现状

归纳引言中有关数据,在实施新的空气质量标准之前,南京空气质量达到二级标准及以上(优良标准)的天数比例可以达到 86.6%,但在 2013 年和 2014 年,新标准下南京的空气质量状况急剧下降,分别为 55.3% 和 52.1%,尤其 2014 年南京还举办了青奥会,全年的空气质量仍没有好转,排名全江苏省倒数第一。但 2015—2016 年,短短两年的治理,南京的空气质量就有了显著提升,2015 年更是被评为全国生态文明城市。但这只能说明南京在防治大气污染问题上有了进一步的认识,一定程度上改善了空气质量环境。环保部 2016 年 1 月针对 74 个实施新空气质量标准的城市进行调查,南京的综合指数为 6.81,在 74 个城市中排名中下游,在江苏 13 个地级市中排名倒数第四,在三个长三角核心城市中排名倒数第一[14]。然而,从上文的研究可知,南京多数的大气污染出现在春、冬季节,环保部同年 4 月和 8 月的数据显示,南京空气质量均有所改善,4 月份在 74 个城市中排名 43 名,8 月份排名 48 名[15,16]。

综合以上数据,针对南京空气质量现状,数据反映出的是南京空气质量环境整体向好的方向发展,有长足的进步,但整体尚没有达到较高的水平,甚至可能与大多数城市相比,处于中下游的状态。

2. 基于大气污染的政府与民众的态度

相对于过去避而不谈,无可奈何,甚至变相阻止污染防治,现如今从顶层设计,提出"金山银山与绿水青山"的辩证统一,到各地方政府将生态环境纳入政绩考察范围,政府目前对于大气污染防治的态度是明确的,也可以说是坚决的。南京市政府在 2017 年的专项行动中也表示到 2020 年南京的空气质量达标天数的占比要达到 80%,远超全省 72% 的最低要求,这对于现在的南京来说,还是一个难以实现的目标。值得注意的是,有过同样的表态并不仅是南京,17 年前的《北京晚报》也刊登题为"绝不让污染的大气进入新世纪"的文章,2014 年,北京市市长立下治理大气污染的"军令状",但北京的空气质量目前为止依旧存在问题。如何将态度落实到切实有效的行动上,才是需要我们研究的主方向。

问卷调查结果反映出的民众态度同样需要反思。如图 2 所示,58% 的被调查者认为南京空气质量勉强可以接受,但图 3 却反映出,有 56% 的被调查者却认为南京市去年达到二级标准的天数占比在 20%～50%,事实上,2016 年南京空气质量达到二级标准的天数占比为66%。一方面是"空气质量的勉强接受"的判断是定性问题,另一方面对"二级标准天数占比"的选择是定量问题,由此反映出来的问题是,民众对于适宜居住的空气质量环境是如何定义的,或者是民众对于现有的空气质量状态是否已经"适应"。笔者认为,同食品安全问题一样,在未爆发重大污染事件情况下,民众对于空气质量的总体是缺乏信心的[①]。图 2 的数据是民众对于南京空气质量较为准确地反映,但涉及具体定量问题时,由于空气质量问题近年来一直是社会矛盾较为集中之处,被调查者保守的估计也是民众心态真实的反映。综上所述,说明三个问题:第一,南京空气质量整体状态与监测数据反映出的状况基本是一致的,南京的空气质量经过近两年的治理,整体表现能够接受;第二,南京的空气质量仍需要很大的提升,如何将民众的不自信转化为自信,南京可谓任重道远;第三,政府与民众之间的信息对接仍然存在问题,作为主动公开的信息内容,南京政府有没有切实采取措施主动宣传大气污染防治成果,增强民众信心,从根本上运用民众的力量防治大气污染。

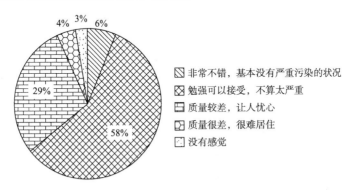

图 2　"您印象中南京空气质量如何"问卷调查结果

---

① 笔者曾于 2014 年参与国家级食品安全研究课题,研究结果表明民众对于当下的食品安全问题是"麻木"的,缺乏信心。

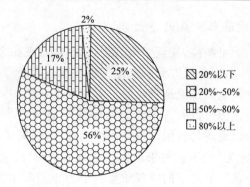

图 3 "您认为去年南京达到二级标准的天数占比多少"问卷调查结果

三、南京市大气污染行政执法方式讨论

行政执法应当立足于社会实践,联系行政法学理论,这里我们从广义上进行理解。行政执法应当包括执法主体、执法内容、执法后果三个方面。执法内容包括执法手段和执法措施,这里的执法手段指的是,在执法措施采取前,行政主体所做出的前置性工作。除了法律规定以外,对于具体的行政执法手段,各部门、各地方还可以因地制宜,发挥主观能动性,做出相应的创制和选择;而执法措施由相关法律、(行政)法规设定,包括强制措施、行政处罚和强制执行等。执法后果则是行政执法主体在运用执法手段或采取执法措施应当承担可能出现的行政法律责任。

(一)行政执法概述

2014 年修订之前的《环境保护法》,没有赋予执法主体行之有效的行政强制措施,导致在面对大气污染问题,尤其是面对污染企业时,执法机关很难展开行动。2017 年 4 月 16 日,环保部督查组在对山东一家科技公司进行检查时,遭到公司的恶意阻挠和扣留[17]。这一事件发生在《大气污染防治法》出台后一年,发生在环保部的督查组身上,而不是山东地方的环境监察大队。由此可见,环保执法难的问题在《环境保护法》2014 年修订之前更加严重。

目前我国大气污染行政执法手段产生的措施主要有"罚款(包括按日连续处罚)""查封扣押""限制生产、停产整治""移送公安机关行政拘留"和多种手段结合,充分利用"组合拳"[18]。这只是《大气污染防治法》所规定的内容,从《立法法》和《行政处罚法》等来看,地方政府可以在一定权限范围内设置相应的处罚和强制措施,但南京市相对却比较特殊。在大气污染问题日趋严重的情况下,江苏省和南京市相继开展有关大气污染防治的立法工作,有报道称,2014 年 9 月南京市人大常委会正式开展大气污染防治条例草案的听证,但至 2015 年 2 月,出台的仅有《江苏省大气污染防治条例》。因此,目前南京市在进行大气污染行政执法活动时,参考和依据基本来自于《大气污染防治法》和《江苏省大气污染防治条例》。

另一方面,《江苏省大气污染防治条例》不仅在法律位阶上低于《大气污染防治法》,出台时间也相对较早。在现实执法活动中,南京市最终的执法依据只能来自于《大气污染防治法》[①]。因此,南京市目前执法后的最终结果限于上述五种处罚和强制措施。而这里需要探讨的是,南京市是通过哪些行政执法手段实现大气污染防治。

(二)行政执法手段分析

笔者通过查阅南京市近年来有关大气污染防治行政执法的材料,将主要的行政执法手段总结分析如下。

1. 环保警察

环保部在新环保法出台后,针对四种新的执法手段,配套出台了五个办法。其中对"移送"制度更是出台了两个配套办法,除了适用情形和程序问题,核心就是两个部门之间该如何衔接的问题。2016 年年底环保部开展的环保大练兵活动,就是公安和环保两个部门的一次良好的互动。

"环保警察"并不是南京首创,中国最早的实践源自 2008 年云南省玉溪市的环境保护分局。南京在 2014 年开始探索建立,也属于较早开始该项制度的省市之一。南京市《关于进一步加强环境治理提升环境质量若干措施的实施细则》第 21 条第 3 款明确要求建立环保执法与司法的联动机制,尤其是"环保警察"制度。后南京市公安局治安警察支队设立环境资源保护大队,并在市环保局设立相应的警务室。虽然实施细则中要求两个机关互相配合学习,建立健全移送制度,但只是该项制度的初期探索,而不是深入建设。主要原因是新环保法和《大气污染防治法》在当时尚未出台,环保行政执法人员只能学习公安执法经验,而不能以自己为主体做出强制措施,双方此时执法能力并不对等。这与 2016 年年底的环保大练兵产生的效果有很大差距。

自 2014 年南京市"环保警察"建立后,几乎就没有后续的消息,直至 2015 年新环保法出台,江宁区利用环保警察做出刑事拘留决定;2016 年国务院办公厅下发要求加强环境监管执法的通知,南京各区探索建立工作机制。2017 年 4 月 27 日秦淮区环保局和公安局召开联席会议,从实质问题上进行"两法"衔接的探索。笔者认为,无论是"环保警察"还是联席会议,都旨在更好地增强环保行政执法的力度,却存在如下问题。第一,南京尚未充分铺展开此项机制。北京 2017 年初刚刚成立的"环保警察"队伍,一个月内就已经有了令公众满意的成绩[19];而南京市在此方面的工作从公开发布的内容上来看,却只是停留在建立的初期。第二,编制主管问题无法解决。这不仅仅是南京市"环保警察"存在的问题,全国多数城市都存在类似问题。"环保警察"仍属于公安部门主管,也隶属于公安的编制,而在编制有限的情况下,各地公安部门都不得不压缩自己的编制。同样在南京,"环保警察"也仅在市环保局设立警务室,两个执法机关联合的背后是以公安执法为主导的联合执法,这一点仍有待完善。笔者通过问卷调查也发现(图 4),51% 的被调查者认为南京有必要深入推进"环保警察"制度。

---

①　笔者也就此问题和南京市环保局有关工作人员进行讨论,该工作人员认为,《江苏省大气污染防治条例》和《大气污染防治法》基本一致,没有冲突的地方。但笔者翻阅条例发现《江苏省大气污染防治条例》第 89 条与《大气污染防治法》第 118 条存在罚款上限的冲突,遂进行询问。该工作人员认为在具体执法时肯定会有所裁量,但仍会按照《大气污染防治法》的要求。笔者由此做出判断。

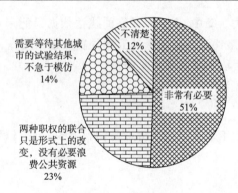

图4 "南京市是否需要深入推进'环保警察'制度"问卷调查结果

2. 环保观察员

"环保观察员"是南京市 2017 年正式开展的活动之一,表面上看它并不是行政执法手段,只是民众参与的环保活动。但在 2017 年的南京市"两减六治三提升"(263)专项行动中,环保观察员在南京市大气污染行政执法中起到关键性作用,让观察员成为南京市扬尘治理的动态监督者[7]。由此可见环保观察员对整个环保行政执法手段,尤其在大气污染防治方面,是重要的补充。观察员尽管本身并没有执法权,却能充分发挥监督权。在环保监管不能全方面覆盖、执法"无的放矢"的背景下,环保观察员相当于环保行政执法"手臂"的延伸,发挥群众在环保执法中的作用。可以说,环保观察员是南京市较为成功的探索之一。

问卷调查的结果也显示,76% 的被调查者相信环保观察员能够发挥作用,并且其中 2/3 的人认为环保观察员不是一种摆设,可以通过诸多行之有效的方式帮助环保局进行监督,同时也可以此形式履行自己作为南京市民的责任。

表1 "您认为环保观察员能否起到作用"问卷调查结果

选项	比例(调查人数 252 人)
能起到作用,环保观察员的存在本身就是对大气污染行为的威慑	25%
能起到作用,环保观察员可以通过拍照等方式及时汇报,环保局应该及时做出处理	51%
不能起到作用,大气污染流动性较强,范围较广,观察员发挥的作用有限	11%
不能起到作用,行政执法要有据可依,观察员只是特定形式的观察点,没有实质作用	13%

3. "263"专项行动

"两减六治三提升"行动,简称"263"行动,是江苏省 2017 年重点开展的环保专项行动。南京在原有的"六治"①基础上提出扬尘治理,形成"七治";将"两减"变为"三减",即"减煤""减化"和"减铸造",其中"减铸造"就是针对南京集中在雨花区的铸造企业。除了"黑臭河"的治理,南京在推进此项行动时,主要针对的就是大气污染问题。虽然不是直接的环保执法手段,但作为环保执法的目标与规划,"263"行动,包括南京的"三减"和"七治"都给环保行政执法建立了执法框架,确定了执法重点。在目前环境污染,尤其是大气污染问题错综复杂,需要因地制宜,框架执法、重点执法的理念更利于地方政府充分发挥主观能动性,其效果不亚于具体的环保执法手段。

---

① 重点治理太湖水环境、生活垃圾、黑臭水体、畜禽养殖污染、挥发性有机物污染和环境隐患。

作为南京"263"行动的重点治理目标,扬尘一直是南京城市建设的"后遗症"。图5所示是笔者于2017年4月28日拍摄于南京市浦口区龙山北路道路整修工地。即使南京市今年重点强调扬尘治理,却依然无法摆脱这一困境。如图6所示,调查结果也反映出,南京扬尘防治对象已经不止于某一方面。2017年,南京市要求建筑工地文明施工达标率要达90%,主城区道路机扫率要达到90%以上,运输渣土车密闭率要达100%[7]。实现这一目标,在现有的执法框架中,如何运用好具体的行政执法手段,如环保警察和突击检查、抽查,是南京市有关部门需要认真考虑的问题。

图5 2017年4月28日拍摄于南京市浦口区盘城街道龙山北路的扬尘

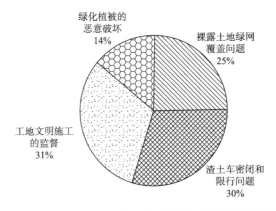

图6 "南京治理扬尘,最应该针对哪类问题"问卷调查结果

4. 环保检查"三直三不"

无论是环保部还是地方环保局都一直强调环保突击检查的重要性,从2016年开始,环保部就开始组织督查组进行环保督查,并决心用三年时间,督查完全国所有城市。2017年环保部突击检查燕山石化,发现问题,当即要求整改。可见,突击检查工作是环保行政执法工作重

要手段之一。南京环保执法人员同样也是认真落实"三直三不"原则[①]，大力推进突击检查工作，取得的效果也很显著。在2017年五一节前的突击检查中，检查组就发现秦淮区某处工地存在严重的扬尘问题，而在南京"263"专项整治行动，扬尘正是重要的防治对象之一，可以说是严防之下仍然存在漏洞。

四、与国内外其他省市大气污染行政执法的对比

(一)与国内其他省市(地区)的对比

1. 与安徽省对比

南京市毗邻安徽省，安徽全省的大气污染严重程度相比于南京市更加严重。数据显示，2013年和2014年安徽省PM_{10}年平均浓度接近100 $\mu g/m^3$，2013年和2014年合肥市$PM_{2.5}$年平均浓度分别达到89.35 $\mu g/m^3$和81.77 $\mu g/m^3$，即使污染情况相对较轻的芜湖市，$PM_{2.5}$年平均值也达到67.01 $\mu g/m^3$[20]。另一方面，与南京市夏季大气污染较轻不同，安徽省5—6月份由于秸秆燃烧，环境空气质量也不容乐观，南京在该段时期内也因此受到影响。

在治理大气污染的问题上，安徽省在政策运用方面存在明显的改变，不仅有关治理大气污染政策文件大幅增加，并且更加偏重公众参与型和行政命令、经济激励、公众参与的综合型政策的出台[20]。研究统计显示，安徽省2015年有关政策的数量从2013年的48项增加至461项，采用的手段也更加丰富。另一方面，在具体的行政执法手段中，安徽省以部门联合的形式，实现重点突出，加大行政执法力度。同时，这种力度不仅体现在对相对人的执法中，更体现在对执法主体，尤其是行政主体上的问责上，实现领导首责制，在未完成当年大气污染治理的情况下，由分管领导向民众说明情况，增加舆论压力。

同安徽的执法手段相同，南京在进行大气污染行政执法时也强调突出重点，如扬尘问题的治理；在公众参与方面，以"环保观察员"制度为例，南京也取得了显著成果。但在责任承担方面，南京大气污染行政执法缺乏有效的外部监督机制，仅将环境治理纳入政绩考核范围，仅表现为一种行政内部监督。这是南京应当参考学习之处。

2. 与兰州市对比

同样作为省会城市，兰州地处西北，是我国传统的重工业城市之一，气候环境和城市特征决定了兰州的空气质量问题严重，一度被认为是世界上污染最严重的十个城市之一。即使经过多年的治理，环保部2016年1月份74城市空气质量的监测数据也显示兰州排名53位，略高于南京的50名。但不能据此否认兰州治理大气污染的经验。

对于兰州经验，我们可以总结为"下定决心，深度治理"。作为以工业闻名的城市，同时又是陆上丝绸之路的关键节点，兰州整治工业污染的决心可见一斑。对于重化工业，兰州遵循"关、停、搬、改"的原则，而对于燃煤，则提出"凡煤必改，应改尽改"[21]。在具体落实执行方面，兰州将全市划为1482个网格，每个网格实现"一长三员"，执法者与民众共同努力，将大气污染

---

①　即不定时间、不打招呼、不听汇报，直奔现场、直接检查、直接曝光。

治理落实到最后一步。在这一点上,南京虽然在近年也走出第一步,但如何在后续以制度形式进一步推进,仍需要有关部门更深入地考虑。

3. 与山东省及山东东营市河口区对比

山东省 2015 年空气质量达标天数为 214.7 天,占全年总天数的 58.8%[22]。而南京市 2015 年空气质量优良比达到 64.4%。由此可见,作为工业发达、毗邻京津冀重污染地区的山东省,大气污染治理,尤其是工业大气污染治理问题非常棘手。山东省大气污染治理立足于工业污染治理,其中最具有参考价值的就是公安环保联动机制,即"环保警察"制度。相较于南京,山东省的该项制度起步较晚,但 2015 年却联动执法 1201 次,取得效果也是明显的[23]。南京在此方面的成绩却鲜有报道,并且在 2014—2016 年出现较长一段时间的"真空期"。另一方面,山东在治理大气污染时存在的问题也是明显的,有学者曾指出,山东整体的环保执法监管体制存在缺陷,部分政策制度存在重叠,整体执法能力和水平较低,尤其是专业水平和专业人员的数量[22]。需要补充的是,针对业务水平的问题,环保部于 2016 年年底开展全国范围的环保大练兵活动,这也充分说明这一问题在全国范围内的严重性,但可以预见这一问题在被高度重视的前提下将会有所改善。

东营市河口区地处黄河入海口,化工企业集中,在经济发达的同时,也无法避免环境的污染。河口区地广人稀,因此污染源相对较为隐秘[24]。在政府监管力量无法到位的情况下,公民责任意识的淡薄一定程度成为河口区环境污染严重的重要因素之一[24]。南京市人口密度相对较大,污染严重的化工企业也集中于化工园区,但却不能忽视公民环保意识在其中起到的或正面或负面的作用。南京市目前的专职环保执法人员仅有 318 人,明显无法满足这一大型城市的环保需求。充分运用群众的力量是必要的,而切实提高公民整体的环保意识,才能真正地发动群众投身于保护环境。

(二)与国外的对比

不能否认的是,发达国家大气污染的治理与我国相比有较为成熟的经验,这主要因为发达国家城市化、工业化起步较早,对环境污染的认识更为深刻。"雾都"一词起源于英国伦敦,世界著名的"八大公害"都是发生在发达国家,其中有 5 个事件与大气污染有直接联系,问题的严重性迫使发达国家做出改变。1998 年国际卫生组织的调查报告显示,全球大气污染严重的城市基本都位于发展中国家,其中我国占了 7 个[25]。发达国家治理经验除了能源结构和产业结构的调整,民众参与和行政执法起到了至关重要的作用,例如,欧盟法院明确个人权利,允许受到空气污染影响的个人提出自己的空气质量计划[26]。

1. 与英国城市的对比

英国是早期的工业强国,第一次工业革命的起源地,其遭受大气污染影响相对其他发达国家较早,也较为严重,最具有代表性的就是被称为"雾都"的伦敦。伦敦当时的大气污染足以让每一个行人都带上防毒面具,并且花费将近半个世纪的时间才摆脱"雾都"的称号。与此相比,有中国"雾都"之称的南京空气环境则没有那么恶劣。

受到当时技术水平的限制,伦敦在治理大气污染方面只能寄希望于立法,以立法形式限制城市烟尘排放。1956 年英国政府以伦敦教训为参照,出台了《大气清洁法》,明确禁止排放超标黑烟、限制烟囱高度、制定无烟区等,同时强化执法人员的责任。与我国行政内部考核和问责机制不同的是,英国法律明确执法人员,地方官员最高可以承担罚款和徒刑[25]。到1979年,英国逐渐认识到"防重于治"的重要性,并且改变过去治理大气污染单一手段的局面,改用综合治理,从整体上把控城市空气质量。

伦敦惨痛的教训使得法案落实迅速准确,南京在缺乏这一条件的情况下,政绩考核成为唯一的硬性支撑条件。事实上,在全国大部分城市都存在这类问题,存在政府监管动力[22]和激励机制[27]的不足,该如何保证大气污染防治执法力度;在我国公务员岗位轮转的背景下,南京市应确立长效大气污染行政执法机制。

2. 与美国城市的对比

美国洛杉矶的光化学污染事件也是过去"八大公害"之一,美国基本解决大气污染问题也耗费了近半个世纪的时间[28]。大量的财政投入和科学技术的不断提升是美国治理大气污染的重要手段,例如,在机动车数量难以控制的情况,美国下决心进行油品升级,然而消费者面对油价上涨非常敏感,企业也无意积极推动油品升级,美国政府在其中财政投入的作用是不容忽视的[28]。高投入的同时,美国也注重执法手段的运用,区域环境管理机制就是其中之一。联邦制使得美国各州都拥有独立的污染治理体系,面对区域流动性较强的大气污染,独立治理有很大的弊端。美国联邦政府打破各州传统区划,重新划分为十个治理区域,分别设立区域管理办公室[29],使得空气问题的治理既能因地制宜,又能充分协作。

南京市内高校资源众多,不乏大气科学研究方面的顶尖高校,这是南京的优势所在。但区域协同模式仍是以各行政区划为单位,由南京市政府统一领导。南京以长江为界分为江南和江北地区,江南地区存在岗地、低山区域,江北地区内有化工园区。笔者认为,这一条件下,完全可以考虑重新划分治理区域。

3. 与日本东京的对比

日本的环境污染状况可以说是20世纪最为严重的,"八大公害"中日本独占4个,其中就有大气污染问题导致的四日市哮喘病事件。东京虽然不在名单上,但光化学烟雾依然困扰东京。除了大量的财政和科技的投入,东京更注重对民众投入。众所周知的是,日本民众尤为注重日常环保的细节,这都得益于政府多年来的教育指导。东京将这种参与运用到大气污染治理中,不仅体现在最后的监督环节,还包括治理预案、过程参与、行为参与[30]。

南京市目前在治理的部分阶段已经开始尝试运用民众的力量,但尚未完全形成长久体制。行政执法不是一个孤立的概念,行政主体包揽与行政主体主导有着本质的区别,尽管执法措施由执法主体做出,但执法手段却不能因此显得单一,民众自觉与民众辅助都是执法手段良好的拓展,可以弥补执法力量的不足。

(三)总结与反思

1. 关于其他城市地区治理问题总结

综合国内外城市治理大气污染行政执法的经验,笔者总结其中的经验如下。第一,大气污染治理须"壮士断腕"。无论是重工业城市兰州,还是工业革命时期的伦敦,化工企业虽然是城市发展的根基,但如果经济发展与环境保护严重不平衡,它们都不会任由扭曲的经济继续发展。值得注意的是,这不是单方面地放弃经济发展,兰州依旧是陆上丝绸之路的核心城市,伦敦仍是国际化都市。所谓"壮士断腕"是指下定决心改变不健康的经济成果,耗费时间和资源恢复失衡的格局。第二,分区管理在落实行政执法中具有关键作用。兰州和美国的经验都证明"网格管理""分区管理"利于环保责任的具体落实,利于行政执法的个体集中与区域协作。第三,注重民众参与和行政执法的结合。日本的经验证明,政府主导下民众参与大气污染的治理是实现良好空气质量的长久之计。在我国目前简政放权的潮流下,政府不能、也不适合完全把控大气污染行政执法全过程。适合民众参与的部分,如污染监督、执法行为监督、执法计划制定等都可以以切实可行的制度形式放权给民众。虽然我国公民享有监督权,立法需要举行听证会,但实践证明,目前这两项制度或者形式意义大于实际意义,或者在具体设计上过于零散,无法形成体系,都没有很好地发挥其应有的作用。

　　总结其中的不足如下。第一,执法队伍能力不足影响执法水平和效率。我国环保行政执法队伍在过去很长一段时间缺乏行政强制权力,导致执法经验不足,依法执法水平不够。虽然环保大练兵活动立足于全国,展开环保执法人员法律知识和执法规范操作的培训,但具体到各个地方效果如何不得而知。另一方面,我国目前各个地方在编环保执法人员数量明显不足,以南京市为例,南京目前在编人员 318 人,而南京总人口在籍 653.4 万人,常住人口达到 823 万。与之相比,总人口数 1650 万的荷兰,环保执法人员超过 1000 人[31]。第二,单一执法很难突破现有治理瓶颈。伦敦前期治理大气污染因为技术和认识的不足,偏向于单方面解决问题,导致前期治理效果存在局限。安徽省的经验也表明,综合治理是防治大气污染的重要手段。大气污染成因复杂,仅有一方面的治理难免会有失偏颇,事倍功半。第三,长期制度的缺乏易导致政府监管的动力不足。大气污染的治理和空气质量的维持不是短时间内可以完成的,需要长时间的高压执法和监管。我国公务员岗位调动频繁,容易出现"一人一政策"、具体执法手段面临不断变动的可能,地方政府大胆尝试或者因循守旧都是不利于大气污染行政执法的良好的发展。

2. 针对南京地区治理的反思

　　从上述的经验和不足中,可反思南京市目前行政执法状况。环保观察员、突击检查和重点监管、因地制宜等执法手段充分发挥民众的监督作用,加大自身的执法力度,有的放矢是值得肯定的。但也存在如下问题。第一,缺乏长期有效的执法机制,以立法形式确立长久执法制度还没有落到实处,现行执法制度的运作主要依靠政策和行政内部命令;第二,执法能力仍有待进一步加强,南京市一方面体现在执法人数不足的问题上,这里不再赘述,另一方面体现在"环保警察"制度上,南京市虽起步早,但在实践中有关报道宣传提供信息过少,笔者有理由相信这一制度还有更大的发挥空间;第三,尚未深入推进民众参与,环保观察员制度是南京行政执法与公众参与相结合的重要开端。2014 年南京市发布大气污染防治行动计划,其中涉及民众参与,但仍偏向于命令性,仅要求民众"以身作则",未表明民众该如何参与具体污染的防治。因此,在未来的执法规划,民众参与的作用需要被重视,需要执法者放手发动,在法律允许范围内,尽可能让更多的民众参与。第四,问卷调查的结果显示,如图 7 所示,更多的被调查者认为南京市大气污染行政执法缺乏快速、统一、有效的执法机制,且容易出现扯皮现象。传统观念认为大气污染的防治主要责任在于环保局。虽然当下大气污染防治责任被细化到具体某些部门,但这种细化停留在行政机关内部,民众并不能很好地涉及,即使涉及也无法了解详尽。因此出现对内各部门只负责执行命令和规划,对外则由环保部门一家承担,压力很大,环保执法扯皮和慢速反映的情况自然被民众诟病较多。

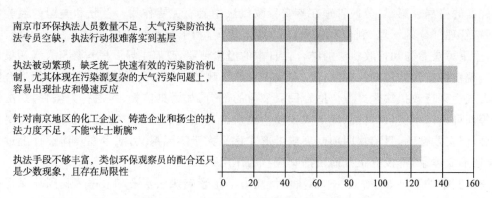

图 7 "南京目前行政执法还存在哪些薄弱环节"问卷调查结果

五、完善南京市大气污染防治行政执法机制

(一)既有大气污染防治行政执法的成效总结

从整体上看,南京 2017 年来最值得肯定的是大气污染防治工作,尤其是行政执法工作的逐步开展,框架性和目标性都比较明确,体现在 2014 年的"大气污染防治行动计划"和 2017 年开展的有针对性的"263"专项行动。

从具体执法手段上看,南京首先值得肯定的是治理大气污染的探索意识,比如 2014 年就初步建设"环保警察"和行政司法衔接制度,至 2017 年,这项成果已基本覆盖南京全区。其次是其能够发挥民众参与的作用,在行政执法监督能力不足的情况下,南京市率先启用环保观察员制度,建立民众与行政执法的良好沟通渠道。同时大力开展大气污染突击检查,主动提高治理预期目标。

(二)大气污染防治行政执法机制的完善

1. 行政执法能力的再提升

南京市行政执法水平的第一次整体提升来自于环保部的大练兵活动。而再次提升则不应当局限于执法主体本身,应当通过执法机制的完善促进执法能力的再提升。如图 8 所示,对于执法主体本身的业务水平,被调查者偏向于行政机关内部硬性的监督,而不是传统的多方位学习评比。图 8 数据也反映了当下民众对于政府的信任整体趋于理性,更愿意与政府之间形成良性互动。因此,笔者认为对于执法主体业务水平的再提升,日常学习培训是必要的,更重要的是对内建立环保执法队伍的内部不定期抽查机制,对外定期开展大气污染行政执法的民众满意度调查,以检查反馈的双重结果对在编执法人员进行考核,根据不同情况进行奖励和惩处,变相激励提升执法人员业务水平。

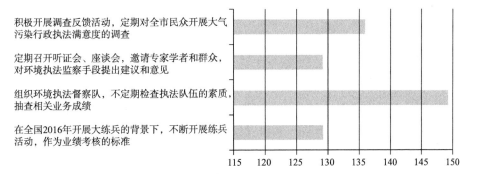

图 8 "如何保证大气污染行政执法业务水平的提高"问卷调查结果

　　如图 9 所示,南京 2017 年突击检查的力度、频率和效果都有明显的提高,调查结果也显示民众非常满意这一执法手段。"三直三不"的突击检查如果作为长久机制确定,同样是执法手段的提升。而交通管制关系民众切身利益,《大气污染防治法》将这一问题的决定权交给地方政府,南京市如旨在用此制度缓解城市空气污染压力,有必要充分咨询民众的意见。

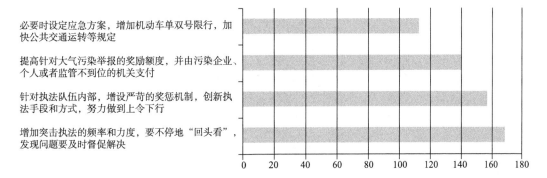

图 9 "您认为南京市大气污染行政执法需要强化或新增哪些"问卷调查结果

2．深入推进"环保警察"制度

　　"环保警察"制度和联席会议制度都是近年来各地大力推行的重要行政执法制度。"环保警察"设立的目的在于增强环保执法督查的力度,避免出现抗拒执法,便于证据保留和刑事案件的移送。然而目前尚未解决的问题是,"环保警察"的编制和主管问题。目前较为普遍的做法是共同联合执法,或者由环保部门前期介入,公安部门后期跟进[22]。共同联合执法问题在于哪个部门作为主导,如果"环保警察"以环保部门为主导,则可能逾越法律的授权;而如果单纯以公安主导,那么环保执法的特征就很难体现;分别介入的问题在于如何共同配合,做好衔接工作。笔者认为,联席会议和"环保警察"二者是密不可分的。联席会议作为协调沟通机制,统筹整体工作的安排,共同发出指令,但却不是承担最终责任的行政主体。责任的承担根据两个部门权限范围和执法内容做出分配。与联合执法行动的区别是,联席会议和"环保警察"都是常设的,执法主体唯一,却具有双重身份,因此编制问题同样关键。目前编制主要由公安部门缩编解决。笔者建议,如果遇到执法人员须开除或辞退的情况,责任部门可以向联席会议提出情况说明和处理建议,由联席会议审核后,以联席会议名义向编制所在部门提出正式的处理建议。

　　南京在具体适用"环保警察"制度时,似乎没有完全铺开。一方面,南京"环保警察"应当定期展开行动,建立处理突发事件的应急机制;另一方面,执法状况的报道更需要落在实处,让民众能更多感受到环境污染的后果,以及环保执法、大气污染治理的成果。

事实上,两部门的联合可能不是环保行政执法的最终形态。未来立法中,环保执法人员执法权力扩大,如处罚权限纳入行政拘留,也是有其存在的合理性。

3. 发挥民众参与的重要作用

在南京现有环保执法人员与南京总人口严重不符的背景下,环保执法存在监管漏洞是不可避免的。正如笔者前文所述,发挥民众参与的作用,首先要增强民众整体的环保意识,但根据问卷调查的统计,如图 10 所示,有 81% 的被调查者很少接触或者从来没有接触有关大气污染防治的宣传。民众环保意识的提升虽然不一定都依赖于环保宣传,但宣传的缺位却给民众环保意识的增强带来巨大的阻碍。有关部门需要考虑如何增加大气污染防治宣传的频率和形式的多样性,提高宣传内容的质量和可接受性。

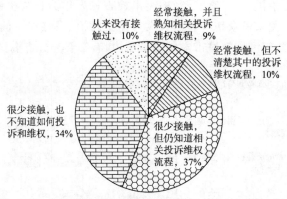

图 10 "是否接触过有关大气污染防治的宣传"问卷调查结果

其次,要考虑民众参与最初的形式应当如何设计,多数被调查者认为可以增设奖励机制,鼓励民众参与污染监督,如图 11 所示。南京早在 2012 年初就已经确立了有关举报奖励的制度,南京市江宁区 2016 年另行开通举报平台,实现有奖举报,为期一个月[32]。在已有制度可依的情况下,江宁的增设行为反映出 2012 年的奖励制度已经久远,相关政策可能不被熟知,或者被遗忘的现状。在当下自媒体时代,南京可以利用社交软件重新推广,同时也可以适当调整奖励机制,鼓励更多的民众参与监督。

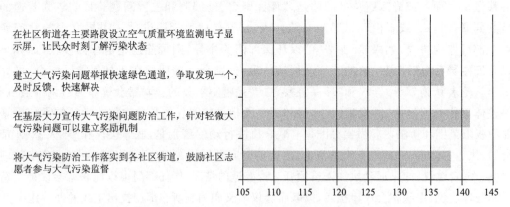

图 11 "如何用社会监督弥补行政执法的缺位"问卷调查结果

最后，南京高校资源丰富，在环保观察员制度社会评价较好的情况下，可以考虑建设高校环保志愿者队伍，参与到社区街道的大气污染治理监督工作中。当民众参与的监管机制建立之后，民众和环保部门之间的沟通渠道该如何完善也需要被重视。举报电话固然是传统的渠道之一，除此之外，新媒体社交平台也是新选择，如微博公众号和微信公众平台。更进一步，面对举报投诉信息，环保部门要及时做出回应，对于实名举报，不仅要进行信息保密，如果查证属实，要依据有关规定给予适当奖励；对于恶意举报行为，要进行警告或拉入"黑名单"之中。

4. 强化责任后果，避免扯皮推诿

2017 年 4 月，南京秦淮河遭受污染，然而环保部门、市级和区级水务部门都以各种理由进行推诿[33]。行政机关内部的责任细化并不适合对外的细化，普通民众很难做到细分每一类污染事件责任的归属，并且大气污染来源众多，且跨区域性较强，更容易出现行政机关之间的扯皮。作为环境保护的一线部门，环保部门是公认的责任主体，但环保部门面对繁杂的污染问题，压力巨大，如果一味追究环保部门的责任，那环保工作将很难开展。笔者认为，只有强化责任后果，才能避免各个机关之间的推诿扯皮。如图 12 所示，调查结果显示，多数人更倾向于对恶意推脱的严肃处理，但其中的"恶意"如何判断，实际上并没有确定的标准。相反，落实首告责任，只要当事人有证据显示有污染发生，且污染与该部门存在责任上的联系，该部门就应当即时进行回复处理。如果确实不在职责范围，说明情况，并且移送给该部门认为应当负有责任的其他部门。后者如审查后发现仍不在自身职责范围内，则不得再自行移送其他部门，应抄送环保部门进行协商后做出最终选择。对于移送受理情况，环保部门应当进行备案，作为考核参照。

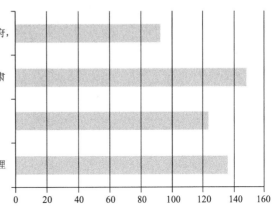

图 12 "如何处理行政机关内部推诿扯皮现象"问卷调查结果

5. 分区治理形成城市区域的联防联动机制

南京的特殊地理环境表明，南京大气污染的治理有分区治理的可能性。在条件允许的情况下，南京市可以借助江北新区的建设，逐步推进。例如，将六合、浦口作为江北治理区；鼓楼、玄武等区作为主城区治理区域；江宁地区单独作为一个治理区域；高淳和溧水共同作为一个治理区域，确定各治理区负责人，再由各负责人向下划分更为具体的治理区域。避免行政区划的存在对大气污染治理过程产生影响；同时这也利于城市建设、地理环境、经济发展状况相近的行政区县统一规划，因地制宜，也利于各区域之间在市政府的领导下协同配合，形成城市区域内的联防联动机制。

6. 推动地方相关立法的尽快出台

根据新修改的《立法法》,南京市人大可以针对本地区的环保工作进行单独立法。同时根据《行政处罚法》,地方政府规章可以设定警告和一定金额的罚款,罚款数额由省人大常委会决定,同时地方政府可以针对上位法设定的处罚,进行具体规定。而《行政强制法》也允许地方法规设定查封扣押等行政强制措施。因此,在现有法律框架下,南京具有重新启动本地区大气污染防治条例立法工作的客观条件。

对于南京市而言,现有的法律依据是否足够? 正如前文所说,南京市在大气污染行政执法问题上只能依据2015年的《大气污染防治法》,江苏省关于大气污染问题的条例仅能作为参考。在大气污染治理亟须稳定、力度大的长期制度,更需要因地制宜选择合适方案的情况下,南京有必要以立法形式确立本地区固定的执法模式。

问卷调查结果显示(图13),有64%的被调查者认为南京应当尽快再次启动立法工作,仅有19%的被调查者认为应当暂缓,但笔者认为作为长期制度存在,一定要慎重进行充分准备。首先纳入南京市地方立法计划,借鉴行政执法经验,举行立法听证会,充分注重公众参与。因此,建议南京市相关部门深入各机关、街道进行调研,各行政机关多进行实践探索,总结执法过程中的经验和不足,共同做好前期准备工作,重启此项立法作为近年的重大立法活动。

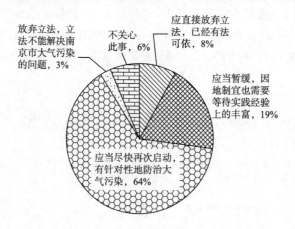

图13　"南京人大选择暂缓本地区大气污染防治立法,是否支持?"问卷调查结果

六、结语

地方政府的作用是治理大气污染问题的关键性因素,而地方政府作用又集中体现在行政主体行政执法问题上,但不应当片面地认为行政执法是政府包揽。应从更广域范围理解和认识行政执法,才能使政府充分认识到在大气污染问题上所谓"执法"是以自身为主导的社会联动,才能充分认识到传统执法手段应当辅以民众的帮助和支持方能完整,才能真正认识到大气污染治理最终的发展方向,从而配合产业优化,能源结构调整,长期深度防、治兼备,建立起一套有效的防控监管执法机制,相信南京的未来定会实现"蓝天不是奢侈品"。

(本报告撰写人:钮敏,经亚龙)

作者简介：钮敏，南京信息工程大学法政学院教授，硕士生导师，曾主持中国气象局、省市级等各类课题多项。本报告受气候变化与公共政策研究院开放课题资助(14QHA016)。

参考文献

[1] 傅颖.地方政府环境责任研究[D].杭州：浙江大学，2012.

[2] 殷昕.行政法视野下大气污染防治的地方治理研究[D].南京：南京财经大学，2014.

[3] 南京市环境状况公报（2013 年）[EB/OL].2017-04-17. http://www.njhb.gov.cn/43462/43464/201406/t20140604_2884912.html.

[4] 金陵晚报.南京：对大气污染防治成效考核实行"一票否决"[N].2015-4-24.

[5] 南京市环保局.关于 2015 年污染减排完成情况的通报[EB/OL].2017-04-17. http://www.njhb.gov.cn/43189/43190/201605/t20160525_3956710.html.

[6] 南京市环境状况公报（2015 年）[EB/OL].2017-04-17. http://www.njhb.gov.cn/43462/43464/201606/P020160604379598118347.pdf.

[7] 南京市环保局.南京市召开"两减六治三提升"专项行动新闻发布会[EB/OL].2017-04-17. http://www.njhb.gov.cn/43125/43126/201703/t20170322_4405929.html.

[8] 顾丽华.南京城市气候效应的研究[D].南京：南京信息工程大学，2008.

[9] 姜文娟，郭照冰，刘凤玲，等.南京地区大气 PM1.1 中 OC、EC 特征及来源解析[J].环境科学，2015，36(3)：774-779.

[10] 周连，张秀珍，吴俊，等.南京地区大气质量现状及变化趋势分析[J].江苏预防医学，2012，23(4)：11-13.

[11] 石磊，郭照冰，姜文娟，等.南京地区大气 $PM_{2.5}$ 潜在污染源硫碳同位素组成特征[J].环境科学，2016，37(1)：22-27.

[12] 魏玉香，银燕，杨卫芬，等.南京地区 $PM_{2.5}$ 污染特征及其影响因素分析[J].环境科学与管理，2009，34(9)：31.

[13] 搜狐财经.雾霾压城 南京化工区搬迁难题再成焦点[EB/OL].2017-04-17. http://business.sohu.com/20151203/n429392512.shtml.

[14] 中国环境监测总站.2016 年 1 月 74 城市空气质量状况报告[EB/OL].2017-04-22. http://www.cnemc.cn/publish/totalWebSite/news/news_47517.html.

[15] 中国环境监测总站.2016 年 4 月 74 城市空气质量状况报告[EB/OL].2017-04-22. http://www.cnemc.cn/publish/totalWebSite/news/news_49933.html.

[16] 中国环境监测总站.2016 年 8 月 74 城市空气质量状况报告[EB/OL].2017-04-22. http://www.cnemc.cn/publish/totalWebSite/news/news_48627.html.

[17] 霍思伊.这可能是中国最窝囊的执法部门：经常被扣留等公安救人[N].中国新闻周刊杂志，2017-4-27.

[18] 环境保护部环境监察局.《中华人民共和国环境保护法》四个配套办法典型案例解析[M].北京：中国环境出版社，2015.

[19] 邓佳.从揭牌到运行已经一个多月，北京"环保警察"到底都管什么[N].中国环境报，2017-2-21.

[20] 张会恒.安徽生态文明建设发展报告—大气污染防治专题报告[M].合肥：合肥工业大学出版社，2016.

[21] 佚名.环境保护部组织推介大气污染治理"兰州经验"[J].中国环境管理，2014(4)：64.

[22] 居学军.山东省工业大气污染防治执法监管问题研究[D].济南：山东大学.

[23] 王宗阳.山东率先实行"公安环保联动"侦办 736 起污染环境刑事案件[N].大众网，2016-1-21.

[24] 陈丽丽.地方政府环境监管存在的问题及对策研究——以东营市河口区为例[D].济南：山东师范大学.

[25] 梅雪芹.工业革命以来英国城市大气污染及防治措施研究[J].北京师范大学学报（人文社会科学版），

2001(164):118.

[26] Matthias Keller. How to stand up for clean air:A practitioner's view on air quality litigation[C]. ERA Forum,2016 DOI 10. 1007/s12027-016-0442-3.

[27] 罗文君. 论我国地方政府履行环保职能的激励机制[D]. 上海：上海交通大学.

[28] 陈雨森. 美国大气污染问题及对中国的启示[J]. 商,2016(11):46.

[29] 沈昕一. 美国大气污染治理的"杀手锏"[J]. 世界环境,2012(01):24.

[30] 首都社会经济发展研究所,日本经营管理教育协会课题组. 日本东京治理大气污染对策研究[N]. 北京日报,2007-12-17(018).

[31] 刘洁,万玉秋,沈国成,等. 中美欧跨区域大气环境监管比较研究及启示[J]. 四川环境,2011(5):128-132.

[32] 陶禹歌. 江宁设环境污染有奖举报平台 最高可获 500 元奖励[N]. 南京日报,2016-8-8.

[33] 南京污水排入秦淮河 相关部门"互掐"[N]. 新华报业网,2017-4-6.

Discussion on Administrative Law Enforcement of Air Pollution in Nanjing

Abstract:People's Daily reported Nanjing as "a foggy city" in 2013. Nanjing is surrounded by mountains, and there are more than 100 chemical companies in this city. At the same time,accompanied by high-intensity urban construction,such as "Green Olympics" venues construction and "rain and sewage diversion" project,the quality of Nanjing air environment once tied for the last place in all prefecture-level cities in Jiangsu province. But the data show that nearly two years of air pollution control makes Nanjing air quality has been greatly improved,in which administrative law enforcement of air pollution control played a key role. Through the questionnaire survey,the opinions of the resident population of Nanjing on the relevant issues of administrative law enforcement of air pollution in Nanjing are collected and integrated. Analyzing the data,I start the paper. The paper aims at summarizing the experience of air pollution control in Nanjing in recent years,and seeking the future urban air pollution control administrative law enforcement measures.

Key words:air pollution;implementation of administrative law;law enforcement mechanism

"三区十群"大气污染防治：绩效分解、达标压力

摘　要：本文以国内"三区十群"大气污染重点区域作为研究对象，通过拓展基于 Luenberger 生产率分析框架的分解分析方法，以寻求大气污染重点区域防治路径的优化。研究结果表明：大气污染、二氧化碳排放和化石能源消耗是中国重点区域大气环境无效率的首要因素；"三区十群"的无效率水平呈现由北到南的依次递减；"十一五"时期的二氧化硫排放绩效对大气环境全要素生产率（TFP）增长做出较大贡献，氮氧化物排放绩效有待于提升，说明加强环境规制对 TFP 增长起到正面效应。尽管各区域总体技术进步类型有所区别，但技术进步幅度远能抵消技术效率下降的负面效应；各区域在"十二五"时期实现氮氧化物排放和节能目标的压力较大，节能和二氧化碳减排技术进步水平也亟须提升。"三区十群"应整合联防联控思路，优先促进区域内"短板"地区的大气环境改善。

关键词：大气环境约束　全要素生产率　"三区十群"　绩效分解　污染防治

一、引言

中国梦的实现需要以宜居的生态内涵作为依托。不断深化的中国工业化、城镇化进程，面临日趋明显的能源和环境等刚性约束[1]，重数量、轻质量的粗放式发展模式的后果已经集中凸显。近年来，以雾霾现象频发为主要表现的大气环境污染愈演愈烈，在我国中东部地区更呈高发态势。2013 年伊始的华北和长江中下游地区、初秋的北京和 10 月下旬的东北地区大部分城市都先后遭遇重霾的"空气之殇"。据《气候变化绿皮书：应对气候变化报告（2013）》显示，中国雾霾天气呈现总体增加的趋势，且持续性雾霾过程的出现概率显著增加。

"十一五"以来，中国各地化石能源高消费造成的大气污染物的高排放，是雾霾天气日益增多的元凶。雾霾主要由二氧化硫、氮氧化物和可吸入颗粒物等三项成分构成，雾霾天气不仅给环境、交通和经济等造成一定的负面影响，更会对人体健康造成难以挽回的损害。美国国家环保局于 2009 年发布的《关于空气颗粒物综合科学评估报告》指出，大气细微颗粒物中常常吸附着一定的导致癌变的有害物质和基因毒性诱变物质。亚洲开发银行在所发布的《迈向环境可持续的未来——中华人民共和国国家环境分析》的报告中指出，大气污染给中国造成的经济损失，基于疾病成本估算的部分高达 GDP 的 1.2%。由此可见，大气环境的不断恶化给可持续发展进程带来阻滞，更严重束缚了全社会建设生态文明的不懈努力。

可持续发展与生态文明建设，都必须考虑外部环境条件的约束作用。由于环境污染具有一定的负外部性，不计环境代价、单纯依靠投入要素推动的粗放型生产方式普遍具有高能耗、高污染、高排放、低效率、低产出的特征，而且不具有可持续性；而采用了全要素生产框架的经济增长绩效分析，注重投入和产出全部要素的全面性和均衡性，其研究框架若能与经济政策有效耦合，则更有助于实现可持续发展。

现有研究对经济增长、技术进步与环境规制的认识，经历了一个不断深化的研究过程。早

期的经济增长和技术进步的研究大多集中于对劳动力和资本等全要素生产分析框架,其结论无外乎两类:中国经济增长更多依赖于技术进步,而生产效率水平在不断退化[2],提高技术进步是中国各行业应该面对的重要任务[3];同时,也有研究结论与之相左,如中国经济存在效率提升的现象[4],中国全要素生产率增长率较低的原因在于技术进步率偏低[5]。尽管结论不一,此类文献在研究经济增长和技术进步时缺乏对能源和环境约束的表征,难以得到粗放式经济增长方式的客观绩效评价。

此后,国内外学者采用含有能源消耗量和非期望产出(undesirable output)的生产函数来体现能源与环境的约束条件,部分研究使用数据包络分析方法(Data Envelopment Analysis,简称 DEA)作为研究工具,采用 Färe 分析框架[6],结合曼奎斯特—卢恩伯格指数(Malmquist-Luenberger index,简称 ML 指数)的测算方式,将生产率增长分解成效率变化和技术进步两部分,其中效率变化表示为决策单元距离技术前沿面的距离变化,技术变化表示为不同时期技术前沿面的扩张幅度(相关综述参见文献[7])。在此基础上,许多学者[8-12]对中国的能源和环境效率进行了相关测算。上述研究虽能够较好体现方向距离函数的评价优势,相对客观描绘出各地区的全要素生产率、技术效率变化和技术进步的演化趋势,但是也存在一定不足:既未能将技术效率变化和技术进步等指标按照投入和产出要素分解,更无法解释某种投入和产出要素对于全要素生产率的具体影响程度,导致针对单一要素的技术效率和技术进步的改善建议匮乏。

近来,随着中国全社会对能源—环境问题的日益重视,相关环境全要素生产分析研究愈加丰富。王兵等[13]以二氧化硫和化学需氧量作为非期望产出,对东、中和西部地区的市场和环境全要素生产率进行比较,并认为所有制结构、能源结构、FDI、政府和企业的环境管理能力、公众的环保意识对环境全要素生产率都存在一定的影响。刘瑞翔和安同良[14]以废水、二氧化硫、烟尘和二氧化碳作为非期望产出,采用分析时期内全部数据构建统一的技术前沿面,利用新型生产率指数分解方法,阐述了投入产出要素对于环境全要素生产率的影响程度。上述两篇文献皆采用 SBM 方向距离函数和 Luenberger 指数(简称 L 指数)分解方法,汲取 L 指数的加法结构的优势,能够实现对投入和产出的全部要素进行逐一分解,探索其影响程度;但前者不足在于样本点进行混合期运算时存在不可行解的情况,导致其评价结果可能存在某种程度的偏误;后者虽然避免样本点的不可行解现象,但是对于技术进步这一重要指标的测算,仅仅通过相邻时期的技术落差的相对变化量体现,无法刻画全部样本时期内技术本身的进步幅度,从而弱化了技术进步指标对环境全要素生产率增长的解释力,而技术进步确实与经济增长、环境规制之间存在着较为密切的关系[15]。

与现有研究相比,本文的主要创新点包括:①针对目前在大气污染物排放绩效方面的研究不足,利用 2006—2012 年中国省级数据,对温室气体和大气污染排放双重约束下中国经济增长绩效(即大气环境全要素生产率指数)进行指标分解,指出对该指标影响较为显著的要素,并结合《重点区域大气污染防治"十二五"规划》所提的"三区十群"①等重点区域进行针对性分析;②针对 Luenberger 指数的加法结构特点,拓展了统一技术前沿面前提下的技术进步指标的分解方式,可以得到决策单元与样本初期及技术水平最劣时期的进步幅度等详细信息,并对

---

① 中国政府于 2012 年 10 月制定和发布了《重点区域大气污染防治"十二五"规划》,指出京津冀地区、长三角地区、珠三角地区等三个区域,以及辽宁中部、山东、武汉及其周边、长株潭、成渝、海峡西岸、山西中北部、陕西关中地区、甘宁、新疆乌鲁木齐等十个城市群为大气污染防治重点区域,简称"三区十群"。

技术进步趋势的不同类型进行总结，便于进行各区域和区域间技术进步趋势分析和比较；③将中国各区域"十二五"期末的能源消费、温室气体和大气污染排放的约束目标纳入分析框架，结合不同要素对大气环境全要素生产率影响的显著性，测算出各区域实现节能减排目标所面临的压力，并通过要素分解，从全局和系统角度量化阐述实现能源节约、温室气体和大气污染减排的达标压力。

本文的第一部分为引言，第二部分对相关研究方法和数据来源进行介绍，第三部分对中国整体以及大气污染防治重点区域的大气环境无效率值和大气环境全要素生产率进行全局分析，并探索"十二五"时期的节能减排努力方向；第四部分以技术进步的再分解作为切入点，对不同要素技术进步水平以及不同地区进步类型进行深入分析；最后部分得出本文结论，并给出政策建议。

二、研究方法及数据来源

参照文献[14]的研究思路，本文构建出大气环境全要素生产率指数，对温室气体和大气污染排放双重约束下的中国经济增长绩效进行全景式描绘。首先，根据全部样本点建立统一的技术前沿面，将每一个被评价省（自治区、直辖市）作为决策单元（DMU），以该DMU与技术前沿面的距离作为技术效率的测度，并进一步拓展出大气环境全要素生产率的分析框架。

(一)环境生产技术

兼顾非期望产出的生产函数构建，是评价大气环境全要素生产率的客观前提。前文已述，早期的投入产出函数和全要素生产率指标受到粗放式增长方式的影响，缺乏对非期望产出的考量。在资源环境约束日趋紧张的时代背景下，各种污染物等非期望产出必然会对全要素生产率评价产生一定影响。为了更客观地刻画具有非期望特质的污染物排放绩效，Färe等[6,16]构建出环境生产技术，为进一步实现含有环境污染物的技术效率分析做出了理论铺垫。在此基础上，国内外学者对环境绩效做出了评价，如Zhou等[7]和王群伟等[17]对部分国家和地区的二氧化碳排放绩效进行了测算。在环境生产技术分析框架下，每一个决策单元投入M种变量$x = (x_1, \cdots, x_m) \in R_M{}^+$，产出$N$种期望产出$y = (y_1, \cdots, y_n) \in R_N{}^+$，同时伴随着$J$种非期望产出$b = (b_1, \cdots, b_j) \in R_J{}^+$。在$t$时期，第$i$个决策单元的投入产出变量为$(x_i{}^t, y_i{}^t, b_i{}^t)$，在满足投入和期望产出强可处置、非期望产出弱可处置以及零结合性等假设下，环境生产技术可以表示为：

$$P^t(x^t) = \{ (y^t, b^t) : \lambda X \leqslant x_{im}{}^t, \lambda Y \geqslant y_{in}{}^t, \lambda B = b_{ij}{}^t \, \forall m, n, j, \lambda \geqslant 0 \} \tag{1}$$

式中，λ为大于零的权重向量，X、Y和B为构建技术前沿面的投入、期望产出和非期望产出变量。根据约束条件的不同，又可分为环境生产技术的可变规模报酬（VRS）和不变规模报酬（CRS）。

(二)SBM方法及大气环境全要素生产率指数

大多数DEA的应用研究都采用径向和角度方式对环境绩效进行测度，并在此基础上进行分配等其他拓展性研究（如文献[18]）。其缺陷为：基于角度的测算只能从投入或者产出的单一角度进行，基于径向的测算无法测试出非零松弛变量（Slack）所带来的全面影响。为此，有学者[13,14,19,20]先后提出和改进了 SBM 方法(Slack-based measure),通过测算投入和产出变量冗余值的途径来刻画技术前沿面,并进一步基于加法结构将 SBM 方法用于非径向测算,被称为非径向方向距离函数[7]。当投入和产出存在一定冗余量时,非径向方向距离函数所测算结果将大于传统方向距离函数。本文将沿用文献[14]所使用的非径向方向距离函数作为研究基本工具,具体形式如下:

$$\vec{S}^t(x_i{}^t, y_i{}^t, b_i{}^t; g^x, g^y, g^b) = \frac{1}{3}\max\left(\frac{1}{M}\sum_{m=1}^{M}\frac{S_m{}^x}{g_m{}^x} + \frac{1}{N}\sum_{n=1}^{N}\frac{S_n{}^y}{g_n{}^y} + \frac{1}{J}\sum_{j=1}^{J}\frac{S_j{}^b}{g_j{}^b}\right)$$

$$\text{s. t. } \lambda X + S_m{}^x = x_{im}{}^t, \lambda Y - S_n{}^y = y_{in}{}^t, \lambda B + S_j{}^b = b_{ij}{}^t;$$

$$\forall m, n, j, \lambda \geqslant 0; S_m{}^x, S_n{}^y, S_j{}^b \geqslant 0 \tag{2}$$

式中,$(x_i{}^t, y_i{}^t, b_i{}^t)$表示第 i 个决策单元在 t 时期的投入和产出数据,(g^x, g^y, g^b)表示投入减少、期望产出增加和非期望产出减少的方向向量,$(S_m{}^x, S_n{}^y, S_j{}^b)$表示投入和产出要素的松弛变量。在此基础上,可进一步分解得到投入和产出变量的无效率值:

$$IE = \vec{S}^t = IE_x + IE_y + IE_b = \frac{1}{3M}\sum_{m=1}^{M}\frac{S_m{}^x}{g_m{}^x} + \frac{1}{3N}\sum_{n=1}^{N}\frac{S_n{}^y}{g_n{}^y} + \frac{1}{3J}\sum_{j=1}^{J}\frac{S_j{}^b}{g_j{}^b} \tag{3}$$

式中,$\frac{1}{3M}\sum_{m=1}^{M}\frac{S_m{}^x}{g_m{}^x}$表示投入变量无效率值,$\frac{1}{3N}\sum_{n=1}^{N}\frac{S_n{}^y}{g_n{}^y}$表示期望产出无效率值,$\frac{1}{3J}\sum_{j=1}^{J}\frac{S_j{}^b}{g_j{}^b}$表示非期望产出无效率值。若以能源消耗、资本存量和人口数量作为投入变量,以国内生产总值作为期望产出变量,以二氧化硫、氮氧化物和二氧化碳排放量作为非期望产出,则公式(3)可进一步将大气环境生产技术无效率值进行要素分解如下:

$$IE = IE_{energy} + IE_{capital} + IE_{population} + IE_{GDP} + IE_{so_2} + IE_{no_x} + IE_{co_2} \tag{4}$$

文献[14]借鉴 Oh[21]的思想,采用分析期内全部样本数据构建统一的技术前沿面,对所有样本点进行统一的技术效率测算,则生产率指数的变化可以通过相邻时期样本数据的技术效率值相减得到。根据其思路,可通过式(2)和式(3)求得各要素的技术无效率值 IE,若以 GIE 表示全部样本数据所构建前沿面的技术无效率值,以 CIE 表示样本点所在期数据所构建前沿面的技术无效率值,以 TG 表示相同样本点在两种不同前沿面下的技术差异水平,以下标 c 表示 CRS,则可得到两种不同处理方式下的环境无效率值的关系式①:

$$GIE_c(t) = CIE_c(t) + TG_c(t) \tag{5}$$

则 Luenberger 生产率指标的变化可表示为:

$$LTFP_t^{t+1} = GIE_c(t) - GIE_c(t+1) \tag{6}$$

在此基础上可以将全要素生产率指标的变化进一步分解成效率变化(LEC)和技术进步(LTP),分别为:

$$LEC_t^{t+1} = CIE_c(t) - CIE_c(t+1) \tag{7}$$

$$LTP_t^{t+1} = TG_c(t) - TG_c(t+1) \tag{8}$$

在考虑规模效应之后,可以将效率变化分解成纯效率变化(LPEC)和规模效率变化(LSEC),将技术进步分解成纯技术进步(LPTP)和技术规模变化(LTPSC)。若以公式(4)中所涉及要素作为投入和产出变量,分别计算上述的式(5)~(8),进而可测算出大气环境全要素生产率数值。

①　式(5)~(8)仍为其他学者的研究思路,篇幅所限,本部分仅做简单介绍。若读者有兴趣,可参照文献[13,14]的论文推导,或向作者本人索取推导过程。

(三)技术进步指标的再分解

中国经济的可持续发展以及工业化、城镇化的健康推进,都须以技术的不断进步作为重要依赖。Anderson[22]的研究表明,技术进步可以进一步减少大气和水污染,对环境保护起到促进作用。另一方面,Jaffe 等[23]认为部分新技术可以减少对环境的污染,而也有部分新技术可能增加新污染。目前,在中国工业化和城镇化进程中,更多与增加 GDP 总量相关联的生产技术被重视,而与生态保持的环保技术被忽略,进而造成环境公害不断加重。宋马林和王舒鸿[15]测算了技术因素和环境规制因素对环境效率的影响,得出需要推动东部地区环保技术向中西部转移的结论。

为了更好地分析技术进步水平对大气环境全要素生产率的影响,我们需要思考:在一个较长样本期内,如何测量技术进步的总体幅度? 如何获取样本期内的技术最劣点,并将相同单元的其他样本点与该点比较,测量取得的数量进步幅度? 如何将相同单元的其他样本点与样本期最初点比较,测量取得的时间进步幅度? 两种维度进步之间,以及两种进步幅度与技术进步的总体幅度之间,又存在怎样的数量关系? 这些问题,都无法从式(8)中找到答案。在技术进步指标的分解深化的前提下,才有可能测算不同地区、不同要素的相关技术进步幅度的差异性,提炼出有的放矢的技术创新策略,促使技术进步更好地为可持续发展做出贡献。

根据式(8),可对相邻时期的技术进步幅度的计算过程进行整理:

$$LTP_t^{t+1} = TG_c(t) - TG_c(t+1) = [TG_c(1) - TG_c(t+1)] - [TG_c(1) - TG_c(t)] = PT_c^{t+1} - PT_c^t$$

(9)

式中,$TG_c(1) - TG_c(t+1)$ 为某样本点 $t+1$ 期与样本初期相比取得的进步幅度,用 PT_c^{t+1} 表示;$TG_c(1) - TG_c(t)$ 为该样本点 t 期与样本初期相比取得的进步幅度,用 PT_c^t 表示;若前者大于后者,则可认为该样本点在相邻时期内取得技术进步,即 $LTP_t^{t+1} > 0$;否则,该样本点处于技术退步状态,即 $LTP_t^{t+1} < 0$。

由于分解方式不唯一,仍可对式(8)进行整理,得到另外一种结果:

$$LTP_t^{t+1} = TG_c(t) - TG_c(t+1) = [TG_c^{\max} - TG_c(t+1)] - [TG_c^{\max} - TG_c(t)] = PQ_c^{t+1} - PQ_c^t$$

(10)

由于 TG_c 表示两种技术前沿面的技术差异水平,$TG_c^{\max}$ 表示某期前沿面所代表技术水平与全部样本期所代表整体技术水平差异为最大,该期为技术最劣期;与式(9)同理,$TG_c^{\max} - TG_c(t+1)$ 为某样本点 $t+1$ 期与技术最劣期相比取得的进步幅度,用 PQ_c^{t+1} 表示;$TG_c^{\max} - TG_c(t)$ 为某样本点 t 期与技术最劣期相比取得的进步幅度,用 PQ_c^t 表示;若前者大于后者,则可认为该样本点在相邻时期内取得技术进步,即 $LTP_t^{t+1} > 0$;否则,该样本点处于技术退步状态,即 $LTP_t^{t+1} < 0$。

整理式(9)和式(10),可以将技术进步总体幅度分别从时间维度和数量维度的进步进行分解,并取平均值,即:

$$LTP_t^{t+1} = \frac{1}{2}\{[TG_c(1) - TG_c(t+1)] + [TG_c^{\max} - TG_c(t+1)] -$$

$$[TG_c(1) - TG_c(t)] - [TG_c^{\max} - TG_c(t)]\}$$

$$= \frac{1}{2}\{PT_c^{t+1} + PQ_c^{t+1} - PT_c^t - PQ_c^t\}$$

(11)

同理,可以进一步完成对纯技术进步(LPTP)和技术规模变化(LTPSC)的细化分解。通过对技术进步系列指标分解,能够更好地诠释技术进步系列指标的发展趋势,揭示全部样本点在时间维度和数量维度的二维技术进步情况。在此基础上,可针对全要素生产率分析框架的全部投入和产出要素实现上述分解,即能清晰地勾勒出任意决策单元的单一要素在任意时点的技术进步趋势的全景,进而实现对不同技术进步类型以及技术进步的动态演化规律的深入探讨。

(四)数据来源及说明

本文以全要素生产率研究作为基本分析框架,以国家"十二五"时期重点治理并提出明确减排目标的大气污染和温室气体排放作为大气环境约束,试图得出中国大气环境全要素生产率增长以及技术进步情况的发展历程。本文以化石能源消耗、人口数量、资本存量作为投入变量,以国内生产总值作为期望产出,以二氧化硫、氮氧化物和二氧化碳排放作为非期望产出。由于氮氧化物排放数据在"十一五"时期伊始的2006年刚纳入统计范畴,故选择将2006—2012年的宏观数据作为分析样本。另外,本文也将国家"十二五"期末的节能和减排约束目标及其他数据以2015年数据的形式同样纳入分析样本①,并以中国大陆地区的30个省级区域作为决策单元(西藏自治区的数据缺失)。

其中,2006—2012年的宏观数据主要来源于《中国统计年鉴》《中国能源年鉴》和《中国环境年鉴》;二氧化碳排放量根据三种化石能源(即煤炭、石油和天然气)的终端消费量和IPCC的排放系数计算得出;资本存量以单豪杰[24]采用的永续盘存法的计算方式得出。2015年的人口数量根据国家人口发展战略课题组的合理预测,按照2012—2015年间的0.622%的平均增速计算得出;资本存量根据林伯强和孙传旺[25]所提出的2011—2015年间中国物质资本存量的14%的平均增速及10.96%的折旧率计算得出;以2012年的实际数据为基础,国内生产总值根据国家"十二五"规划中提出的7.5%的年均增长目标计算得出;化石能源消耗量根据"十二五"期末中国总体能源强度下降16%的约束目标和推算出的2015年国内生产总值计算得出;二氧化碳排放量根据"十二五"期末中国总体碳强度下降17%的约束目标和推算出的2015年国内生产总值计算得出;二氧化硫和氮氧化物的排放量来自于《"十二五"节能减排综合性工作方案》的约束目标(其中将新疆生产建设兵团的相应数据并入新疆维吾尔自治区)。全部的资本存量和国内生产总值统一调整为2000年作为基年的数据。

三、大气环境全要素生产率及相关分析

"三区十群"是中国经济比较活跃和大气污染相对集中的区域,排放了全国48%的二氧化硫和51%的氮氧化物,单位面积污染物排放强度是全国平均水平的3倍左右。为了更好地对"三区十群"的大气环境全要素生产率及相关指标进行分析,本文采取区域整合＋替代分析的处理方式,根据大气污染的集聚特质,以北京、天津和河北作为京津冀地区的替代分析对象,以

---

① 经测算,加入2015年数据的前后对比,其各类计算结果差异在2%～3%,不影响研究的科学性和结论的合理性。为了更好地探索针对性的大气污染防治路径,作者几经斟酌,选择将2015年数据加入样本。

此类推,全部替代分析对象见表1。

表1 大气污染防治重点区域、替代分析对象及单位面积污染物排放

重点区域	替代分析对象	替代分析区域的单位面积污染物排放(吨/平方千米,2012年)	
		SO_2	NO_X
京津冀	北京、天津、河北(简称京津冀)	7.66	10.49
长三角	江苏、浙江、上海(简称江浙沪)	8.38	12.21
珠三角	广东	4.44	7.25
辽宁中部	辽宁	7.15	7.00
山东	山东	11.13	11.07
武汉及周边	湖北	3.35	3.44
长株潭	湖南	3.04	3.04
成渝	四川、重庆(简称川渝)	2.52	1.84
海峡西岸	福建	2.99	3.77
山西中北部	山西	8.31	7.94
陕西关中地区	陕西	4.10	3.93
甘宁	甘肃、宁夏(简称甘宁)	2.15	2.04
新疆乌鲁木齐	新疆	0.48	0.49

(一)大气环境无效率值分析

根据前文的研究思路以及式(3)、式(4)计算中国整体及"三区十群"替代分析区域(后文简称重点区域)在2006—2012年间的大气环境无效率值(简称无效率值)。表2为基于VRS假设下的计算结果①,由于篇幅所限,本部分仅给出分析期内全部数据构建统一技术前沿面的无效率平均值(即GIE)。

表2 2006—2012年间中国及重点区域GIE和要素分解

区域	总量	气体排放	其中			投入	其中			产出②
			SO_2	NO_X	CO_2		能源	人口	资本	
京津冀	0.19	0.12	0.05	0.03	0.04	0.07	0.04	0.03	0.01	0.00
江浙沪	0.14	0.10	0.05	0.03	0.03	0.04	0.02	0.02	0.00	0.00
辽宁	0.30	0.21	0.08	0.05	0.07	0.09	0.07	0.02	0.00	0.00
山东	0.31	0.20	0.08	0.05	0.07	0.11	0.07	0.03	0.01	0.00
湖北	0.20	0.12	0.06	0.02	0.04	0.08	0.04	0.04	0.00	0.00
湖南	0.19	0.12	0.07	0.01	0.04	0.08	0.03	0.05	0.00	0.00
广东	0.00	0.00	0.00	0.00	0.00	0.00	0.00	0.00	0.00	0.00
成渝	0.29	0.18	0.09	0.04	0.05	0.11	0.04	0.06	0.01	0.00
福建	0.09	0.06	0.04	0.01	0.01	0.02	0.01	0.02	0.00	0.00
山西	0.47	0.29	0.10	0.09	0.10	0.18	0.10	0.06	0.03	0.00
陕西	0.44	0.25	0.10	0.07	0.08	0.18	0.08	0.07	0.03	0.00

---

① 若无其他说明,本文给出的数据均为基于VRS假设。

② 若去掉氮氧化物作为约束,则产出的无效率值略有提升。

区域	总量	气体排放	其中			投入	其中			产出
			SO₂	NOₓ	CO₂		能源	人口	资本	
甘宁	0.38	0.24	0.09	0.07	0.08	0.14	0.08	0.03	0.03	0.00
新疆	0.44	0.27	0.10	0.09	0.09	0.17	0.09	0.06	0.03	0.00
重点区域平均	0.25	0.17	0.07	0.04	0.05	0.10	0.05	0.04	0.01	0.00
全国平均	0.26	0.16	0.07	0.04	0.05	0.10	0.05	0.04	0.01	0.00

数据结果显示,2006—2012 年间中国大气环境无效率平均值为 0.26,这与王兵等[13]和刘瑞翔等[14]计算结果较为接近。就全国总体而言,负面影响最大的因素是大气污染和温室气体等非期望产出,其无效率值为 0.16;其次为投入要素的 0.10;影响最小的是产出变量,接近于 0。在非期望产出的三项子因素中,SO_2 引致的无效率值为 0.07,大于 CO_2 的 0.05 和 NO_x 的 0.04。在投入要素的三项子因素中,化石能源消耗引致的无效率值为 0.05,大于人口数量和资本存量的 0.04 和 0.01。化石能源消耗、温室气体与大气污染协同引致的无效率值为 0.21,占据无效率总量的 80.36%,可见节能与减排工作的深化对于提升中国大气环境效率尤为关键。

重点区域大气环境无效率平均值为 0.25,其平均值低于全国平均水平,但各重点区域的整体差异巨大。珠三角所在的广东的无效率值总量为 0,可见广东在节能减排工作所取得的成效位于全国前列,这一观点也通过其他研究结论得以佐证[26],海峡西岸所在的福建的无效率值总量水平也较低;处于中西部的山西中北部、新疆乌鲁木齐和陕西关中所在的山西、新疆和陕西的无效率值分列前三位,上述地区均以高排放、高污染的煤炭作为主要能源消费品种。结合其他项子因素比较结果,山西和新疆均列各地区化石能源消耗和 SO_2、NO_x、CO_2 等无效率值的前两位,凸显上述地区所承受较大的能源和环境压力。

总体而言,重点区域的无效率值呈现明显的带状集聚。位于秦岭—淮河以北的重点区域,如京津冀、辽宁、山东、山西中北部、陕西关中、甘宁和新疆乌鲁木齐地区占据大气污染重点防治地区的半数以上,其所在替代分析对象的无效率值总量以及节能减排相关的无效率值都处于全部重点地区前列。上述地区不仅囊括了无效率值总量超过 0.3 的全部区域,并且占据节能减排相关的无效率值的前五位(依次是山西、新疆、陕西、甘宁和山东),唯独京津冀的无效率值低于重点区域的平均水平。长三角、武汉及周边、长株潭和成渝地区位于中国南北方分界线、北纬 30°附近的长江流域,其无效率值也处于中间水平,处于长江上游的川渝略差,处于长江中游的湖北、湖南稍好,以位于长江下游的江浙沪地区相对良好。位于珠江和闽江流域的珠三角(广东)和海峡西岸地区(福建)的无效率值最低,珠三角所在的广东一直处于技术前沿面上,海峡西岸所在的福建的无效率值也远远低于全国其他地区。这种"由北向南"的大气环境无效率值依次递减的测算结果,不仅体现在无效率值的总体水平上,也体现在与节能减排相关的无效率值的排序上。

(二)中国大气环境全要素生产率的要素分解

根据前式(5)、(6),通过采用分析期内全部样本数据构建统一技术前沿面和当期样本数据构建技术前沿面两种途径,计算中国整体及重点区域在 2006—2012 年间的大气环境全要素生产率(简称生产率)的平均增长水平,并将其分解为投入和产出各个要素的影响效应叠加。

表3 2006—2012年间中国及重点区域生产率平均增长和要素分解(%)

区域	总量	气体排放	其中			投入	其中			产出
			SO_2	NO_x	CO_2		能源	人口	资本	
京津冀	2.47	1.34	0.63	0.31	0.41	1.12	0.41	0.58	0.13	0.00
江浙沪	2.76	1.89	0.87	0.60	0.42	0.87	0.43	0.44	0.00	0.00
辽宁	1.54	0.78	0.27	0.25	0.26	0.76	0.27	0.49	0.00	0.00
山东	1.11	0.53	0.22	0.11	0.20	0.58	0.22	0.14	0.21	0.00
湖北	1.88	1.05	0.38	0.40	0.27	0.83	0.31	0.20	0.31	0.00
湖南	2.18	1.27	0.49	0.30	0.48	0.91	0.52	0.39	0.01	0.00
广东	0.80	0.48	0.43	0.03	0.05	0.32	0.03	0.29	0.00	0.00
成渝	1.59	0.65	0.30	0.03	0.33	0.94	0.37	0.22	0.35	0.00
福建	1.75	1.13	0.67	0.25	0.21	0.62	0.19	0.43	0.00	0.00
山西	−0.13	−0.17	−0.03	−0.18	0.04	0.03	0.05	−0.12	0.11	0.00
陕西	0.38	−0.07	0.13	−0.24	0.04	0.45	0.06	0.14	0.26	0.00
甘宁	−0.02	−0.21	−0.01	−0.23	0.03	0.19	0.04	0.12	0.02	0.00
新疆	0.06	−0.17	−0.02	−0.08	−0.07	0.22	−0.04	−0.03	0.29	0.00
重点区域平均	1.26	0.66	0.33	0.12	0.20	0.60	0.22	0.28	0.11	0.00
全国平均	1.10	0.56	0.31	0.06	0.19	0.55	0.21	0.26	0.08	0.00

由表3可知,2006—2012年间,对中国大气环境全要素生产率影响程度依次为投入要素、非期望产出和产出要素。这与王兵等[13]及刘瑞翔和安同良[14]的计算结果存在一定差异。差异原因在于:①本文样本数据采集部分期间为中国"十一五"时期,该期间粗放式发展使环境绩效下降较快,与刘瑞翔和安同良[14]对于"十一五"时期结论存在一致性;②在同类型研究中,本文首次以氮氧化物作为非期望产出,由测算可知,氮氧化物对于大气环境全要素生产率增长仅起到微弱的正面效应,以氮氧化物排放作为约束后的产出贡献度显著下降①。所以,在温室气体和大气污染排放的双重约束下,刻意追求经济总量不能促进全要素生产率的有效增长。能源与气体排放对大气环境全要素生产率的总体影响为0.77%(占全国平均增长率1.1%的七成左右),其中二氧化硫对于生产率增长的贡献度最大,这是因为"十一五"时期对二氧化硫采取绝对减排的强制措施,其环境规制作用明显;能源和二氧化碳影响较大,这是因为"十一五"时期的能源强度约束目标的实现也使得能源和二氧化碳对于生产率增长也做出一定贡献;而"十一五"时期未对氮氧化物提出任何规制要求,该非期望产出对生产率的抑制性后果显而易见(仅0.06%)。综上所述,国家节能减排政策的规制强度最终会对大气环境全要素生产率增长起到决定性的作用。

如何理解能源与气体排放既是大气环境无效率值的主要影响因素,同时也对大气环境全要素生产率增长起到促进作用?由前式(6)可知,全要素生产率由全部样本数据构建的统一前沿面前提下的无效率值的前后比较得到,"十一五"时期内,尽管能源与气体排放的无效率值较高,但由于环境规制的加强而呈现出明显的下降趋势,故能源与气体排放对大气环境全要素生产率起到正面的促进作用。从区域角度分析,重点区域生产率平均增长超过全国,特别是重点区域气体排放对生产率的贡献远超全国平均水平,可见重点区域的减排绩效进步明显。但

---

① 若去掉氮氧化物作为约束,则产出对生产率提升的贡献度略有提升。

是,重点区域也存在两极分化现象:处于沿海地区的江浙沪、京津冀、福建等区域的大气环境全要素生产率增长较为显著,而内陆地区除了湖北、湖南及川渝外,生产率增长不明显,山西和甘宁的生产率反而呈现倒退现象。值得注意的是,新疆的能源以及山西、陕西、甘宁和新疆的气体排放对生产率增长起到负面效应,需要引起各级政府的重视。

(三)"十二五"时期约束目标实现与节能减排压力

我国政府对"十二五"期末的能源、二氧化硫、氮氧化物和二氧化碳分别提出减排目标,本文将各种约束目标以 2015 年数据的形式纳入大气环境全要素生产率分析框架,通过测算中国整体和重点区域在 2012—2015 年间生产率的增长幅度,并对其进行要素分解,得到重点区域为完成"十二五"时期约束目标而必须实现的要素平均增长率,即实现大气环境约束目标所承担的节能减排压力。由表 4 可知,2012—2015 年间,中国需要严格控制对氮氧化物排放和化石能源消费,京津冀和川渝需要加强对氮氧化物排放约束,海峡西岸所在的福建面临的节能和二氧化碳约束压力较大,山东、山西、陕西、甘宁和新疆正承受着全面的节能减排压力。重点区域的地方政府需要制定差异化的经济政策和产业政策,作为提升本地区化石能源消费、温室气体和大气污染相应生产率水平的路径支撑。

表 4　中国及重点区域为完成"十二五"期末约束目标而必须实现的要素平均增长率
(即承受的节能减排压力)(%)

	能源	SO$_2$	NO$_x$	CO$_2$
京津冀	—	—	0.07	—
江浙沪	0.06	—	0.07	0.05
辽宁	0.05	0.02	0.45	—
山东	0.07	0.27	0.72	0.04
湖北	0.09	—	0.10	0.01
湖南	0.07	—	0.16	—
广东	—	—	—	—
川渝	—	—	0.30	—
福建	0.12	—	—	0.15
山西	0.04	0.05	0.17	0.03
陕西	0.14	0.04	0.27	0.13
甘宁	0.09	0.02	0.18	0.08
新疆	0.16	0.08	0.21	0.16
全国平均	0.07	—	0.18	0.04

注:经要素分解后,对于不显著的目标以"—"统一标示。

(四)中国大气环境全要素生产率的指标分解

在获知要素对大气环境生产率影响程度的基础上,还需要将生产率进行指标分解,以探究其技术效率变化和技术进步增长的影响。根据前文所述,可计算出大气环境全要素生产率(LTFP),以及效率变化(LEC)和技术进步(LTP),并将效率变化进一步分解成纯效率变化(LPEC)和规模效率变化(LSEC),将技术进步分解成纯技术进步(LPTP)和技术规模变化

(LTPSC)。

表 5　2006—2012 年间中国及重点区域生产率平均增长和指标分解(%)

区域	LTFP	LEC	其中		LTP	其中	
			LPEC	LSEC		LPTP	LTPSC
京津冀	2.47	−1.13	−0.22	−0.92	3.60	2.21	1.39
江浙沪	2.76	−0.31	−0.03	−0.28	3.07	3.34	−0.27
辽宁	1.54	0.11	−0.03	0.13	1.44	1.05	0.39
山东	1.11	−0.59	0.11	−0.70	1.70	1.64	0.06
湖北	1.88	0.65	0.84	−0.19	1.23	0.53	0.70
湖南	2.18	0.71	0.92	−0.21	1.47	0.70	0.77
广东	0.80	0.00	0.00	0.00	0.80	0.00	0.80
川渝	1.59	0.18	0.43	−0.25	1.42	0.68	0.73
福建	1.75	−1.49	0.00	−1.49	3.24	1.06	2.18
山西	−0.13	−0.51	−0.52	0.01	0.37	0.13	0.24
陕西	0.33	−0.55	−0.51	−0.05	0.88	0.41	0.47
甘宁	−0.02	−0.36	−0.15	−0.20	0.33	−1.04	1.37
新疆	0.06	−0.81	−0.45	−0.36	0.87	0.43	0.43
重点区域平均	1.25	−0.32	0.03	−0.35	1.57	0.86	0.71
全国平均	1.10	−0.57	−0.12	−0.45	1.67	0.79	0.88

注:由于分解的算法不同和四舍五入,故本表的极个别数据与表 3 略有差别。

就全国平均水平而言,与效率变化相关的生产率(LEC)为−0.57%,说明分析期内的技术效率不仅没有改善,反而呈现不断恶化趋势;与技术进步相关的生产率(LTP)增长为 1.67%,其中技术规模效应改善而带来的生产率(LTPSC)增长为 0.88%,证实了技术进步是中国大气环境全要素生产率增长的内在根源,这与郑京海和胡鞍钢[27]及刘瑞翔和安同良[14]的结论基本一致。除 LTPSC 指标外,重点区域各项指标平均值比全国平均有不同程度的改善;尽管体现效率变化的 LEC 虽明显优于全国平均水平,但是仍然对总体起到负面效应。

在重点区域中,LEC 和 LTP 皆为正的地区仅有辽宁、湖北、湖南和川渝地区,可见各重点区域对促进生产率增长的努力仍然不够全面,大部分地区的效率变化拖了技术进步的"后腿";京津冀、江浙沪和福建的技术进步带来的增长率尤为突出,远能弥补其效率变化的倒退。技术进步类指标呈现较为明显的沿海优于内陆的现象,而效率变化类指标的变动规律不显著。这可能与沿海地区由于自身优势能够率先汲取先进生产技术,且更重视节能减排等环保技术推广等措施有关。现阶段,随着工业化和城镇化进程的不断推进,既要保持大气污染防治技术水平的不断进步,实现"扬长",同时需要大力提升技术效率,做到"避短"。

经过前文分析,已经证实技术进步类指标是促进中国大气环境全要素生产率增长的关键因素,但到底是何种要素的技术进步促进了生产率的增长? 又如何测算要素取得的技术进步幅度? 这就需要对技术进步指标进行深入分解,以探索其演化趋势。

四、节能减排技术进步指标的再分解

为了更好地分析各要素的技术进步对大气环境生产率的正面效应,本文拓展了技术进步类指标的不同分解角度,以期得到技术的时间维度进步和数量维度进步等详细信息,进而分析技术进步的差异性,寻求要素技术进步促进生产率增长的内在动因,进而为后期的大气污染防治政策和目标制定提供科学依据。

(一)能源与气体排放要素的技术进步测算

在表 5 的基础上,对技术进步类指标(LTP、LPTP 和 LTPSC)进一步完成要素分解,计算出中国整体及重点区域的能源与气体排放要素的技术进步指标。鉴于篇幅所限,本部分仅给出能源与气体排放相关要素的 LTP 和 LPTP(LTPSC 可由 LTP 与 LPTP 相减得出)。

表 6　2006—2012 年间中国及重点区域能源和气体排放技术进步(%)

区域	能源		SO_2		NO_X		CO_2		四种合计	
	LTP	LPTP	LTP	LPTP	LTP	LPTP	LTP	LPTP	LTP	LPTP
京津冀	0.56	0.41	1.01	0.72	0.62	0.32	0.58	0.45	2.77	1.89
江浙沪	0.30	0.50	1.19	1.21	0.82	0.74	0.33	0.54	2.64	2.99
辽宁	0.05	0.04	0.52	0.40	0.44	0.30	0.06	0.06	1.07	0.81
山东	0.06	0.06	0.66	0.67	0.57	0.59	0.08	0.08	1.37	1.39
湖北	0.08	−0.04	0.59	0.40	0.32	0.05	0.09	−0.01	1.08	0.40
湖南	0.09	−0.08	0.55	0.38	0.70	0.41	0.10	−0.04	1.44	0.67
广东	0.03	0.00	0.43	0.00	0.00	0.00	0.05	0.00	0.51	0.00
川渝	0.11	−0.09	0.38	0.33	0.53	0.34	0.16	−0.01	1.17	0.57
福建	0.25	0.06	1.29	0.61	0.43	0.07	0.38	0.13	2.35	0.87
山西	0.00	−0.04	0.10	0.16	0.11	0.00	0.01	−0.02	0.23	0.10
陕西	0.05	−0.08	0.30	0.23	0.50	0.33	0.06	−0.05	0.92	0.43
甘宁	0.02	−0.02	0.12	0.02	0.06	−0.13	0.02	−0.23	0.21	−0.37
新疆	0.04	0.18	0.33	0.20	0.23	0.12	0.05	0.04	0.64	0.53
重点区域平均	0.13	0.07	0.57	0.41	0.41	0.24	0.15	0.07	1.26	0.79
全国平均	0.16	0.08	0.56	0.38	0.44	0.23	0.17	0.05	1.34	0.73

结合表 5 和表 6 可知,节能减排相关要素对总体技术进步的提升力度存在较大的差异。从全国整体来看,二氧化硫总体技术进步较大,节能总体技术进步较小;节能和二氧化碳的纯技术进步指标不明显,其他要素技术指标增长幅度较大,能源与气体排放相关技术指标的总体增长率为 1.34%(占全部要素技术进步增长率 1.67% 的八成),足以验证节能减排的技术进步是全要素生产率增长的强大动力。

从重点区域来看,山西和甘宁的节能技术进步有待于进一步提升,京津冀和江浙沪在节能领域取得了突出进步;江浙沪、福建和京津冀在二氧化硫和二氧化碳减排,江浙沪和湖南在氮氧化物减排领域获取的技术进步超过其他地区;山西、甘宁的二氧化硫和氮氧化物减排,山西、甘宁、新疆、陕西、辽宁和山东的二氧化碳减排的技术进步不明显,这可能与上述地区的产业结构失衡,或者对减排技术推广力度不够存在直接关系。广东的各项指标进步不明显,因为该地区一直处于前沿面上。

(二)时间维度和数量维度的技术进步演变趋势分析

为了从多个角度测算节能减排相关技术进步幅度,本文根据前文公式(9)～(10),将能源与气体排放要素的技术进步分解成时间维度进步(PT)和数量维度进步(PQ)两部分。以 PQ 作为横坐标,以 PT 作为纵坐标,将中国整体及重点区域的能源与气体排放的技术进步情况进行二维对比分析。根据 PQ 和 PT 的定义,存在 PQ≥PT 的数量关系,即数量维度进步不会小于时间维度进步。若 PQ＝PT,意味着该区域的最初样本点也是整个分析期内的最劣样本点,该区域属于节能减排技术进步的"稳前进"类型,其位置分布于图 1 所示的 45°直线附近,如江浙沪和京津冀;若 0＜PT＜PQ,意味着该区域的最初样本点虽然不是最劣样本点,即在分析期内一度出现过技术倒退现象,但经技术赶超后仍取得技术进步,属于"走弯路"类型,其位置分布于图 1 所示的 A 类区域,如福建、辽宁和山东,中国整体节能减排的技术进步也属于此类型,A 类地区应该努力向"稳前进"类型靠拢;若 PT＜0,意味着该区域分析期内整体显现技术倒退趋势,即使在部分时期也取得局部进步,但是终究无法逆转,属于"开倒车"类型,其位置分布于图 1 所示的 B 类区域,如湖南、甘宁、山西和湖北,B 类地区应该逐步向沿海地区学习和借鉴节能减排技术,首先将自身节能减排技术倒退趋势"扭负为正",进入 A 类地区,再逐渐改善。当然,对于 B 类地区提升技术进步水平而言,这不是一蹴而就的过程,只能做到"干中学"。

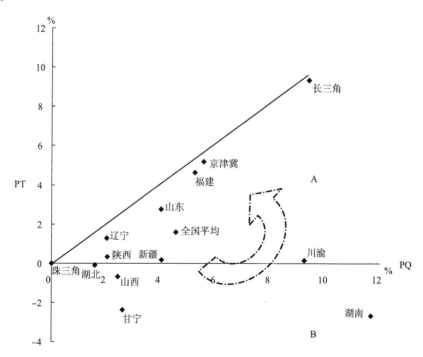

图 1　中国重点区域节能减排技术进步分类示意图(2006—2012 年)

本文所拓展的时间维度进步和数量维度进步分析,不仅适用于静态角度分析,也适用于动态趋势分析;不仅适用于重点区域间比较,也适用于区域内比较。下面以饱受雾霾困扰的京津冀地区为例,分别从北京、天津和河北的大气污染物(二氧化硫和氮氧化物)减排技术的时间维度和数量维度进步进行对比分析。由图 2 可知[①],2006—2012 年北京在大气污染物减排技术上基本属于"稳前进"的进步类型;河北的进步幅度小于北京,但呈现总体进步;而天津在 2008—2010 年期间经历了一定程度的退步,此后在 2010—2012 年期间有所改善。北京的大气污染物减排技术进步水平不断加快,相比天津和河北的差距逐渐加大;河北的技术进步幅度处于京津冀地区的末位。考虑到前文计算出河北无效率值 IE_{SO_2} 和 IE_{NO_X} 大于北京与天津之和,若河北不能有效改善大气污染物排放绩效,后期仍会对北京和天津的大气环境带来较为严重的负面影响。在无效率值、生产率和技术进步指标不均衡的情况下,京津冀地区应加强内部合作,优先提升河北这一区域内的"短板"。

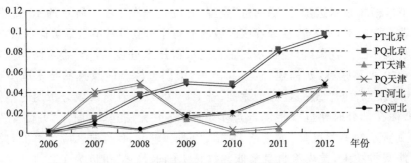

图 2　北京、天津和河北的 PT 和 PQ 动态分析(2006—2012 年)

五、结论与政策建议

本文以"三区十群"大气污染重点区域为研究对象,以 SBM 方法作为基本研究工具,以 Luenberger 指数分解作为基本分析框架,测算出温室气体和大气污染排放双重约束下的中国及重点区域的大气环境无效率值和全要素生产率变化,对影响其变化的要素和指标分别进行分解,进一步拓展了 Luenberger 生产率的技术进步指标的分解方式,从技术的时间维度进步和数量维度进步进行分解并耦合,以寻求各区域节能减排相关技术进步趋势的差异。研究发现,在温室气体和大气污染排放的双重约束下,大气污染、温室气体和化石能源消耗依次构成大气环境无效率的主要源泉;大气污染防治重点区域的整体无效率值与全国平均水平相当,但分化较大,无效率值呈现"由北向南"逐渐下降的带状分布。2006—2012 年的中国大气环境全要素生产率平均增长率为 1.10%,按照投入产出要素分解后发现,影响程度由大到小的因素依次为投入、非期望产出和期望产出要素;能源与气体排放对生产率的影响高达 70%,对大气环境规制越严格,则对生产率的正面促进就越显著;"十二五"后期要加强对氮氧化物排放和化石能源消费规制。经大气环境全要素生产率指标分解后发现,技术效率变化起到负面作用(—0.57%),生产率增长的内在动因在于技术大幅度进步(1.67%);沿海地区的技术进步优于内陆,与能源与气体排放相关的技术进步占据主导地位;经技术的时间维度进步和数量维度进步的二维分析,将重点区域的技术进步趋势划分成"稳前进""走弯路"和"开倒车"三种类型,进而

---

① 　本图由当期数据计算结果生成,并非此前图表的采用的平均数据。

指出技术倒退地区谋求可持续进步的防治路径。

当前,大气污染形势愈发严峻,本文提出以下建议:①避免对GDP的盲目崇拜。无论是对大气环境无效率值还是对大气环境全要素生产率的测算,与国内生产总值相关的无效率值和生产率增长都处于极低的水平,这意味着在大气环境约束前提下,GDP的增长空间相对有限,片面追求经济增长不符合可持续发展的思路;②加强大气环境协同治理。能源与环境问题密不可分,化石能源消耗与温室气体和大气污染排放一起,构成中国当前经济发展的刚性约束。本文对于节能减排相关影响的论断,都是将能源与气体排放要素进行协同分析。能源与气体排放对应的无效率值、生产率和技术进步变化,都在相应总体中占据重要地位,故以化石能源消耗为源头、以温室气体和大气污染作为对象的协同治理具有现实意义;③促进技术效率提升。本文在第3部分已经测算出,中国整体和重点区域的技术效率倒退现象显著,技术效率恶化已经成为中国大气环境全要素生产率增长的主要阻力。促进效率提升的关键在于促进节能减排相关要素的技术效率,可通过政府强制推行"高标准"的节能减排标准和措施来实现;④保持技术不断进步,特别注重内陆地区的技术水平的大幅进步。本文在第四部分已经得出研究结论,由于节能相关的技术进步对此前的全要素增长贡献较小,而节能又是大气污染治理的初始环节,故各级政府应首选节能技术的"择优引进",更应鼓励节能技术的自主创新;同时针对重点区域各自的技术进步弱项,缩短相应技术吸收和推广时间,对节能减排技术要"干中学",争取以最短的时间争取最大的技术进步,进而获取最明显的生产率增长;⑤强化区域联防联控机制。本文以京津冀地区的技术进步指标再分解作为研究范例,探讨了北京、天津和河北的技术进步的演化趋势,明确了河北作为京津冀地区大气污染防治的关键。以本文的研究思路作为参考,通过大气污染防治重点区域内部的差异分析,重点区域应认识到区位一体的"短板"后果,摒弃独善其身的态度,重点完成内部针对性治理,同时注重本地区能源节约与大气污染的协同治理。只有加强对化石能源消费和大气污染排放的环境规制,以技术进步带动效率提高,才能有效提升大气环境质量,最终实现经济发展与环境保护的和谐双赢。

(本报告撰写人:苗壮　盛济川　赵士南)

作者简介:苗壮,博士,泰州学院副教授,硕士生导师,中国社会科学院城市发展与环境研究所博士后,中国气象学会气象经济学委员会委员,碳排放权交易湖北省协同创新中心研究员,主持国家自然科学基金项目、江苏省自然科学基金项目和中国博士后科学基金项目等多项。盛济川,博士,南京信息工程大学副教授,中国社会科学院城市发展与环境研究所博士后。赵士南,南京航空航天大学博士生。本报告受气候变化与公共政策研究院开放课题资助(14QHA015)。

参考文献

[1] 潘家华.新型城镇化道路的碳预算管理[J].经济研究,2013(3):12-14.

[2] 王志刚,龚六堂,陈玉宇.地区间生产效率与全要素生产率增长率分解(1978—2003)[J].中国社会科学,2006(2):55-66.

[3] 李小平,朱钟棣.中国工业行业的全要素生产率测算——基于分行业面板数据的研究[J].管理世界,2005(4):56-64.

[4] 易纲,樊纲,李岩. 关于中国经济增长与全要素生产率的理论思考[J]. 经济研究,2003(8):13-20.

[5] 郭庆旺,贾俊雪. 中国全要素生产率的估算:1979—2004[J]. 经济研究,2005(6):51-60.

[6] Färe R,Grosskopf S,Lovell C K. Multilateral productivity comparisons when some outputs are undesirable:A nonparametric approach[J]. The Review of Economics and Statistics,1989,**71**(2):90-98.

[7] Zhou P,Ang B W,Poh K L. Measuring environmental performance under different environmental DEA technologies[J]. Energy Economics,2008,**30**(1):1-14.

[8] 王兵,吴延瑞,颜鹏飞. 环境管制与全要素生产率增长:APEC 的实证研究[J]. 经济研究,2008(5):19-32.

[9] 杨俊,邵汉华. 环境约束下的中国工业增长状况研究——基于 Malmquist-Luenberger 指数的实证分析[J]. 数量经济技术经济研究,2009(9):64-78.

[10] 吴军. 环境约束下中国地区工业全要素生产率增长及收敛分析[J]. 数量经济技术经济研究,2009(11):17-27.

[11] Chang T P,Hu J L. Total-factor energy productivity growth,technical progress,and efficiency change:An empirical study of China[J]. Applied Energy,2010,87:3262-3270.

[12] 田银华,贺胜兵,胡石其. 环境约束下地区全要素生产率增长的再估算:1998—2008[J]. 中国工业经济,2011(1):47-57.

[13] 王兵,吴延瑞,颜鹏飞. 中国区域环境效率与环境全要素生产率增长[J]. 经济研究,2010(5):95-109.

[14] 刘瑞翔,安同良. 资源环境约束下中国经济增长绩效变化趋势与因素分析——基于一种新型生产率指数构建与分解方法的研究[J]. 经济研究,2012(11):34-47.

[15] 宋马林,王舒鸿. 环境规制、技术进步与经济增长[J]. 经济研究,2013(3):122-134.

[16] Färe R,Grosskopf S,Pasurka C A. Environmental production functions and environmental directional distance functions[J]. Energy,2007,32:1055-1066.

[17] 王群伟,周鹏,周德群. 中国二氧化碳排放绩效的动态变化、区域差异及影响因素[J]. 中国工业经济,2010(1):45-54.

[18] 苗壮,周鹏,王宇,孙作人. 节能、"减霾"与大气污染物排放权分配[J]. 中国工业经济,2013(6):31-43.

[19] Tone K. A slacks-based measure of efficiency in data envelopment analysis[J],European Journal of Operational Research,2001,130:498-509.

[20] Fukuyama H,Weber W L. A directional slacks-based measure of technical inefficiency[J]. Socio-Economics Planning Sciences,2009,**43**(4):274-287.

[21] Oh D H. A global malmquist-luenberger productivity index:An application to OECD countries 1990—2004[J]. Journal of Productivity Analysis,2010,**34**(3):183-197.

[22] Anderson D. Technical progress and pollution abatement:An economic view of selected technologies and practices[J]. Environment and Development Economics,2001,**6**(3):283-311.

[23] Jaffe A B,Newell R G,Stavins R N. Technological change and the environment[J]. Environmental and Resource Economics,2002,22:41-70.

[24] 单豪杰. 中国资本存量 K 的再估算:1952—2006 年[J]. 数量经济技术经济研究,2008(10):17-27.

[25] 林伯强,孙传旺. 如何在保障中国经济增长前提下完成碳减排目标[J]. 中国社会科学,2011(1):64-77.

[26] 苗壮,周鹏,李向民. 我国"十二·五"时期省级碳强度约束指标效率分配研究——基于 ZSG 环境生产技术[J]. 经济管理,2012(9):25-36.

[27] 郑京海,胡鞍钢. 中国改革时期省际生产率增长变化[J]. 经济学季刊,2005,(2):263-296.

[28] Zhou P,Ang B W,Poh K L. A survey of data envelopment analysis in energy and environmental studies[J]. European Journal of Operational Research,2008,189:1-18.

Prevention and Control of Air Pollution in "Three Regions and Ten Urban Agglomerations": Performance Decomposition, Pressure of Target

Abstract: Using an extended decomposition method of technological progress index in Luenberger productivity analysis framework with considerations of atmospheric environment constraints, this paper aims to seek a resolution of control and prevention of air pollution in the "three regions and ten urban agglomerations". Results and implications show that: (1) the primary factors that contribute to the inefficiency of China's atmospheric environment are air pollution, greenhouse gas emission and fossil energy consumption, and the environmental inefficiency of the key areas has showed a decreasing pattern geographically from north to south; (2) The better performance of SO_2 emissions made a great contribution to the growth of TFP in the "11th five-year plan" period, whereas, the performance of NO_X emissions needed to be improved in the "12th five-year" period. an enhanced regulation on energy-saving and emissions reduction may contribute positively to the growth of TFP; (3) Despite the differences in technological advances in the key areas, the benefits that brought by the technological advances overweight the negative impacts that brought by the deterioration of technological inefficiency; (4) key areas have the target of NO_X emissions, energy conservation in the "12th five-year" period, energy saving and CO_2 emission reduction technological progresses need to improve. (5) "Three Regions and Ten Urban Agglomerations" should be integrated plans, give priority to promote "short board" areas' atmospheric environmental improvement.

Key words: atmospheric environment constraint; TFP; "Three Regions and Ten Urban Agglomerations"; performance decomposition; pollution control

雾霾治理策略:基于行动者网络理论的分析

摘　要:借助科学社会学研究理论——行动者网络理论分析当前中国雾霾治理应采取的策略,从雾霾治理措施的制定到实施的进程中,如何结合中国国情,战略性地推行雾霾治理策略。重点从动机、行动和结果三个层面对每类行动者在雾霾治理行动网络中的定位及行动策略加以分析。政府主动承担责任,经济增长与生态文明、重大民生问题相结合,转变经济发展方式、优化产业结构;在强制通行点(OPP)的框架下,严惩背离或破坏雾霾治理行动者网络的不良主体,奖励积极行动者;优化雾霾治理政策工具的应用结构;公众不仅有举报权,也须拥有起诉权等。

关键词:雾霾治理　行动者网络理论　公共政策

中国政府早就提出从高能耗、高污染的粗放型增长向集约型环境友好型的可持续经济发展模式转变的经济发展战略。然而近年来,严重的雾霾天气频繁笼罩大部分地区,其持续时间长、影响范围广,危害后果难以预料,预示着中国经济发展模式转变任重道远。雾霾治理引发了包括政府、公众、媒体、专家学者在内的社会各界的广泛关注,成为学术研究热点。本文尝试运用行动者网络理论对雾霾治理过程中的行动者及其利益进行分析,进而提出不同的异质行动者如何构建雾霾治理行动者网络,为雾霾治理提供参考。

一、国内外雾霾治理及研究综述

(一)雾霾治理研究

在我国雾霾治理是近几年才开始被广泛关注的,吕晓璨在《生态文明视野下的雾霾治理研究》一文中指出,近年来,我国的生态环境遭到严重的破坏,并且这种破坏的趋势也愈演愈烈,这也是造成雾霾污染天气的主要原因,强调只有突破我国经济发展、环境改善的瓶颈,大力推进生态文明建设才可以从根本上治理好雾霾污染[1]。孙鹏举和张鸿飞的《关于我国雾霾污染的法律治理对策研究》主要是根据我国雾霾污染的法律治理现状和特点,并结合其他国家和不同地区为应对雾霾治理所提出的各项法律措施,总结出更为有效的法律制度对策[2]。有学者在 2015 年举行的全国环境检测现场会上指出,找到雾霾"祸首"是源头治理的第一步。虽然在2013 年出台的《大气污染防治行动计划》已向雾霾宣战,但由于之前没有找到首要污染源,所以在一定程度上限制并影响了治理的效果。不过在此次的会议上,环保部副部长吴晓青介绍说,我国已经完成 9 座城市的污染源解析工作,其中北京、杭州、广州、深圳的首要污染来源是机动车,石家庄、南京的是燃煤,天津、上海、宁波的首要污染来源分别是扬尘、流动源、工业生产,这将加快雾霾治理的进程,但与此同时我们也要认识到,找到祸首只是治理的第一步,如果不能有效地控制和处理污染源,雾霾污染依然不会得到根除。

虽然我国雾霾治理的研究较晚，但早在 19 世纪 50 年代开始，英国就开始整治环境，在1956 年颁布了首部有关空气污染的防治法案《清洁空气法案》。此法案中明确规定，像发电厂及重工业工厂这样极容易产生污染的单位必须迁至较远的郊区，在城镇上的居民也要使用无烟燃料、电或天然气代替以往的有烟燃料，并在寒冷的冬天采取地方集中供暖的措施。

美国也在 20 世纪 40 年代初开始对治理雾霾污染提出一些法案及政策。不过美国的侧重点主要是放在限行机动车及电厂排污上。美国国家环保局也曾多次根据污染情况修改空气质量标准，并且为了更好地区分每个地区的空气质量指标及每个地区的遵守情况，将标准分为三大类：不合格、合格、无法归类。并且为了让市民更方便地了解和查看指标情况，环保局还将每天的检测结果和预测分析都发布在有关官网上。

日本的做法也与美国的做法很相近，都将检测的数据与预测数据及时地公布到有关官网上，并且还会发布一些预防措施，让市民们做好预防准备，给市民的出行及日常生活带来极大的方便。不仅如此，日本还把重点放在中央和地方携手治理的方面上，这样不仅可以让中央与地方互相监督，还可以同心协力共同去解决所面临的困难。

(二)公共政策工具研究

国内学者对于公共政策工具的研究也起步较晚。公共政策工具是政府治理的手段和途径，是政策目标与结果之间的桥梁。只有利用了正确的政策工具才能将政策的作用发挥得更好，所以在执行政策时，选用哪种政策工具，对政府能否完成政策目标具有决定性影响。政策工具是理论与现实相结合的产物。根据陈振明教授的《公共政策分析》，可总结出政策工具是人们为了解决某一社会问题或达成一定的政策目标而采用的具体手段和方式。并且将公共政策工具从市场化工具、工商管理技术、社会化手段三个方面进行分类。荷兰的科臣是最早对政策工具进行分类的经济学家，共整理出 64 种工具，但并未对这些工具进行具体的细分。20 世纪 80 年代以后也出现了不少研究政府工具的学者，其中最具影响力的是胡德(C. Hood)，他在其《政府工具》一书中指出，如果想要更好地解决社会问题，政府就必须充分运用自身强制性的权威、经济、组织和信息。莱斯特 . M. 萨拉蒙在其《政府工具：新治理指南》一书中对政府工具的框架、特点、评估标准、工具选择的关键维度进行分析。这些国外的理论对我国的研究与实践都具有重要的借鉴作用。

综合分析国内外对公共政策工具的研究可以总结出，政策工具可以分为强制性工具、非强制性工具和混合型工具。强制性工具的具体形式主要有管制、公共企业(国有企业)和直接提供。其中管制便是一种可以有效治理雾霾污染的公共政策工具，它是政府部门或者特别的机构利用制定行政法规去控制某些活动的手段，并根据达成的目标给予一定的奖励和处罚。管制也可分为经济管制和社会管制。非强制性工具可以分为家庭和社区、志愿者组织(非营利组织)和市场。非强制性工具就需要人们有很强的自觉性。目前我国正处于一个转型时期，在这样一个关键的时期，家庭社会和志愿者组织作为一种有效的政策工具，其地位和作用也将日趋重要。市场作为资源配置的最有效措施之一，在治理雾霾中也必将是一种有效的公共政策工具。不过市场这一工具的应用往往是需要有管制来配合的，这样相互约束着才能达到最好的效果。混合工具是将强制性工具和非强制性工具的优点相结合而产生的一种工具。可以分为信息传播和规划、补贴、产权拍卖、税收和使用者付费。其中，产权拍卖主要就是用于污染防治，政府在规定可以排放的污染量后，定期拍卖污染物释放数量的产权。

（三）雾霾治理政策工具研究

政策工具在雾霾治理中起着至关重要的作用。目前国内对于雾霾治理和公共政策工具的分析都比较零散，更多的是对雾霾治理与政策工具分开进行研究。雾霾治理的公共政策工具则是人们为了更好地治理雾霾或者是为了达到雾霾治理政策目标的手段。我国对雾霾治理政策工具的研究主要集中在雾霾治理的个别方面。比如邰文燕的《中国低碳经济发展的财政政策工具研究》[4]，主要是建议从提高财政政策工具的效率、财政政策工具应用向科技研发倾斜、实施正向激励与负向激励相结合的财政政策工具，这三个方面对低碳经济进行分析，倡导利用低碳经济的方式去治理雾霾。高原的《政策工具视角下成都市节能减排政策研究》[5]，主要是以成都市为研究中心，在政策工具的辅助下解剖节能减排政策，发现政策工具应用过溢或缺失、体系不够健全，并对这些问题提出了一定的建议。无论是低碳经济还是节能减排都是治理雾霾的途径，只有将理论与实践结合，才能更好地治理雾霾，才能还人类一个舒适的生存环境。

二、行动者网络理论及对雾霾治理的适用性

二战以后，西方社会出现了对传统的理性观念、科学技术的现代异化，以及如何实现人与人、人与自然的和谐发展等进行深刻反思。20 世纪 80 年代，作为巴黎学派的领军人物，拉图尔（Bruno Latour）等借助批判性解构策略，重新建构科学与社会、人与自然、人与非人因素、主体与客体的并在关联图景[6]。拉图尔在《科学在行动》（Science in Action）、《重建社会：行动者网络理论导论》（Reassembling the Social：An Introduction to Actor-Network-Theory）著作中提出行动者网络理论，从全新的研究视角、研究方法、关系与过程思维等方面试图从"社会—技术"互构的视角解释技术发展问题，标志着巴黎学派的诞生，在科学的社会研究、科研管理等方面产生了广泛影响。

（一）行动者网络理论的核心内涵

行动者网络理论的核心内涵可以简要地归纳为以下几个方面。①物质世界和社会世界都是网络的产物。网络是作为整体而存在的，研究科学和技术的发展，必须首先研究其所在的网络整体，既包括微观网络（如科学家、仪器、材料、实验环境等相互关联构成的实验室环境），也包括实验室与外部社会因素关联所形成的宏观网络，以及微观网络与宏观网络之间的互动。②强调行动者对网络的"编织"和建构。行动者在网络建构中才有存在价值，网络只有在行动者的建构中才值得研究。网络中的行动者协同作用以达到特定的功能。任何行动者都不具有特权，每一个行动者在网络的地位和作用都取决于其他行动者。③行动者具有广义对称的属性。广义对称（general symmetry）是指人类因素和非人类因素在网络建构和知识形成过程中具有同等作用，这也是该理论最核心的思想。非人类因素被赋予确切地位，不再被看作某种物质与事实的表征者。"在同一场所，大量的劳动力、不同的职业团体和各种各样的设备积累起来，才克服了存在于这种科研活动中的固有困难。[7]"④行动者是异质的，行动者包括众多社会的、自然的因素，其利益诉求、身份与角色、功能和地位都千差万别、相去甚远，需要在新的行动

者网络中重新界定,新网络的建构即不断形塑(shaping)社会和自然的过程。

拉图尔和他的同事卡龙(Michel Callon)对行动者网络理论(Actor Network Theory, ANT)提出一套看似繁杂、实则条清理晰的理论架构,包括异质网络、铭写、转译、强制通行点、非可逆性、稳定性等诸多概念。问题转译(problem translation)是构建行动者网络的基本途径。在此过程中,各异质行动者主体只有在指出其他行动者主体利益的实现途径、使不同行动者关注的对象问题化的情况下,才能实现自身的利益诉求,进而结成网络联盟。换言之,"每一类行动者的利益、角色、功能和地位在新的行动者网络中被重新界定、安排、赋予"[8],从而消解了异质行动者之间的断裂、矛盾与冲突。

(二)行动者网络理论对雾霾治理的适用性

行动者网络理论问世以来,从科学哲学和科学社会学领域不断拓展,被应用于公共管理、经济学等现实问题研究。卡龙本人运用行动者网络理论研究法国雷诺公司电动车项目从初期成功到最终失败的案例。Stanforth 用 ANT 来研究电子政务实施的问题,进而转为研究怎样才能使电子政务顺利实施的问题[9]。国内学者则将 ANT 应用于通信标准、移动互联网、区域创新、产业集群等。究其原因,正在于案例研究是行动者网络理论的重要组成部分。案例研究既是行动者网络理论的具体体现,也是运用行动者网络理论解决现实问题的有效进路。从某种意义上来说,行动者网络理论也是一种方法论意义上的分析工具。

作为一种分析工具,行动者网络理论对雾霾治理的适用性体现在以下几方面。首先,雾霾治理既包括社会行动者(人类因素),也包括非社会行动者(非人类因素)。公众、政府部门、企业、雾霾、技术等共同构成雾霾治理行动者网络。雾霾治理难以依靠单一行动者而取得成效,雾霾治理行动者网络被共同构建,社会的、自然的、科学的、技术的因素结成"无缝之网"。其次,众多因素(行动者)是雾霾治理的力量源,需要根据其利益诉求在行动者网络中进行重新界定,实现社会实体和自然客体的协调与控制。再次,雾霾治理技术与社会是互动和形塑的。以电动汽车为例,政府部门提供巨额财政补贴推广电动汽车,是由于汽车尾气排放形成五分之一左右的城市雾霾数量占比。电动汽车难以被公众广泛接受是囿于其高昂的售价和快速充电设施远不及加油站随处可见。制造商蜂拥电动汽车是因为凭借简便易行的技术改造(汽车去掉发动机代之以电池电机模块)即可获得财政补贴。技术发展与社会选择在博弈过程中达到某种微妙的平衡。另外,雾霾治理需要依靠多元主体共同参与,同样面临相互依赖和磋商、制定治理措施、共同实施的问题。

三、雾霾治理的行动者网络分析架构

分析雾霾治理的行动者网络首先要明确雾霾成因和雾霾治理主体。按照重要性排序,雾霾成因依次是化石能源消耗、机动车保有量快速增加、城市规模不断扩大、跨区域污染等。对于城市雾霾而言,机动车是最大雾霾来源,约占 25%,其次为燃煤和外来输送,各占 20%[10]。就雾霾治理主体而言,至少包括政府、企业、公众、科研机构、非政府组织等。

按照行动者网络理论,本文把雾霾治理的行动者主体及行为方式分成若干环节。①行动者主体的识别,即参与雾霾治理的"利害相关者"(stakeholder)有哪些。雾霾笼罩之下,无人能够不受其害,即便空气净化器、口罩能减少雾霾对人体健康的损害,仍无法根除之。而雾霾治理对每一个人带来的好处是不言而喻的。因此,每个行动者的角色和任务有所不同,但是均应秉持"有难同当、有福同享"的理念参与雾霾治理,不存在"只享有好处,不承担风险的攸关方(相关方)"。通常情况下,雾霾治理的参与主体是政府、企业和公众,这也是社会共识。但是行动者网络理论把雾霾治理主体扩展到更广的层面和更多的参与者,由此,雾霾治理研究更加立体化,更具有层次感,如表1所示。②对异质行动者的转译过程。这里的"异质"是指那些容易对雾霾治理产生背离的行为,换言之,即在雾霾治理过程中,可能由于利益冲突或矛盾,导致部分行动者"出工不出力""阳奉阴违""唯利是图",甚至出现违法行为。相应地,"转译"的对象是这些异质行动者的利益诉求,即把不同行动主体的利益诉求尽可能通过谈判或沟通,使各方在不严重损害利益的前提下,达成一种均可以接受的行动方案。③转译的强度,是指共同行动方案对参与主体的吸引力,也可以用来描述雾霾治理对参与者利益诉求的满足程度。通常情况下,能够完全满足所有参与主体利益诉求的方案是最佳选择,但是这在雾霾治理实践中这样的方案是不存在的,只能满足参与者的部分利益诉求,因为只有相互理解和妥协、各退一步,才能构建一个相对完善和具有吸引力的雾霾治理网络。

表1　雾霾治理的行动者网络主要构成要素

类型	类别	行动者
人类行动者	组织	企业、政府、科研机构、行业协会等
	个人	公众
非人类行动者	物质范畴	雾霾、资金、仪器设备和实验场所等
	意识范畴	科学技术、政策法规等

通常情况下,许多理论研究把雾霾治理参与主体仅限于企业、高校、政府以及中介组织等。行动者网络理论的创新之处在于首次把非人类因素纳入研究范畴,并赋予特别重要的地位。这种做法能够深刻揭示企业参与主体中"异质"主体的利益诉求,有利于寻找达到共赢合作方案的最佳途径。借助行动者网络理论,我们可以把雾霾治理行动者分为人类行动者,即政府、企业、公众等。而非人类的行动者主要包括雾霾、科学技术、政策法规等因素,以及资金、仪器设备和实验场所等。如表1所示。

在人类行动者方面,企业是雾霾治理的最重要行动者,工业企业和交通运输企业是雾霾的主要来源。火力发电、焦化、冶炼、石油化工等工业企业的污染最为严重。污染物主要来自产生大量的燃烧产物的动力系统,以及生产过程中排出的废气、废水、废渣等。交通运输企业产生的雾霾主要表现为汽车、火车、轮船、飞机、卡车等排出的尾气,在光化学作用下,形成光化学烟雾,给人类造成更严重的危害[11]。政府(中央和地方政府、环保部门等)是雾霾治理的关键行动者。各级政府在经济发展过程中体现的执政理念、环保部门环境保护的权力弱化和创新能力等是影响雾霾治理成败的关键因素。公众是雾霾治理的重要力量,普通公民在日常生活中养成节水节电、低碳出行等自觉的环保意识和行为,能有效地推动雾霾治理进程。在非人类行动者方面,除了制定法律条文、财政税收制度、政策法规等,还要增加公共研究经费、加强对雾霾治理相关的科学技术研究,厘清雾霾构成与来源,寻求清除雾霾的有效对策。研究发现,雾霾主要由二氧化硫、氮氧化物和可吸入颗粒物这三项组成,它们与雾气结合在一起,让天空瞬间变得阴沉灰暗。细颗粒物($PM_{2.5}$)既是一种污染物,又是重金属、多环芳烃等有毒物质的载体[11]。

　　人类行动者与非人类行动者在雾霾治理网络的关系不是对立的,而是互相支持和联结的。非人类行动者是人类行动者的目标、对象或手段,人类行动者通过对非人类行动者的使用和改造,达成特定的目标。①高能耗、高污染企业应增加社会责任意识,在追求利润的同时,主动进行技术革新,推动节能减排。在这个过程中,人类行动者(企业管理者、企业技术研发人员以及其他高校科研机构联合研发人员)与非人类行动者(资金、设备、知识、技能)交织,通过排放物净化设备、水处理设备、清洁能源设备、环卫设备、节水节电设备及各类环境检测仪器仪表等,共同完成污染物清洁或回收。②中央和地方政府,尤其是环保部门,制定雾霾治理方面的法律法规和财政税收政策,对高污染、高耗能、高耗水的"三高"企业行为进行规范,赋予特殊政策,比如鼓励这类行业进行产业升级、转型或搬迁等,对财政资金使用进行合理监管,对产品或技术规格制定标准和要求。环保部门强化执法能力和创新执法方式,使企业合作始终处于正确的运行轨道。③知识、技术是雾霾治理的实践对象,培养掌握特定知识技能的人才是雾霾治理的重要途径。雾霾治理非一朝一夕见成效,需要制定中长期路线,通过培养雾霾治理相关的专业人才,追踪高科技国际前沿,针对污染物排放源研发高效脱硫脱硝和除尘等环保设备,汽车行业鼓励新能源汽车推广应用。对于投资额度大、风险大、回报周期长的关键技术,政府应加大公共财政支出,以重大科研专项的形式鼓励企业和科研机构联合研发。④普通公众是雾霾的直接受害者,雾霾已经成为社会关注的重大民生问题。公众参与雾霾治理的愿望也极为强烈,需要政府、行业协会、非政府组织等拓宽公众参与雾霾治理的途径。⑤行业协会、非政府组织等在雾霾治理行动者网络中发挥重要作用,行业协会利用自身对数量众多、规模不等的企业会员的专业影响力,有利于扩大雾霾治理网络规模,实现优势资源整合,提高雾霾治理网络的稳定性。

四、雾霾治理的行动者网络分析

　　主要是对问题化、利益赋予、招募及动员四个关键环节在内的转译过程进行分析,研究不同的"异质"行动者如何被"转译"并以核心行动者所设定的条件和角色定位维系在雾霾治理行动者网络中。强制通行点(OPP)是各行动者主体均能接受的行动方案,包括各行动者的角色、地位、投入、收益等[12]。包括:①问题化:谁是核心行动者? ②招募:吸纳更多行动者参与;③利益赋予:公共政策发挥作用;④动员:跨区域治理机构和综合治理网络等。提出问题化、利益赋予、招募和动员是构建行动者网络的四个关键环节。合理、完善和可持续的雾霾治理网络同样也具有这四个环节。深入分析每个环节的特点与实现过程,对我们理解雾霾治理网络具有重要意义,即明白如何使行为主体愿意长期参与雾霾治理,而对于那些具有离心倾向的行为主体,应采取有效措施,化解冲突和矛盾,维系雾霾治理网络的稳定性,避免合作网络解体或名存实亡。

(一)问题化:确定谁是雾霾治理的核心行动者

　　雾霾治理网络具有圈层结构和延展性特点。圈层结构是指雾霾治理网络参与者由内至外可以分成核心行动者、主要行动者、边缘行动者等。问题化的前提在于明确谁是核心行动者。

处于不同层级的行动者,其利益诉求、积极性、作用与行为方式差别很大。核心行动者的利益诉求最强烈,积极性最高,投入人财物数量最大,行为方式最为规范和更加持久。而边缘行动者则离心力较大,利益诉求具有一定的不确定性,随时具有退出合作网络的可能性。雾霾治理网络的问题化其实质在于确定核心行动者。核心行动者不是唯一的,多数情况是由几个参与者共同组成合作主体。其主要任务是:①确定合作网络目标,网络目标应当易于理解、相对单一;②寻找可能的合作参与者,在特定的地理范围寻找尽可能多的参与者;③对可能参与网络的组织或个人进行分析,最大程度地界定他们的利益诉求和行为方式,尤其是准确判断异质行动者;④通过多边谈判,充分化解异质行动者的矛盾与冲突;⑤提出能够被所有参与者接受的合作方案(OPP)等。在此过程中,显而易见的是,与其他行动者相比,核心行动者应当具备最高的权威性,即规则制定能力、协调与管理能力,尤其是人财物的调动能力等。目前国内已经开展的雾霾治理,多数由政府发起,更具体地说,是由环境保护部发起。成立于 2008 年的环境保护部是由国家环境保护总局升格而来,即意味着在制定政策的权限和参与高层决策方面,环境保护部的突出作用更加彰显。当前不少高能耗、高污染企业已经开展雾霾治理,节能降耗,甚至减产停产,从表面上看,这种雾霾治理非常稳定。但是显而易见的是,这些企业的节能降耗行为并不是自发的,而是面临特定的重大公共事件在政府高压政策下不得已而为之,比如北京的"奥运蓝""APEC 蓝""阅兵蓝"等,1 万多家工厂、发电站和炼钢厂停产限产,超过 4 万个建筑工地临时停工。一旦缺乏政府管制,参与雾霾治理积极性则瞬间降至冰点,甚至成为企业的负担。这也是各种"蓝"只能维持较短时间的根源所在。因此,企业不具备核心行动者的积极性、权威性、资金调动能力等特点,无法提出统一行动方案、形成相互依赖的雾霾治理网络。因此,雾霾治理网络的核心行动者应当是拥有公权力和公共财政支配力的政府部门(中央政府和各级地方政府)。其作用在于调整改变经济发展战略,通过制定法律法规、行动标准、实施细则等对雾霾治理加以规范、引导、评估、监督等,进而形成一套完善、高效的法律法规体系。

(二)利益赋予:实现行动者的利益最大化

雾霾治理网络中的每一个行动者共同面对的问题是:如何在雾霾治理过程中实现利益最大化?中央政府强调经济发展战略得以实施,由严重雾霾造成的民生问题得以解决,各级地方政府希望政绩考核压力下既能保持较好的 GDP 增长率,又能完成环境保护、生态文明、防治雾霾的"硬性指标"。企业希望以较小的成本投入或能够承受的利润损失,实现节能降耗,合理控制污染物排放,树立良好的社会责任形象。关停并转、异地搬迁、"腾笼换鸟"等行政干预势必导致严重的利润损失,影响企业生存,从而引起部分"三高"企业的不满情绪甚至强烈抵制,要求政府部门给予财政补贴。雾霾治理给公众带来青山绿水、蓝天白云的美好生活环境,但是低碳意识与低碳行为也并非短时间内可以形成,比如购买私家车时选择大空间大排量,在拥有私家车时不愿意乘坐公共交通工具出行。在雾霾过程治理中存在公共政策是否科学,财政补贴等公共资金是否得到充分利用,设备是否先进,技术是否有效,有没有产生"骗补"、"合谋"、公权力寻租等现象,社会组织能否因为参与雾霾治理而获得直接的经济利益等问题。因此,在行动者网络理论看来,能够解答每一个行动者的疑问,满足他们的利益诉求,就需要核心行动者提出强制通行点(OPP),即通过《环境保护法》和《大气污染防治法》实现每一位参与者的利益最大化,从而形成相互依赖、合作共赢的网络联盟。如图 1 所示。

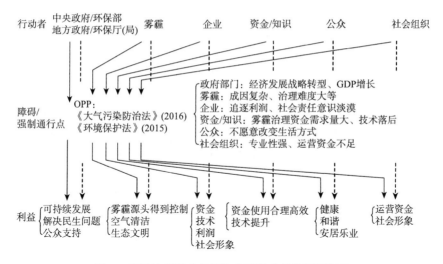

图 1 雾霾治理行动者网络主要行动者的问题定义

欧美发达国家雾霾治理的主要方法:一是政治动员,政府大力推动新能源汽车、公共交通和绿色交通;二是制定法律规制,通过严格监管,强制督促,实施环保方案;三是经济调节,如通过排污权交易或者实施相应的财税政策节能减排;四是环境措施,如搞绿化、多种树。1956 年英国出台了首部空气污染防治法案——《清洁空气法案》。这一法案规定城镇使用无烟燃料,推广电和天然气,冬季采取集中供暖,发电厂和重工业设施被迁至郊外等[13]。表 2 列举了主要部分西方国家城市雾霾治理方案。发达国家通过法律手段治理雾霾的经验值得借鉴。

表 2 发达国家城市雾霾治理法案[14]

国别	空气清洁治理法规	工业污染防治法规
英国	1956 年颁布世界首部《清洁空气法案》 1990 年《清洁空气法修正案》 2008 年《气候变化法》	1972 年《工业环境健康和安全法》 1974 年《控制公害法》及《污染预防和控制法案》
美国	1955 年美国第一部《空气污染防治法》 1963 年《清洁大气法》 1967 年《空气质量法》 1971 年《美国环境空气质量标准》	1881 年纽约制定《烟尘法令》 1990 年《防止污染行动法》 1997 年率先提出将 $PM_{2.5}$ 作为环境标准
日本	1967 年《公害对策基本法》 1969 年《东京都公害控制条例》 1999 年《东京都大气污染紧急时刻对策实施纲要》	1949 年《东京都工厂公害控制条例》 1955 年《东京都烟尘防止条例》 1962 年《煤烟控制法令》 2009 年《$PM_{2.5}$ 环境标准》
德国	1964 年第一部《雾霾法令》 1974 年《联邦污染防治法》 1979 年《关于远距离跨境大气污染的日内瓦条约》	1999 年《哥德堡协议》 2007 年立法补贴安装颗粒过滤装置柴油机小汽车 执行 2008 年欧盟通过的《工业排放指令》
法国	2010 年《空气质量法令》 《地方空气质量方案》和《大气保护方案等》	《减排方案》《颗粒物方案》《碳排放交易体系》

(三)招募:扩大网络圈层,吸纳更多行动者

依据行动者网络理论,强制通行点(OPP)即《环境保护法》和《大气污染防治法》颁布以后,政府部门作为核心行动者的任务在于尽快扩大网络圈层,吸纳更多的行动者主体。行动者主体的数量和规模是保证雾霾得到有效治理、长期稳定发展的关键和保证。雾霾治理行动者网络具有圈层特征,依据受雾霾损害程度或雾霾治理的获益程度,受损程度越重或获益程度越大的行动者主体,越处于行动者网络的内核位置,对雾霾治理的响应越积极。反之,则处于雾霾治理行动者网络的边缘位置。确定行动者在网络中所处的位置有利于辨别其雾霾治理的动力,有利于制定有针对性的雾霾治理措施。首先,就政府主体而言,北京、上海等一线城市的政府和居民,以及其他重度污染和二三级城市的居民,雾霾受损害最大或雾霾治理收益最大。其次,高校、科研院所、社会组织以及部分企业由于承担雾霾治理的技术研发或提供相关的产品和服务,也有充分投入雾霾治理网络的积极性。而对于以石化、钢铁作为支柱产业的城市(如兰州、石家庄等),包括这些城市的石化、钢铁企业在没有公共财政补贴的情况下,雾霾治理获益较小或者雾霾治理的成本远大于收益,处于行动者网络的边缘位置。这些行动者参与雾霾治理网络的积极性不高,具有特定的利益诉求,但是如果赋予他们可以接受的任务并获得相应的利益回报,同样可以使他们在边缘圈层具有相对稳定的地位,不会产生明显的矛盾和突破,且不对雾霾治理网络产生破坏作用。

就参与者的选择而言,雾霾治理行动者网络的招募对象不应为行业或地域所限。我国产业布局和产业结构的不均衡性,东部地区经济活跃,企业数量众多,中西部地区社会经济发展相对滞后。目前东部地区钢铁、石化、建材、有色冶炼、汽车、轻纺等产业的产值占全国比重均在 50% 以上,有的达到 80%。以石化产业为例,环渤海沿海地区将发展临港石化产业,黄海地区有青岛石化基地,长三角地区有沪、宁、杭石化基地,(福建)海西地区规划六大石化基地,珠三角地区已经建设惠州、广州石化基地等[15]。石化产业存在大量污染物排放,给所在地带来极大的雾霾风险。从发展趋势看,在国家宏观政策支持下,这些"三高"产业与生态文明和雾霾治理不协调,既面临技术优化升级,也需要承担雾霾治理的行动者主体责任,可行举措之一是搬迁至人烟稀少的地区。由于空气污染的扩散性、流动性和跨地区性,雾霾治理也是区域公共问题。例如,北京市的雾霾治理离不开河北省、天津市、山西省、内蒙古自治区等地方政府间的协同合作和联合行动。"在区域一体化的进程中,建立一种通过协同行动解决跨区域公共问题(区域经济发展、区域资源保护、社会管理与公共服务等)的强有力的合作平台至关重要。[16]"同时,我们也应看到,不论政府、企业、研究机构等行动者,最终要落实到"以人为本"。公共政策决策者、企业经营者、科研机构、普通公众均体现为具体的个人,个体的意识和行动决定雾霾治理成败。

(四)动员:环保部门发挥关键作用

只有经过动员阶段,雾霾治理网络才能顺利建成。环境保护部和地方环保部门应发挥雾霾治理行动者网络动员过程中的关键作用。环境保护部的职责分为负责、承担、指导、协调等几大类。"负责"包括建立健全环境保护基本制度、重大环境问题的统筹协调和监督管理、提出环境保护领域固定资产投资规模和方向、国家财政性资金安排的意见、环境监测和信息发布等。地方省市的环境保护厅(局)承担所辖地区相应的职责。因此,环境保护部及地方环保厅(局)具有雾霾

治理动员的公权力和专业能力。2016年9月，我国环境保护系统启动重大改革，省级环保机构扩权，打破"以块为主"、大量存在"有法不依、执法不严、违法不究"现象的地方保护管理体制，真正提高雾霾治理等公众关切的重大环境问题的公共管理效率。环保部门能够把众多的"异质"行动者通过《环境保护法》和《大气污染防治法》的约束和公共财政的激励等"硬举措"，完成利益赋予、招募等关键环节，"笼络"到行动者网络，成为雾霾治理网络的行动者主体。

五、南京市雾霾治理的案例

（一）南京市雾霾污染的现状分析

1. 南京市雾霾污染发生频率及事件

近年来，全国各地相继出现了大面积的雾霾污染天气，多发地集中在我国华北、华东和东北等地区。南京作为一个雾霾污染的代表性城市，在过去5年内的发生频率也尤为突出。根据表3可以明显看出，近年来江苏省的空气质量水平在明显下降，南京污染天数也逐渐增多，所以对南京地区的环境改善亟须进行。

表3　环境保护部公布江苏省的2009—2013年环境质量数据(%)

监测年份	全省空气质量达标比例	各市空气质量达标比例分布	南京市重度污染天数比例
2013年	60.3	53.6～68.3	10.3
2012年	64.2	42.3～79.1	8.5
2011年	90.4	79.2～93.7	2.7
2010年	88.9	76.5～93.4	2.4
2009年	85	80～95.5	2.3

2013年12月4日这一天是近几年来南京雾霾最为严重的一次，一天中两次提升预警级别，将霾黄色预警升级为橙色预警，又将橙色预警升级为红色预警。一天两次升级也是前所未有的纪录，而霾红色预警更是南京首次发布。由于雾霾的影响，南京市教育、交通等各个领域都受到了严重的影响，南京市教育局随即启动应急预案，要求全市中小学、幼儿园全部停课；高速公路上长途大巴大面积晚点，旅客积压严重；南京禄口机场100趟航班出现不同程度延误。

2. 南京市雾霾污染的形成原因

南京雾霾天气产生的主要原因可以从自然因素和人为因素来分析。

（1）自然因素。首先可以从空气中的悬浮颗粒与风向的关系来看，南京市建筑群密集造成下垫面属性改变，使得大气边界层物理结构发生变化，建筑物的阻挡和摩擦使风流经城区时明显减弱；其次是逆温层现象，南京市地貌多以丘陵为主，由于地形的特殊性，一旦污染气体进入就很难及时扩散。这便限制了大气层中低空空气的垂直运动，使得高空气温比低空气温高。静风现象和逆温层现象的增多都不利于空气中悬浮微粒的扩散和稀释，这就将导致雾霾天气的产生。

（2）人为因素。是造成雾霾天气的最主要原因，随着南京经济和工业技术水平的发展、城市人口数量的不断增加，都导致了污染物的大量排放。目前南京还处于工业化中后期阶段，传统的化工、钢铁、汽车、电子产业仍是主导产业,而化工与钢铁产业的能耗和污染都比较严重,如果处理不到位,将会产生大量的污染物。不仅如此,南京城市施工量较大,导致在房地产的施工建设和地铁道路的建设中扬尘漫天的现象随处可见,这种扬尘也极其容易产生 $PM_{2.5}$。南京机动车保有量依然较多,导致在上班早晚高峰期经常出现交通拥挤的现象,这也会加剧机动车汽车尾气的排放量。目前,经过专家学者的研究,对南京市雾霾天气的主要污染来源已经基本上达成了共识,但在各式各样的因素中孰轻孰重却一直没有得到一个肯定的回答。我们最终目标是治理雾霾,这并不需要特别明确哪一种因素必须占多少比例。

　　分析以上因素可以看出,在自然因素和人为因素共同作用的情况下,南京雾霾污染严重的情况也不足为奇。虽说南京市政府为了治理雾霾提出了许多政策,但由于没有合理地结合政策工具,导致提出的一些政策收效甚微。"先污染、后治理"这样的做法是不可取的,应当有效地利用政策工具,将理论与实践相结合,处理好经济发展与环境的关系,促进人与自然和谐发展。

(二)南京市治理雾霾中采取的措施和存在的问题

1. 已采取的措施

　　治理雾霾是需要全民行动的一项工作,受到雾霾侵害的不仅仅是一个人、一个地区,它影响的是整个生态环境。近年来南京市政府也合理利用强制性政策工具、非强制性政策工具和混合型政策工具,制定了一系列措施去应对,虽然不是每一项呈现了良好的效果,但有些政策也是卓有成效的。

　　(1)补贴、税收和使用者付费等机制的建立。对一些燃烧煤炭和排放污染物的企业征税,政府财政还设立了大量的专项基金,对积极配合的企业和排放物达标的企业予以奖励。不仅对企业有奖励,对积极购买新能源产品的市民也给予补贴,并大力支持新能源技术的开发。这样不仅激发了人们保护环境的积极性,也有效控制了污染物的排放。

　　(2)大气污染防治计划的制定。为全面深入推进南京市大气污染防治工作,改善环境空气质量,根据国务院《大气污染防治行动计划》和《江苏省大气污染防治行动计划实施方案》,结合南京市实际,制定了《南京市重污染天气应急预案》和《南京市大气污染防治行动计划》,在一定程度上控制了雾霾污染。《南京市大气污染防治行动计划》则规定要加大综合治理力度来减少污染物的排放量;优化产业结构,推动产业转型;加快调整能源结构,增加清洁能源供应和使用等,都为雾霾治理提供了良好的保障。

　　(3)排放量限值和标准的提升。环保部在2013年制定了一项最为严厉的措施,对污染严重区域的钢铁、化工、火电、石化、有色金属、水泥等六大行业实施大气污染物特别排放限值,严格控制这些行业的煤炭燃烧量和污染物排放量,从源头控制治理污染物的排放。南京市也随之公布了严重污染企业,像南京石化、南钢这样重点企业都要求严格按照要求进行整治,有些严重污染企业甚至要求停产。这些政策的制定不仅在源头上控制了污染物的增加量,还整治了对特殊区域的标准,并且加快了南京市产业结构的调整和升级的步伐。

　　(4)大气污染监测系统的建设。利用强制性政策工具中的直接提供工具,在南京的各个区建立监测点,实时观测空气污染指数,并根据监测数据,做好一系列的预防和准备工作,政府根据监测数据做出合理的决策,正确地领导群众控制雾霾,这种监测系统也为防治雾霾污染提供了保障。江苏省2016年第二季度国控污染源监督性监测结果显示:全省实际参与评价的国控企业为 725 家(废水 159 家、废气 150 家、污水处理厂 413 家),有 71 家企业出现超标,其中废水 14 家、废气 5 家、污水处理厂 52 家。废水及污水处理厂主要超标因子为 COD、氨氮、总磷、悬浮物、生化需氧量、粪大肠菌群等;废气主要超标因子为二氧化硫、颗粒物等。根据一级防控和蓝色预警启动后的要求,工业企业在实施冬、春季节一级防控限产的基础上进一步减少污染物排放;桩基、土石方、渣土运输、拆除等各工地防止扬尘污染,措施不到位的停止施工;加大道路冲洗、保洁频次;必要时适时实施人工增雨。包括扬子石化、金陵石化、南化公司、南钢、梅钢等重点石化、钢铁企业,水泥行业、铸造行业 43 家重点单位都将实施限产 15% 以上的冬春季节阶段性停产,如果企业不能稳定达标,将实施停产(数据来源于江苏省环保厅网站)。

(5)调动市民治理雾霾的积极性。结合家庭、社区和志愿者组织等非强制性工具,广泛在社会中推广雾霾防治宣传,通过用宣传片、纪录片、公开演讲、讲座等形式让市民了解到雾霾的危害,提高市民的主观能动性。让每一个人认识到治理雾霾要从自身做起,要从小事做起,树立良好的环保意识,将一些简单的环保行为变成一种终身的习惯。

2. 政策及政策工具应用中的不足

(1)雾霾治理中的法律监督体系不健全。南京曾在大气环境治理方面出台过一系列的地方性法律,但目前还未能构建出完全适应社会发展并可以有效治理雾霾的法律监督体系。立法思路单一,只想到了污染的治理与预防,并没有意识到这些法律是否可以带来预期那样良好的效果;立法时对政府各个执行部门的职责划分不够明确,职责范围立法没有表述清楚,在执行中往往会出现推卸责任的现象。

(2)雾霾治理中政府的监督体系不到位。南京市环境监督部门的衔接工作没有做到恰到好处,各监督部门之间有重叠也有间断,不能做到上下部门之间相互配合,使得各个部门无法将自身的功能充分发挥,导致监督工作难以顺利进行。

(3)雾霾治理的公共政策不健全。南京现行主要的雾霾污染治理政策主要是"污染者付费"的原则,但在执行时还是出现种种问题,比如在收费标准上过于笼统,没有具体的收费依据和收费标准,所以在收取污染费时,由于监管不到位,有些地方出现了过于多样化的收费方式,导致一些污染者拒付费。但其中最重要的是由于排污费的收费费用不高,使得污染治理费高于超标排污费,所以企业在维护自身利益的同时往往会选择超标排污的方式,这样就出现了宁愿超标也不愿去减少污染的恶性循环现象。

(4)市民参与积极性不高。因为政府的激励因素和宣传教育过少,导致目前市民参与的热情并不是很高,一直未能真正实现其价值,很多市民宁愿被雾霾污染所困扰也不愿去减少污染。原因可能在于法律法规并没有对市民参与的原则上做出具体的规定,缺乏强制性与执行性,导致市民还没有真正从意识上主动参与到雾霾治理中。

六、结论与建议

在建构行动者网络的动态过程中,个人或组织,不管是转译者或是被转译者都应该承担起应有的责任。面对雾霾治理,政府、企业和公众等主体要团结一致、协同合作,凝聚为紧密而又高效的行动者网络。以《环境保护法》和《大气污染防治法》为强制通行点(OPP),政府部门尤其是环保机构承担核心行动者的重任,既有常态化治理制度也有应急性治理举措。

(一)政府主动承担责任,将经济增长与生态文明、重大民生问题相结合,转变经济发展方式、优化产业结构

雾霾作为一种公共健康危机,"政府作为公共事业管理的核心与主体,理应对造成公共健康危机的各种深层根源进行反思,并承担起应有的伦理责任。[17]"如果想要有效治理雾霾,政府就必须承担起在整个治理过程中的宏观指导职责,发挥公权力作用,充分调动各行动者主体的积极主动性。地方政府之间加强合作,环保部门打破地方保护,强化垂直管理和区域性的雾霾治理。雾霾治理有目标、有方向,并合理分配好各个部门应尽的职责,才能有效实现雾霾污染的治理。在职责定位上,确定政府为环境第一责任人,并建立环保问责制;将环保绩效作为干部的一项重要政绩来考核,实行环保工作一票否决制;对不履行环境责任造成环境违法事件的相关责任人,坚决追究责任。政府严格控制高耗能、高污染的产业,严格控制在生态脆弱或者环境敏感地区建设高耗能、高污染的项目;其次是发展节能减排的循环经济,完善环境经济发展政策,实行优胜劣汰的策略,淘汰一些已经落后的产业,加快促进能源结构的转变,促进低碳消费、能源清洁化,以太阳能、地热能、风能等可再生能源和清洁能源为开发重点,积极完成产业升级与改造。

(二)在强制通行点(OPP)的框架下,严惩背离或破坏雾霾治理行动者网络的不良主体,奖励积极行动者

奖惩分明的政策供给才能使每一个行动者意识到"背叛"会付出极大成本、合作能够获得收益。健全雾霾治理中的法律监督和奖惩制度显得非常必要。如果没有好的监督和惩罚体系,再好的法律和行政规定也形同虚设。目前现有的环境保护监督体系能够使社会、经济、环境和谐发展,有效地治理雾霾。关键是如何提高可操作性,真正做到"有法必依、违法必惩、守法必奖","严重污染环境"的入刑。《大气污染防治法》共有 129 条条文,其中法律责任条款就有 30 条,规定了大量的有针对性的具体措施,并有相应的处罚责任。具体的处罚行为和种类接近 90 种,提高了这部新法的操作性和针对性。赋予环保部门直接行政强制执行权,如查封、扣押、没收、停产等强制措施的权力。因此,现在必须要完善环境保护中关于雾霾治理的法律依据和司法、行政等部门的有效配套的解释条令及具体的奖惩条款。并且要在法律法规中明确规定各级政府、企业和市民在雾霾治理中的责任与义务,严格明确责任落实制度,确保规划执行的高效性。法律监督已经成为雾霾治理的必要条件。

(三)优化雾霾治理政策工具的应用结构

雾霾治理网络中的行动者具有"异质性"特点,其物理、社会边界各不相同,利益诉求差别很大,提高政策工具的应用频率与效率,不能只是片面考虑几个因素,要综合各个方面的因素。图 2 为不同性质的雾霾治理政策工具。

对于像雾霾污染这样的综合性问题,要将市场作为重点利用的工具,因为自发的市场调节能有效地激发雾霾污染的制造者参与到治理中的积极性和主动性。能主动地参与到治理中就说明其自身已经认识到问题的严重性,他们将会主动采纳和落实各项政策及要求。不过如果只是单一地利用市场这一种类型的工具将会出现失灵的现象,所以要结合强制性政策工具、非

强制性政策工具和混合型政策工具的优点,相互制约才能最终实现政策工具效率的最大化。在完善工具应用结构的同时,要仔细分析每种公共政策的特殊性和着重点,利用符合该政策的工具去实施,只有像这样有针对性地利用政策工具,才能起到立竿见影的效果。

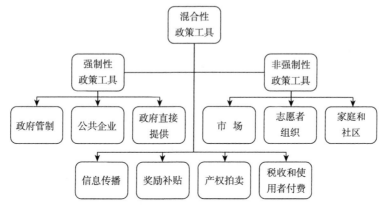

图 2　优化雾霾治理政策工具应用结构

(四)完善雾霾治理的市场机制

市场机制可以改善单靠政府力量去治理雾霾中的不足。建立良好的环境资源价格体系可以有效控制资源使用量并实现资源的合理利用,用资源的使用价格与稀缺程度结合的方法去更好地提升资源的利用率。完善超标与排污的收费制度,避免让一些不法分子有利可图,要依据具体的情况而制定合理的收费标准。在雾霾治理中推行政企合作方案,不单纯依靠政府力量,而是结合以市场为导向的方法,积极引导企业使用清洁能源和对资源的循环利用,使企业从源头就参与到雾霾治理的工作中,使企业在雾霾治理中由被动接受变为主动治理,这将大大提高雾霾治理的效率。

(五)公众不仅有举报权,也拥有起诉权,是打破雾霾治理地方保护的关键举措

"健康是个人的一项基本权利,平等的公民有权利要求政府公平地提供保障其健康所需的社会条件,或者说,有平等权利的个人有权利要求得到公平的健康。[18]"雾霾对人体健康危害之严重,穹顶之下,概莫能外。"环境保护,人人有责"作为我们雾霾治理的口号无可厚非,值得提倡,关键是公民之"责"如何体现。一方面,公众应该加强对环境保护的自主意识和自觉行动,积极参与雾霾治理,只有全民共同参与到环境保护和雾霾治理中并且调动起市民的参与积极性,才能有效地治理雾霾。另一方面,美国《清洁空气法》规定公民诉讼条款。公民诉讼的原告可以是公民、地方政府或非政府组织。任何人,包括私人的和官方的主体,以及享有管理权而不作为的执法管理机构,都可以成为公民诉讼的被告。相比之下,中国《环境保护法》(2015年1月1日起施行)第 57 条规定:"公民、法人和其他组织发现任何单位和个人有污染环境和破坏生态行为的,有权向环境保护主管部门或者其他负有环境保护监督管理职责的部门举报。"但是可以对污染环境、破坏生态、损害社会公共利益的行为向人民法院提起诉讼的只有社会组织,公民没有诉讼权。《大气污染防治法》也仅有 2 条提到完善环境信息公开制度、引导公众有序参与监督。事实上,公民是雾霾的最直接受害者,"群众的眼睛是雪亮的"等俗语无不彰

气候变化与公共政策研究报告 2017

显公民群体数量和威慑力之大。赋予公民诉讼权必将加快雾霾治理进程,使雾霾治理行动者网络成为真正的"无缝之网"。

（本报告撰写人：崔永华）

作者简介:崔永华,南京信息工程大学公共管理学院副教授。本报告受气候变化与公共政策研究院开放课题"雾霾治理策略:基于行动者网络理论的分析"(14QHA026)资助。

参考文献

[1] 吕晓璨.生态文明视野下的雾霾治理研究[D].武汉:武汉理工大学,2013:72.

[2] 孙鹏举,张鸿飞.关于我国雾霾污染的法律治理对策研究[J].今日湖北旬刊,2014(3):33-35.

[3] 莱斯特·M.萨拉蒙,肖娜.政府工具:新治理指南[M].北京:北京大学出版社,2016:19.

[4] 邰文燕.中国低碳经济发展的财政政策工具研究[D].南京:南京大学,2014:23.

[5] 高原.政策工具视角下成都市节能减排政策研究[D].重庆:西南交通大学,2013:96.

[6] 郭明哲.行动者网络理论——布鲁诺·拉图尔科学哲学研究[D].上海:复旦大学,2008:87.

[7] 拉图尔.实验室生活:科学事实的建构过程[M].北京:东方出版社,2004:17.

[8] 左璜,黄甫全.拉图尔行动者网络理论奠基事物为本哲学[J].自然辩证法通讯,2013,35(5):18-24.

[9] 贺建芹.非人行动者的能动性质疑——反思拉图尔的行动者能动性观念[J].自然辩证法通讯,2012,34(3):78-82.

[10] 阎闻.雾霾治理:能源、环境与社会治理的结构[J].能源,2014(03):90-92.

[11] 张小曳,孙俊英,等.我国雾霾成因及其治理的思考[J].科学通报,2013(13):1178-1187.

[12] 顾益.行动者网络理论视阈下的科技伦理研究[J].自然辩证法研究,2013(2):83-87.

[13] 杨拓,张德辉.英国伦敦雾霾治理经验及启示[J].当代经济管理,2014(04):93-97.

[14] 高洪善.洛杉矶的雾霾治理及其启示[J].全球科技经济瞭望,2014(01):5-8.

[15] 茹少峰,雷振宇.我国城市雾霾天气治理中的经济发展方式转变[J].西北大学学报(哲学社会科学版),2014(02):90-93.

[16] 曾维和.协作性公共管理:西方地方政府治理理论的新模式[J].华中科技大学学报(社会科学版),2012(01):49-55.

[17] 史军.公共健康保障中的政府责任[J],河北学刊,2010(1):19-23.

[18] 史军.公平与健康:罗尔斯正义原则的健康伦理意蕴[J].自然辩证法研究,2010(9):84-89.

Haze Governance Strategy:An Analysis Based on Actor-Network-Theory

Abstract:Based on the theory of Sociology of Science-the actor network theory(ANT),this paper analyzed the strategy of haze control in China. In the course of the formulation and implementation of haze control measures,how to combine with the Chinese situation,the implementation of haze governance strategy was mainly discussed and focused on the motivation, action and results of the three layers of each type of actors in the haze governance action network. The government should take its responsibility, to combine the economic growth with the ecological civilization and the major livelihood issues, to change the way of economic development and to improve the industrial structure. Under the framework of the obligatory passage point (OPP), the actor who destroy or deviate from the haze governance actor network would be severely punished, the active actors would be rewarded, and the policy tools for the haze management should be improved. Furthermore, the public should not only have the right of accusation and judicial action.

Key words: haze governance; actor network theory(ANT); public policy

我国雾霾治理的政府工具研究

摘　要:雾霾已成为我国环境治理的"痼疾"和最迫切希望解决的问题,政府在雾霾治理过程中承担着不可推卸的主要责任,这不仅是民众的期望,更是我国政府职能转变和加强服务型政府建设的内在要求。政府工具作为政府部门为解决社会公共问题或达成一定的政策目标而采取的手段和机制,理应成为我国雾霾治理研究的一个崭新的视角。本文在分析我国雾霾治理研究兴起的背景、研究述评、思路方法的基础上,合理界定了政府工具的内涵、类型与模型,并指出了我国雾霾治理的政府工具的现实困境,在合理借鉴国外经验的基础上,提出了我国雾霾治理的政府工具优化的策略,为我国雾霾的治理提供了丰富的理论基础和行动策略。

关键词:雾霾　治理　政府工具

一、导论:我国雾霾治理研究的兴起

(一)我国雾霾治理研究兴起的背景

人与环境之间的关系是人类社会发展进程中一个历久弥新的话题。毋庸置疑,环境是人类进行一切社会活动不可或缺的基础条件。自改革开放以来,中国社会发展取得了举世瞩目的成绩,但"中国经济的快速增长、城市化和工业化,使中国加入了世界上空气污染和水污染最严重的国家之列。环境污染给社会和经济发展带来了巨大代价"[1]。2012 年党的十八大首次提出"美丽中国"并将生态文明纳入"五位一体"总体布局以来,习近平总书记在各个场合多次提到生态文明理念,诸如绿水青山就是金山银山、APEC 蓝等,广为国人所熟知,标志着我国生态文明和环境治理提上了新的日程。

然而,2013 年,我国大部分地区特别是快速发展的城市群区域出现了大规模、长时间的"雾霾天气"①,让"雾霾"一词与人们日常生活紧密联系起来,而 PM$_{2.5}$ 也成为网络热词之一。根据中国环境监测总站发布的《2013 年中国环境状况公告》显示,"中国气象局基于能见度的观测结果表明,2013 年全国平均霾日数为 35.9 天,比上年增加 18.3 天,为 1961 年以来最多。中东部地区雾和霾天气多发,华北中南部至江南北部的大部分地区雾和霾日数范围为 50~100 天,部分地区超过 100 天","环境保护部基于空气质量的监测结果表明,2013 年 1 月和 12 月,中国中东部地区发生了 2 次较大范围区域性灰霾污染。两次灰霾污染过程均呈现出污染范围广、持续时间长、污染程度严重、污染物浓度累积迅速等特点,且污染过程中首要污染物均以 PM$_{2.5}$ 为主。其中,1 月份的灰霾污染过程接连出现 17 天,造成 74 个城市发生 677 天次的重

---

① 雾霾是雾和霾的组合词,是雾和霾的统称。雾是由悬浮在空气中的冰晶或者微小水滴凝结而成的,其构成状态为气溶胶系统。而霾则主要指的是悬浮在空气中的硫酸、硝酸、灰尘、有机碳氧化物等粒子的混合物,其中直径小 10 微米的,称为 PM$_{2.5}$、PM$_5$ 等。我国已经将雾霾作为灾害性天气现象进行预警预报,统称为"雾霾天气"。

度及以上污染天气,其中重度污染 477 天次,严重污染 200 天次。污染较重的区域主要为京津冀及周边地区,特别是河北南部地区,石家庄、邢台等为污染最重城市。2013 年 12 月 1—9 日,中东部地区集中发生了严重的灰霾污染过程,造成 74 城市发生 271 天次的重度及以上污染天气,其中重度污染 160 天次,严重污染 111 天次。污染较重的区域主要为长三角区域、京津冀及周边地区和东北部分地区,长三角区域为污染最重地区"[2]。雾霾锁城现象的出现值得我们深思,充分暴露了"先污染后治理"粗放型社会经济发展方式的软肋,凸显了中国生态环境赤字的短板。

近三年来,雾霾已然成为时下热点问题,媒体对雾霾的关注也是与日俱增。例如,2015 年,前央视记者柴静对雾霾深入调查的短片《穹顶之下》引起了轩然大波,虽然人们对柴静的报道持有不同意见,但在人们心中引起强烈反响,形成"尽快解决雾霾,改善生态环境"的共鸣。雾霾天气使人们感受到了呼吸之"重"与"痛":雾霾对人的身体健康伤害极大,例如 PM$_{2.5}$ 能深入人体器官,影响人的免疫力,甚至沉积在呼吸道和肺部,轻则引起过敏、哮喘,重则引起肺炎、肺阻塞和心血管疾病乃至死亡,甚至有研究指出,"在出现大范围、持续性严重雾霾天气的约 7 个年头后,会发生肺癌高发期现象"[3];雾霾也会影响公众生活的满意度,有学者采用结构方程的方法实证验证了雾霾等空气污染对我国民众生活的满意度的提升带来了显著的负面影响[4];雾霾会使区域极端气候事件频发,会形成空气二次污染,例如,"光化学烟雾对人类健康的危害程度往往超越人们的想象程度"[5];雾霾最终会影响经济增长速度,甚至导致经济负增长,据亚行和清华大学联合发布的研究报告,中国空气污染每年造成的经济损失,以疾病成本估算约为 GDP 的 1.2%,以支付意愿估算则高达 GDP 的 3.8%,以 2011 年中国 GDP 为 471564 亿元计,每年损失分别为 5658.8 亿元和 17919 亿元,疾病成本估算值的经济损失值为 2004 年 1527.4 亿元的 3.7 倍。因此,雾霾治理已经成为一个关系到国计民生的重要社会政治议题和亟须解决的问题。

(二)我国雾霾治理与政府工具相关研究概评

雾霾已成为我国环境治理的"痼疾"和最迫切希望解决的问题,社会公众将雾霾治理的希望寄托于政府,政府在雾霾治理过程中承担着不可推卸的主要责任,因而政府加强大气管理、治理大气污染职能愈加显得重要和必要,更是我国政府职能转变和加强服务型政府建设的内在要求。政策工具作为政府部门为解决社会公共问题或达成一定的政策目标而采取的手段和机制,理应成为我国雾霾治理研究的一个崭新的视角。

20 世纪八九十年代以来,政府工具的研究成为西方政策科学研究的一个焦点问题,在西欧和北美各国逐渐兴起,人们对政府工具的相关理论建构做了不少尝试,如英国学者 C. Hood 的论著《政府工具》、B. Guy Peters 和 Frans K. M. van Nispen 主编的《公共政策工具——对公共管理工具的评价》、Lester M. Salamon 等主编的《政府工具——新治理指南》。而国内对政府工具的研究才刚刚起步,大部分是对西方学者书籍的介绍,散见于较少数的专业教材和论文,如陈振明的《政府工具研究与政府管理方式改进——作为公共管理学新分支的政府工具研究的兴起、主题和意义》、张成福的《论政府治理工具及其选择》,张璋的《理性与制度—政府治理工具的选择》,但远未成熟,缺乏对政府工具进行深入的理论研究和实证分析的研究成果。但整体而言,政府工具研究正成为当代公共管理学理论研究的一个新的分支学科和当代公共管理实践的一个新的重大课题。

就雾霾治理而言,国内外学者主要是从技术研究的角度进行研究,其成果一般从物理、化学等角度探寻了我国霾污染、大气污染的成因,尤其注重对雾霾污染监测技术的研究和通过技术手段对雾霾污染的治理。但是,雾霾治理不但需要从自然科学角度进行,更需要政府大力支持和政府工具的有效选择。西方国家提出和实施了许多应对的技术措施和宝贵经验,如英国主要通过立法的形式,美则将重点放在限制机动车及电厂排污上,而日本则把重点放在与中央地方携手治理的方面。国内学者也从法律、政策和协同治理的角度进行了研究,但就政府工具的视角对雾霾治理进行研究的成果尚未系统开展。因此,我国雾霾治理的政府工具研究成为一个亟须解决的研究课题。

(三)研究方法和思路

本文主要试图从政府工具这一特殊的角度探寻一种不同于以往研究的视角来审视我国雾霾治理这一关乎国计民生的重大社会公共问题。一方面,针对转型期的中国所面临雾霾污染问题的巨大压力,通过选择恰当的雾霾治理工具来治理雾霾,实现人与自然和谐相处,保证我国经济不断发展,依然是一个重大课题。关于中国雾霾治理政府工具的选择及其实施效果等问题的研究是和人们的实际生活、国家可持续发展战略目标紧密联系在一起的,具有重要的现实意义。另一方面,中国雾霾治理的政府工具研究是对政府工具理论和政府改革理论的有益补充和深化发展。因此,对于我国雾霾治理政府工具的讨论和研究的相关问题,其实质是把公共管理学曾经对于政府治理结构的片面研究全面化,深入研究我国雾霾治理工具。因而,探讨中国雾霾治理领域的政府工具问题,可以为我国转型中的政府体制和其影响方式提供宝贵的实际素材和理论基础。

为此,本文主要研究方法具体如下。

(1)文献法。通过国家图书馆网站、中国期刊网和西文过刊等数据库、百度和 Google 等搜索网站进行充分的文献检索,从政府工具和雾霾治理两个领域对与本研究相关的国内外文献进行收集、分析和整理,为本研究的开展提供丰富的资料和研究问题支撑,在此基础上形成研究综述,为研究方法和研究内容提供经验借鉴和新的突破方向。

(2)案例法。本研究精选出英国、美国、日本等国家关于雾霾治理的政府工具选择,对其进行重点剖析和深入研究,并希望能从中发现一些普遍性结论,得出启示性结论,当然,由于个案研究中特殊与一般的关系,通过个案研究得出结论的解释力也是有限的。毕竟,质的研究更需要深入反映事物的本质和规律,并不是要获得统计学意义上的可靠性或代表性,目的在于最后能形成一种既有逻辑分析,又有案例支持的理论与实践相结合的成果。

通过上述分析,本文的思路主要立足于我国的基本国情和雾霾形成的特殊机理,从政府工具的视角,采用文献法、案例研究法,在合理借鉴发达国家治理雾霾经验的基础上,以期科学地构建中国雾霾治理的政府工具体系,进而为中国雾霾的有效防治提供必要理论支撑和政策建议。

二、理论之基:政策工具的研究范式

在以公共政策为主要手段的政府治理过程中,选择何种政策工具对于政策目标能否实现有着重要影响。随着政治学界关注的重点由政治哲学层面上关注政府活动的领域和范围逐步转向政府采用什么手段来对经济、文化、社会生活的干预,即政府选择何种公共政策工具达成公共目标,人们对政策工具的研究产生极大的兴趣。尤其是 20 世纪 90 年代以来,政策工具的研究成为西方政策科学研究的一个焦点问题,在西欧和北美各国逐渐兴起,人们从工具的角度对公共政策做了大量的经验性研究,对公共政策工具的相关理论建构做了不少尝试。而国内,政策工具的研究才刚刚起步,大部分是对西方学者书籍的介绍,散见于较少数的专业教材和论文,缺乏对政策工具进行深入的理论研究和实证分析的研究成果。因此,有必要对政策工具的内涵、类型和选择模型进行系统梳理和深入剖析,以便为我国雾霾治理的"政策工具"因素的研究提供必要的理论基础和丰富的智慧来源。

(一)政策工具的内涵

学术界对政策工具的表述,仁者见仁,智者见智,亦称其为治理工具、政府工具、政策手段或施政工具等。"初看起来,'政策工具'的概念似乎很简单,然而,事实上,对工具概念的描述还是十分困难的。对现有文献的研究会为我们提供大量不同的均可被看作'政策'工具的现象。但是,其中却没有连贯性的迹象可言。[6]"国外学者萨拉姆认为,"政府治理工具又称公共行动的工具,它是一种明确的方法,通过这种方法集体行动得以组织,公共问题得以解决",而 B·盖伊·彼得斯等却认为,"政策工具是政策活动的一种集合,它表明了一些类似的特征,关注的是对社会过程的影响和治理"。国内学者张成福等认为,"政策工具又称为治理工具,它是指政府将其实质目标转化为具体的行动路径和机制,政策工具乃是政府治理的核心,没有政策工具,便无法实现政府的目标"。而台湾学者李允杰和丘昌泰则认为政策工具的内涵大致存在三种观点:一是"因果论",认为政策工具是系统探讨问题症结与解决方案之间因果关系的过程,该定义过于宽泛;二是"目的论",认为政策工具是有目的行为的蓝图,但没有突出政策工具的特色,有将其等同于政策方案之嫌;三是"机制论",认为政策工具是将政策目标转换为具体政策行动的机制,政府在不同的场合运用不同组合的工具来实现政策目标[7]。

通过对上述学者关于政策工具的论述,本文认为:首先,政策工具的主体是政府,只有政府采用的工具才能称之为政策工具;其次,政策工具具有法定的权威性;再次,政策工具同政策目标紧紧联系,政府只有通过政策工具这种手段和机制才能实现政策的目标。因此,政策工具是政府部门为解决社会公共问题或达成一定的政策目标而采取的手段和机制。

(二)政策工具的分类

由于分类标准的差异,研究者们对政策工具分类的探讨存在很大分歧。20 世纪 60 年代早期,德国经济学家基尔申最早提出 64 种类型的政策工具,许多国外学者随后都做过类似的研究,但他们的划分倾向于对复杂的政策手段进行笼统划分,如将工具视为规制性工具和非规制性工具,萨拉蒙在此基础上增列了开支性工具和非开支性工具,而胡德则提出一种更系统性的框架,认为所有政策工具都使用了四种广泛的"治理资源"之一,即政府通过所掌握的信息(节点)、法律赋予的权力(权威)、它们的资金(财富)以及可利用的正式组织来处理公共问题,麦克唐纳和艾莫尔则将政策工具分为命令型工具、激励型工具、能力建设型工具和系统变迁工具等。陈恒钧和黄婉玲参照萨拉蒙对新治理范式下政策工具的分类,综合其他学者的观点,将政策工具归纳为以下四种类型。①直接型工具,其特征为产品或服务皆由政府提供,鲜有企业和非营利组织参与,政府在整个过程中扮演主导者角色,并与顾客建立直接互动关系。这类工具包括设立法人组织、经济管制、社会管制、直接贷款、税式支出、财政补助、课税与规费罚款等。②间接型工具,其特征为政府在其中扮演领航者角色,产品或服务由政府提供,或者由企业、非营利组织提供,也可能由公私合作共同提供。这类工具包括签订契约、贷款保证、政府保险、买卖许可、凭单、特许经营。③基础型工具,其特征是政府扮演协助者角色,通过应用该类工具,协助机构本身或企业、非营利组织来达成目标。这类工具包括公共服务(提供产业发展必需的基础设施)、法规制定、金融体系(健全金融体系内的相关制度)。④引导型工具,其特征是政府主要扮演催生者的角色,不直接涉及最终产品或服务的提供。这类工具包括公共信息(发布信息以影响目标群体行为、举行听证会以收集信息)、能力建设(通过教育、技能训练来培育提升目标群体的能力)、组织联盟、奖赏鼓励。

需要指出的是,本文认为比较具有代表性的关于政策工具分类的方法,是由加拿大学者布鲁斯·德林和理查德·菲德提出的,他们主张以政策工具的强制性的程度为标准进行分类,认为"自律"是强制性最弱的政策,而"全民所有"则是强制性程度最高的政策。按照在提供公共物品和服务的过程中政府干预程度的高低,分为强制性工具、混合性工具、自愿性工具。该分类具有明显的优势,按照政府对社会干预的程度进行划分,明确分为三个大的类型,在每一类中,又划分不同的工具,其中自愿性工具包括家庭与社区、志愿者组织和市场等;混合性工具包括信息与规劝、补贴、产权拍卖和税收与使用者付费等;强制性工具包括管制、公共企业和直接提供等[8]。这种划分对现实中的政策工具进行了很好的说明和解释,也具备分类研究的要求,能够很好地理解政策工具,对其合理学习和研究可以为研究我国雾霾治理具体情境中的政策工具问题提供有益借鉴。

(三)政策工具选择的模型

"对政策执行的工具选择方法源于这样一种观察:政策的执行在很大程度上涉及把政府的一种或多种基本工具应用到政策问题当中去。"关于政策工具的选择,大致有三种模型:经济学模型、政治学模型和综合模型。经济学模型尝试运用经济学的理论假定、概念框架和分析方法来研究政策工具的选择,却忽视了影响政策工具选择的诸多复杂因素;政治学模型在经验层面上把研究焦点放在各种政治力量上,力图把握政策工具的复杂性,归纳出政策工具选择的模型,却对于行动主体的偏好如何形成没有足够概念化。

而综合模型则充分汲取了前两种模型的优势,根据两个相互联系的总体变量(国家计划能力的大小和子系统的复杂性)和四种类型政策工具(市场;家庭或社区;管制,公共企业,或直接规定;混合工具)进行构建的,解释了工具选择的观点给政策执行研究所带来的大体预期。该模型中有以下几种假设。①国家能力强,政策子系统高度复杂。当政府面对的社会行动者的类型和数量比较多且彼此间相互冲突时,政府难以辨析孰优孰劣。如果政府对社会具有较强的管制能力,可以利用市场工具实现自由竞争和资源配置。②国家能力强,政策子系统低度复杂。当政府对于社会行为者的管制能力较强,且面对的社会行为者的类型比较单一、数量不多时,决策者可以采用管制、公共企业、直接提供等强性质的政策工具。③国家能力弱,政策子系统高度复杂。在这种情形下,政府没有足够的能力进行管理,只能采用自愿性工具,如家庭与社区、志愿者组织,借助社会民间的力量来推行政策。④国家能力弱,政策子系统低度复杂。

在这种情形下,决策者可以根据实际情况选用混合性的政策工具,比如信息和规劝、补贴、产权拍卖、税收和使用者付费等。因而,综合模型也是本文研究参照的一个重要模型。

三、现实问题:我国雾霾治理工具之局限

就实质而言,政府工具的选择是多元利益主体基于各自利益与价值的考量相互妥协而做出的次优选择,由于实践者目标不一样,研究的期待不同,所以在各种政府工具的分析中所采用的标准和尺度都是不一样的,导致雾霾治理的工具选择过程中,我国雾霾治理的政府工具的选择不是随意的,是在一定特殊目标导向之下多种利益主体共同作用下的产物,不同政府工具的采用,必然会产生各种不同的结果。根据本文采用的加拿大学者布鲁斯·德林和理查德·菲德提出的"强制性工具、混合性工具、自愿性工具"三种类型,结合我国雾霾治理的具体实践,可以看出目前我国雾霾治理工具存在的问题与局限。

(一)强制型工具视角

强制性政府工具也被称为直接政策工具,它借助于国家或政府的权威及强制力,迫使目标群体及个人采取或不采取某种行为,以此来实施公共政策,解决社会公共问题。包括规制、公共企业、直接提供。强制型政府工具是目前我国雾霾治理使用最广泛的工具。首先,该工具虽有强制的指导性和限制性,往往可以体现国家意志,但过多地使用致使在现实中的执行成本要高于混合型和自愿型工具,不能满足现在经济和市场的发展变化的趋势,自然也就不能满足我国在保持经济稳步增长的同时治理雾霾的基本要求,最终的施行效果却并不尽如人意。其次,标的失准。强制型工具的一大特点就是强制的统一性,这种统一性既在于任何人、任何企业都必须遵守,又在于某一城市或某一地区执行统一的减排标准,忽视了要根据不同企业的特殊情况来制定相应的标准。不论大企业还是小公司所有节能减排的标准一刀切,但现实中大企业污染大,自然应该更多地为治理雾霾加大投入,而小公司污染少、资金也有限,不应该与大型企业执行统一标准,长此以往,小企业就会失去治理的热情,政府在雾霾治理工具选择上的预期也就不能达到。第三,处罚过轻。首先,我国在雾霾的监管机制上已经存在着不小的疏漏,对于污染的监管不够及时,而同时在大气污染的处罚上也显得过于宽容了。例如,扬州的环保部门对于各个企业的废气排放采取的是不定期抽查,但抽查的频率实在过低,半年甚至一年抽查一次,对于违规排放的企业处以 20 万元到 50 万元不等的罚款并责令整改。殊不知在这半年或一年之中,不少企业通过这种违规生产所获得的收益远远高于处罚带来的损失,雾霾问题难以根治也就见怪不怪了。

(二)自愿型工具视角

自愿型政府工具是指通过个人、家庭、社会组织或市场发挥作用,在自愿的基础上解决公共问题的手段、途径和方法,包括家庭与社区、自愿性组织、市场。相较于传统的强制型工具和混合型工具,新兴的自愿型工具具有它自身难以替代的优点。自愿型工具是独具特色的,它是基于近些年大众媒体、自媒体、数字政府等现代化传播手段的一种具有高参与度、透明度的政府工具,是实现低成本治霾的一条重要途径。但是,也是基于这些特性,自愿型工具也要比传

统政府工具更加脆弱。首先,关于保障自愿型工具的相关法律是缺失的。公众高效有序地参与雾霾问题的治理必须依仗相关法律对于公众相应权责的界定,即对公众法律地位的再定位。而事实上,这在目前来说是模糊的,公民在没有明确活动范围和程序的情况下参与治霾,他们的主张、利益显然是得不到保障的。其次,自愿型工具是一种新型治霾选择,它在治霾的效果上是缺乏参照性的,再加上,公民在实际参与中的诉求并不能很好地被回应,所以参与热情得不到长久的刺激。公民本就是松散的群体,又缺乏保障和热情,自然很难形成一个强有力的组织,这导致自愿型工具的力量相对孱弱。

(三)混合型工具视角

混合型政府工具兼有自愿型工具和强制型工具的特征,在允许政府将最终决定权留给私人部门的同时,还可以不同程度地介入非政府部门的决策过程。包括信息与劝诫、补贴(赠款、税收激励、票证、利率优惠)、产权拍卖、征税和用户收费。混合型工具的特点在于立足于市场,自我调节能力强,执行成本远低于强制型工具且效率往往要比强制型工具更高。混合型工具在发达国家运用广泛,几乎是发达国家对于环境问题治理的首选工具,如欧盟的碳排放税,就是充分利用了市场补偿性调节的优势,对于二氧化碳的排放做出了高效的管理。但是,我国在此方面还处于起步阶段,对于市场的熟悉程度是远低于西方发达国家的,所以我国主要体现在混合型工具运用不足和不能充分发挥作用。雾霾治理的政府工具的选择在以市场为基础的混合型工具的选择面是比较狭窄的,而就在这些为数不多的混合型工具中实质上有不少还是"外市场内政府"的伪混合型工具。另外,就目前的外部条件来看,混合型工具的有效运转是很困难的。我国的市场发育并不健全,很多规章制度还有待制定,而既有的市场政策又缺乏监管,导致现在的外部大环境实际上是不利于以基于市场为主导的混合型治霾工具在我国有效执行的,目前的当务之急,不仅在于加大治霾的投入,而且要优化已有的市场和法律,使市场真正发挥出应有的约束和奖励作用。

四、经验借鉴:国外雾霾治理政府工具的选择

雾霾早已成为全人类的共同问题,许多发达国家的大城市和工业区,包括英国伦敦、美国洛杉矶、法国巴黎、日本东部沿海工业带和德国鲁尔工业区等,在其工业化快速发展阶段同样经历过大气污染和雾霾问题,并通过多年的治理,制定和运用了各种雾霾治理的政府工具,已取得卓有成效的治理方案,在根治雾霾方面积累了一定经验,值得我们借鉴。

(一)主要发达国家雾霾事件治理概述

1. 英国

英国是世界上最早开展工业革命的国家,煤炭的广泛应用曾经导致了英国历史上最为严重的污染。19 世纪末到 20 世纪中期是英国雾霾最为严重的时期,英国伦敦每年平均有 30～50 天处于重度雾霾天气,因此被称为"雾都"。尤其是 20 世纪中叶,英国伦敦由于工业生产和居民生活大量燃烧煤炭,烟尘超量排放,导致"烟尘雾"频频降临。随着雾情愈演愈烈,1952 年

12月5日发生了震惊世界的伦敦烟雾事件,连续4天伦敦城被浓雾所笼罩,伦敦市中心连续48小时能见度不足50米,受毒雾影响大批航班取消,水路交通几近瘫痪、哮喘、呼吸道疾病频发,因吸入污染物而死亡4000多人,事件前后总共造成12000多人丧生,整个社会陷入混乱无序状态。英国政府痛定思痛,在1956年颁布了世界上首部大气污染防治法《清洁空气法》,该法案划定"烟尘控制区",区内的城镇只准烧无烟燃料,同时大规模改造城市居民的传统炉灶,推广使用无烟煤、电和天然气,减少烟尘污染和二氧化硫排放,冬季采取集中供暖,发电厂和重工业设施被迁至郊外等,再加上环保技术的推广应用等措施,对控制伦敦的大气污染和环境保护起到了重要作用。到1975年,伦敦的雾霾天数已经从每年几十天减少到15天,1980年降到5天。进入20世纪70年代以后,交通污染取代工业污染成为伦敦空气质量的首要威胁。英国通过采取有效措施,控制煤炭燃烧,减少尾气排放,如今大气污染已得到有效控制,环境质量也得到根本改善。

2. 美国

20世纪30年代末以来,洛杉矶的发展速度一度领跑美国各大城市,从一个中等城市跻身全球最发达地区,飞机制造、汽车、纺织、轮胎、家具行业等企业和集团在这里生根发芽,盛况空前。伴随经济发展,由于工业污染和机动车排放,空气污染也日益严重,加之洛杉矶特殊的地理位置和气候条件,洛杉矶的雾霾问题越来越严重,到40年代,洛杉矶已经成为美国西海岸雾霾问题最严重的城市。由于洛杉矶大气污染情况的复杂性与特殊性,气象学家称之为"洛杉矶雾霾",是典型的光化学烟雾,由大量碳氢化合物在阳光作用下与空气中其他成分发生化学作用而产生的,这种烟雾中含有臭氧、氧化氮、乙醛和其他氧化剂,不仅严重损害了洛杉矶市民的健康,给农业带来严重损失,还导致交通事故频发。自20世纪40年代开始,洛杉矶全城除炼油厂、供油站等工业企业的石油燃烧物排放外,还有超过250万辆汽车的尾气排放,洛杉矶远远看去犹如一个巨大的毒烟雾工厂。1944年,距离洛杉矶城100千米海拔2000米高山上的大片松林开始枯死。同年秋季,柑橘出现严重减产。到了50年代,空气污染灾害变本加厉。仅1950—1951年一年时间内,美国因大气污染造成的经济损失高达100亿美元,超过400人因呼吸系统衰竭而死亡。最严重的是1955年,短短几天时间内,数百位老人死于呼吸道疾病。接踵而至的惨剧促使美国政府在当年通过了《空气污染控制法》,赋予环保机构立法、执法、处罚权,并通过监控、技术改进和强制执行等相结合的方式开展工作,通过信息公开、排污许可证和动员全民参与的方式推进节能减排。洛杉矶市、郡两级政府和加利福尼亚州政府针对雾霾问题,采取查找雾霾根源、设立专门机构、完善防控雾霾立法等一系列措施,经过长期努力,洛杉矶的空气质量大为改善,雾霾问题基本得到解决。

3. 德国

20世纪中期,德国的鲁尔工业区曾出现过严重的空气污染状况,鲁尔工业区的莱茵河曾泛着恶臭,两岸森林也尽遭酸雨之害。德国主要通过立法制定排放标准,完善长效机制和应急举措,加强民众环保宣传教育等来防治雾霾天气。德国治理雾霾的措施主要如下。①立法制定排放标准,推动环保技术创新。1974年,德国出台了《联邦污染防治法》,主要对大型的工业企业进行约束,制定排放标准,要求现有企业在规定时间内更新过滤装置,达到更高的排放标准,新成立企业在申请时就必须严格遵守法律规定。时至今日,该部法律经过多次修改和补充,已成为德国最重要的法律之一,这项法律后来成为欧盟范围内的典范,该法也成为环保技术创新的推动力。②设立环保区,提倡绿色出行。目前,德国超过 40 个城市设立了"环保区域",各地区都制订自己的空气质量计划,不符合排放标准的汽车不允许驶入环保区。同时,德国还提倡绿色出行。作为世界最主要的汽车生产国之一,德国许多公司 80% 的员工每天都乘公共交通或骑自行车上班,减少私人汽车出行在德国国民当中已经成为一种时尚。③提升环保意识,促进人与自然和谐发展。德国注重加强民众环保宣传,教育和提高全民环保意识。例如,车辆应安装尾气排放颗粒过滤装置,工厂自觉减少排污,农户发展生态农业,优化饲养种植方法,建议民众长途出行时选择乘坐公共交通工具,短途出行时则选择骑车或步行,私家车尽量选择排量小、污染小的车辆,居民生活多使用节能家电,并尽可能使用可再生能源。④建立长效机制,快速应对严重污染。为减少雾霾天气,德国还采取一些长效机制提高空气质量。对所有机动车设定排放标准,如对小汽车、轻型或重型卡车、大巴、摩托车等各类车辆都设定排放上限;严格大型锅炉和工业设施排放标准;规定机械设备排放标准。如果空气出现严重污染,立即采取行动快速应对:对部分车辆实施禁行,或者在污染严重区域禁止所有车辆行驶;限制或关停大型锅炉和工业设备;限制城市内建筑工地施工。此外,还禁止燃烧木头、焚烧垃圾等行为。

4. 日本

20 世纪初,日本进入高速发展时期,经济发展以钢铁业和采矿业为主。工业的发展给环境带来了巨大的压力,深受空气污染影响。战败后,日本的采矿业陷入停顿,空气污染一度缓解,但战后经济复兴让一切死灰复燃。战后,日本大力推动以京滨、中京、阪神、北九州等四大既定工业带为核心、以"太平洋条形地带构想"为基础的"新产业城市"规划。在这一过程中,由石化产业造成的"联合企业公害"开始出现,最典型的莫过于"四日市公害"。1961 年,日本四日市由于石油冶炼和工业燃油产生的废气,严重污染的大气引起居民呼吸道疾病骤增,尤其是哮喘病的发病率大大提高。1964 年,四日市连续 3 天浓雾不散,严重的哮喘病患者开始死亡。1967 年,一些哮喘病患者不堪忍受痛苦而自杀。到 1970 年,四日市哮喘病患者达到 500 多人,有 10 多名哮喘病人死去,实际患者超过 2000 人。在这种情况下,日本政府开始重视环境问题。先是开始调集专家分析大气污染的原因,得出结论主要是由于光化学烟雾,污染的主要来源是工厂和汽车排放的废气。找到根本原因后,政府开始分阶段进行治理。前 20 年主要聚焦在对工厂的治理上,在 20 世纪 70 年代,日本制定了一系列极重要的法律原则,到 80 年代,基本上已经完成了对工厂的污染治理;后 30 年致力于汽车污染治理,例如,从 2003 年开始,东京立法禁止柴油发动机汽车进入,2004 年,已经开始使用油电混合动力出租车,还致力于公共交通的建设,降低公众的汽车使用频率,绿色出行,降低汽车尾气排放。同时在治理期间日本政府一直注重城市绿化,目前雾霾问题已经基本解决。

(二)发达国家雾霾治理政府工具的综述

1. 强制型工具的使用:制定严格法律制度和标准

强制性工具包括管制、公共企业和直接提供等,主要是指在相关法律基础上的标准、禁令和许可证(配额)等手段。在 1952 年出现了震惊世界的"伦敦烟雾事件"后,英国在 1956 年颁布了世界上首部大气污染防治法《清洁空气法》,规定城镇使用无烟燃料,推广电和天然气,冬季采取集中供暖,发电厂和重工业设施被迁至郊外等,1974 年的《控制公害法》又囊括了从空气到土地和水域的保护条款,添加了控制噪音的条款,相继颁布的法令严格执行成为"雾都"获得新生的保证。美国在 1955 年也颁布了《空气污染控制法》,针对 20 世纪 60 年代前后洛杉矶光化学烟雾等事件,1963 年和 1967 年又分别颁布了《清洁空气法》和《空气质量控制法》。为了控制汽车尾气排放,于 1965 年出台《机动车空气污染控制法》。其后,《清洁空气法》又分别经过 1970 年、1977 年和 1990 年的修正案等多次修正而逐步完善,建立起有关大气污染防治的一个完整的法律规范体系。日本于 1968 年制定了《大气污染防治法》,1990 年最后一次修订后实施至今,依据相关法律按机动车种类制定严格的排放标准、燃油标准。欧盟等国家也相继制定大气污染防治法,对汽车尾气排放设定了严格标准,分别于 2005、2008、2013 年实施了"欧 4""欧 5""欧 6"标准。这些大气污染防治的法律成为各国进行大气污染和雾霾治理的法律依据。

2. 自愿性工具的使用:市场与民众参与

自愿性工具包括家庭与社区、志愿者组织和市场等。首先,可积极借助市场的力量来进行调节。美国是典型的市场经济国家,利用市场手段解决空气污染问题是它最大的特点。因此,美国治理雾霾天气很大程度上是使用财政方法,设立专项资金,提供优惠贷款。美国国家设立专项基金,对治理空气污染产业提供优惠贷款,以促使该产业的快速、健康发展,美国对能减轻环境污染的环保设施给予贷款,不仅贷款利率低于市场利率,而且偿还条件又优于市场条件。强制性的法律法规是英国环境治理的根本手段,而经济手段则逐渐成为英国污染防治改革的前进方向。经济措施具有持续的刺激作用,通过环境成本内部化,人们逐渐形成自愿减污的环境治理方式,降低治理成本。如征收环境税、排污权交易等,这些措施可以达到降低治理成本、提高环境治理效率的目标;税收优惠方面,比如税收返还、加速折旧等措施,逐步从收入征税转向对环境有害行为征税。其次,积极促成信息公开,保障公众参与大气污染监督的权利。1997年 7 月,美国国家环保局率先提出将 $PM_{2.5}$ 纳入全国空气质量监测标准,并在官网上及时公布,民众可以随时通过手机上网查询自己所在地区的空气质量总体状况,以 6 种颜色表示空气污染程度,绿色表示良好,黄、橙、红色、紫色依次加重,酱红色则表示危险,还将地区空气质量水平按照可吸入颗粒量分为未达标、达标和虽然数据不足但可被认为达标三种,如果该区域被列为未达标,所在的州和地方政府必须在 3 年内达标,并且实时发布到网上,接受民众的监督。英国政府鼓励市民积极参与空气污染的监督治理,通过"伦敦空气"手机软件向用户发送实时空气质量数据,伦敦官方专门开发了 google 的地球图层,供民众通过手机查询实时空气质量数据以及各污染物每小时的浓度和一周趋势图。英国公民在环境问题的讨论、决策、监督和执行上具有深厚的自治传统和强大的社会根基,民间监测组织具有合法性。英国制定的《自由信息法》保障了公民向环保机构索取相关数据不被拒绝的权利。法国政府则主要通过空气质量监测协会监测空气污染物浓度,并向公众提供空气质量信息,法国环境与能源管理局在其官网上每天发布当日与次日的空气质量指数图,并就如何防护和改善提出相应建议。日本加强大气环境保护的宣传,鼓励社会公众绿色消费和绿色出行等,实行自愿性减排。德国民众具有较强的环保意识,在工作和生活中能够自觉地采取各种环保措施,工厂自觉减少排污,居民生活多使用可再生能源等。在德国树木受法律严格保护,移动或砍伐任何树木,须向政府申请,很多大城市中心还设立了自然保护区。

3. 混合型工具的使用:规劝与税费政策

混合性工具包括信息与规劝、补贴、产权拍卖和税收与使用者付费等。首先,许多发达国家政策实施规劝,倡导绿色出行,鼓励公众参与。英国伦敦自 20 世纪 80 年代以来采取了一系列措施来抑制交通污染,包括优先发展公共交通网络、抑制私家车发展以及减少汽车尾气排放、整治交通拥堵等,大力发展新能源汽车,倡导绿色交通,建立 2.5 万套电动车充电装置,购买电动汽车可以享受高额返利,并且免交汽车碳排放税,还可享受免费停车。其次,实施严格的大气污染减排的税费政策。很多发达国家和地区都对大气污染物征收税费,通过提高排放成本,减少大气污染物的排放,其中二氧化硫、氮氧化物、可吸入颗粒物和挥发性有机物都是直接与雾霾相关的大气污染物。为治理空气污染,美国对税制进行多次调整,许多有利于治理空气污染的收费项目改革为规范的税收,如设置了新鲜材料税、生态税和税收优惠等一些组合税收办法。日本鼓励公共交通和绿色交通,如通过财政补贴鼓励使用电动汽车等新能源汽车。挪威、瑞典和丹麦等国家征收专门的硫税和氮税,瑞士、列支敦士登、斯洛文尼亚还专门对挥发性有机化合物征收税费。同时,对于机动车的流动污染源,国外也普遍实行相关税费政策。例如,日本根据机动车排放量征收汽车税、轻型机动车税和汽车重量税,欧盟很多国家则开始进一步将基于排放量征收的机动车税改为按照二氧化碳排放量进行征收,意大利、德国等国家在消费税、能源税等税种中区分含硫量对汽油、柴油进行差别征收,新加坡、意大利罗马和英国伦敦甚至还对进入城市中心区的车辆使用征收拥堵费。

五、路径探析:我国雾霾治理政府工具优化策略

我国在治理雾霾的政策手段选择上,也不外乎是上述发达国家所运用的各种政策手段。当前中国经济发展进入战略性结构调整的新阶段,由于经济发展状况、环境条件各不相同,并不存在一个普遍适用的治理雾霾天气的最优模式。这就需要我国根据本国的实际情况做出相应的政府工具选择,以利于我国雾霾天气的治理。结合国外雾霾治理政府工具的经验和我国实际,本文提出以下我国雾霾治理政府工具优化策略,以供参考。

(一)明确政府责任担当,提升雾霾治理能力

作为政府部门,当决策者在对治霾政府工具进行优化选择时,必须要强调最初的政策预期,如果背离了目标,也就自然很难选择出适当的、成功的治霾工具。当然,这里的目标并不是某个领导个人的喜好,而应该是整个组织集中意志的体现,是明确而理性的存在,这样政府在选择强制型工具时就可以更高效实施。所以,关键在于应该建立健全治霾工具选择集体问责制度,做到制度的完善同时强化监督,具体措施包括以下几方面。①地方环保部门地位和权威的再确立。我国的中央与地方在环境治理问题上的存在统领与被统领的关系,地方环保部门职权范围狭小,对于不少的环境问题并没有实际的立法和执法权,或者因为执法和立法成本过高,如须向中央报备对于某企业废气超排的周期过长,导致地方环境监察部门有心无力,实际上助长了企业的废气排放。这样的环保部门如果选用强制型治霾工具,由于缺乏威信,强制型工具的优势将无法发挥。所以中央须对地方进行适当放权,强化其权威,做到强制型工具的升级优化。②加强环境监察部门处罚力度。强制型工具的实施,在中国的集中体现就是在于有效的监督和处罚。所以,如果想要使既定目标得以实现、强制型治霾工具得到充分利用,有效的监督和处罚必不可少。由于违规成本过低,许多企业对于处罚置若罔闻,也因为环保部门自

身的问题，使得雾霾问题成为痼疾，难以根除。现今，在现实条件之下，地方环保部门应当重新对废气排放等环境问题的处罚条例进行修改，加大处罚力度，顽疾需用猛药，同时要加强监管，虽然因为客观条件大批购进废气自动化检测装置还较为困难，但可以增加废气抽查的频率。当然，仅靠处罚自然过于偏激，所以需要引入适当的奖励机制，提高企业自己抑制排放的热情。③明确各级政府的分工。目前，我国雾霾治理的管理体制过于琐碎，层级划分复杂，但各层级之间的权责划分却很模糊，相互界定不清，在治霾工具选择适当之时，难以找到对此负责的部门，这种暧昧的层级制严重桎梏了雾霾的治理，也分散了参与者的力量，浪费了资源，更有甚者，部门之间相互掣肘，使得政府工具即使选定也难以执行，效率低下。所以，在市场经济不断发展和不断深化改革的情况之下，现行的层级制势必应当转变甚至重组，明确各个部门的权责，使得每个部门在雾霾治理问题上更专业，更有针对性。

（二）重视践行，注重多种政府工具的优化和组合

尽管国内也制定了《大气污染防治法》，2013 年还专门出台了《大气污染防治行动计划》，但国内长期以来对环境污染和大气污染问题的严重性和危害性认识不足，"先污染、后治理"的道路依然在延续，这个观念不加以改变，治理雾霾的道路将还会很遥远。根本上而言，国内目前治理雾霾的问题不是缺少政策手段，而是缺乏对大气污染和雾霾问题的重视和对各项治理政府工具的贯彻落实。同时，还要注意多种政府工具的优化组合。如果把某一项公共政策的制定和实施过程看作是一个对于公共资源进行再分配的过程，那么在雾霾治理中，只有多种政府工具在同一时间段内同时有效地协作使用，才可能发挥出更加具体的作用。任何一种新型的政府工具的使用都会是对于既有的政策结构的一次挑战，因为任何雾霾治理的政府工具都各具特色，有优点当然也就有缺陷，都会在实际执行中受到各类现实因素的掣肘。在现实的执行过程中，各种不同种类的政府工具是没有绝对的好坏之分的，只能说在某种经济发展模式下某种工具取得了相对较好的收益，并且各个工具之间是不存在排他性的，也就是说，如果将不同种类的雾霾治理工具融合使用就可以取得更好的收益效果，所以我们需要对雾霾治理工具进行优化整合。具体需要做到以下三点：一旦要选择融合型的雾霾治理工具，就必须要明确综合化雾霾治理工具的选择目标和基本的要求，要坚持融合型工具的选择初衷，不断加强其可执行性；对于政府职能的转变要加以重视，对政府转型期所做出的雾霾治理工具选择要给予理解，从而构建出政府、市场和大众三位一体的和谐局面；必须加强对于采用融合型政府工具治理雾霾等环境问题的意识，强化融合型治霾工具的使用及其用后评估能力，制定合理的评判标准，运用多种学科对于融合型治霾政府工具的执行效果给予定性和定量分析，最终选出最优组合来解决当前的雾霾问题。

（三）制定和完善雾霾治理的法律法规

完善的法律法规是治理雾霾的根本制度保障，也是将具体治理措施落到实处的基础。我国目前针对大气污染防治的立法还不完善，法律体系也很不健全，存在许多不足之处，诸如大气环境质量标准的制定原则过于笼统，在实践中可操作性不强；大气污染物排放标准的制定由于缺乏成熟的技术经济评估模型和方法；环境空气质量标准没有随着空气污染特征、经济发展水平和环境管理要求的发展得到及时更新；大气污染排放标准体系和内容不够完整和明朗；大

气污染物排放标准的制定主体和标准层级不明确等。因此,要尽快进一步修订《大气污染防治法》,全面加强空气质量达标管理制度,完善排污许可证制度,加大机动车尾气治理力度,修订机动车尾气排放标准,建立鼓励地方实施更加严格的移动源排放标准的机制和大气污染物排放标准不断更新的机制,加大违法处罚力度。

(四)完善雾霾治理的财税金融制度,实施大气排污权交易机制

建立促进雾霾治理的税收调节机制,通过税收调节经济利益,以经济杠杆来促进环境保护,减少资源浪费。当前要加快推进环境费改税工作,要将环境污染和生态破坏的社会成本内化到企业成本和市场价格中,通过市场机制分配环境资源;改革资源税,将资源税由过去的从量征收变成从价征收;加快开征碳税,根据不同产品的污染程度制定税率,对高污染产品采取高税率政策。加大对重点领域、行业的关键减排技术和示范性技术、重点项目的财政补贴和减税力度,建立政府优先采购减排产品、设备和技术的制度,构建金融机构绿色信贷制度,对高排放、高污染的企业和项目进行信贷控制,对清洁能源、清洁生产以及污染防治改造项目进行信贷倾斜,加大对环保企业支持的力度。而大气排污权交易是一种将政府管制与市场交易相结合的方式,由政府规定每年的排污总量,并采用市场化的方式向企业分配排污指标,企业通过超量减排并将富余的排污权进行市场交易获得经济利益,这种交易机制使得雾霾治理由政府的强制行为转化为企业的自主行为,通过市场的力量将大气污染的外部效应内部化,并且降低了社会治理的成本,从而成为实现大气污染总量控制的有效手段。目前,我国的大气排污权交易机制依然不健全,应当搭建具有信息收集、分享、交易清算等功能完善的交易平台,加强对排污权交易的过程进行全程监督和依法进行,完善排污权交易的一二级市场等。

(五)加大产业转型,升级能源结构

在我国三大产业结构中,第二产业中的制造业既是支柱产业又是主导产业,但也是环境污染最严重的产业,因此,加快传统制造业转型升级,使其从粗放型经济增长方式向集约型经济增长方式转型,加强制造业的技术创新,是调整三大产业结构的重要环节。此外,加大第三产业比重,加强第二产业与第三产业的联动发展也是三大产业结构调整的有效手段,能很大程度上缓解雾霾污染。新兴产业是处于产业生命周期的萌芽和成长阶段的产业,它依托于既有技术改进或新技术突破与创新。新技术产业化发展迅速的部门能够迅速引入产业创新,使产业发展具有较大潜在需求和较快经济增长率,由于其高成长性来自技术创新,对能源消耗较少,可以在经济迅速发展的同时较少产生环境污染。充分利用新能源,减少化石燃料带来的环境污染已经成为减少雾霾产生的重要组成部分。天然气被誉为是最清洁的化石能源,除了有效利用本土天然气能源,还可以增加进口,最大限度减少能源开采和使用过程中带来的各种污染。应有计划、有步骤地发展核电能源,核电是目前大规模取代煤电的有效方案,在具有安全保障的前提下,采用先进核电技术逐步启动核电项目,不仅能缓解雾霾污染,还能培育城市发展的增长点和竞争力;大力发展水电、风电、太阳能和智能电网等清洁能源,也是优化能源结构的重要手段。因此,调整产业结构,大力发展跟随新兴技术发明和科研成果而涌现出的新兴产业,使用新能源是雾霾治理的最佳经济和技术路径。

（六）积极引导和加强民众参与力度

自愿型工具的合理使用对社会的自主参与和组织协调能力提出了更高的要求，只有公众具有足够的社会自治能力时自愿型工具才能很好地发挥作用。公众的自主参与度并不高，究其原因不在于公众对于环境问题的冷漠，而是因为政府对于公民在参与雾霾等环境问题治理的活动中的权利、义务、活动范围的划分是模糊的，这就导致了公众在实际活动的参与中是没有受到法律保护的，反映的问题是难以得到有机互动的，问题反映了，可是无法解决，公众对于治霾的参与热情锐减也就毫不奇怪。因此，我国目前针对污染排放监督的民众参与性仍然比较低，一方面由于公民的环保意识不强，另一方面是国家缺乏相关的法律法规保障公民参与监督的合法性。此外，如果公民的健康遭受了空气污染的威胁和损害，也没有一个有效的申诉途径。公民获取相关污染监测数据的局限性也是导致公民不能很好地参与到大气污染监督中的一个重要原因。对此，我国可以引导民众参与大气环境质量监督的机制，一方面，加强对公民的环保教育，增强公民环保意识，另一方面，制定相关法律法规保障公民参与监督的权利。此外，政府环保部门要及时公开相关环保信息，接受公众的监督，为公民提出监督意见设立方便快捷渠道，并对公民提出的监督意见进行及时处理并公开公布处理结果。我国雾霾防控治理涉及每个人的健康和利益，应该号召社会各界都参与其中，这样才能形成群体效应，群策群力，共同治理雾霾。

总之，新世纪中国面临众多发展挑战，有效治理雾霾污染是当前最重要的挑战之一。在城市化、工业化不断向前推进的发展阶段，中国既要发展经济，又要应对雾霾污染带来的冲击，寻求雾霾治理的机理和路径成为迫在眉睫的问题。尽管雾霾的治理是一项复杂的工程，但是我国政府在雾霾治理过程中要明确责任，坚定信心，尤其应当优化和细化各种政府工具的组合和使用，积极开发新的政府工具，需要加大各种政府工具的调控力度并加以真正贯彻实施，形成政府、市场和民众三位一体的雾霾治理工具结构，治理雾霾，民之所望，施政所向，尽快驱散雾霾，共享蓝天碧水。

（本报告撰写人：衣华亮）

致谢：南京信息工程大学公共管理学院2016届行政管理专业本科毕业生张啸秋同学对本课题研究提供了大力支持，在此一并致谢。

作者简介：衣华亮（1979—），男，山东烟台人，南京信息工程大学公共管理学院副教授、研究生导师，法学博士，研究方向：教育政策、行政管理、公共管理。本文由南京信息工程大学气候变化与公共政策研究院开放课题"我国雾霾治理的政府工具研究（课题号：14QHA024）"资助。

参考文献

[1] 保罗.R.伯特尼，罗伯特.N.史蒂文斯.环境保护的公共政策[M].穆贤清，方志伟译.上海：上海三联书店，2004.

[2] 中国检测总站.2013年中国环境状况公告[EB/OL].中国环境检测总网，2016-12-20，http://www.cnemc.cn/publish/totalWebSite/news/news_41719.html.

［3］ 高峰. 全民围剿 PM$_{2.5}$［J］. 上海企业,2012(3):46-47.

［4］ Li Zhengtao,Henk Folmer,and Xue Jianhong. To what extent does air pollution affect happiness? The case of the Jinchuan mining area in China［J］. Ecological Economics,2014,99:88-99.

［5］ 陆明. 朦胧之城——是霾是雾还是尘［J］. 大众医学,2012(4):48-49.

［6］［美］B·盖伊·彼得斯,弗兰斯·K·M·冯尼斯潘. 公共政策工具——对公共管理工具的评价［M］. 顾建光译. 北京:中国人民大学出版社,2007.

［7］ 李允杰,丘昌泰. 政策执行与评估［M］. 北京:北京大学出版社,1999.

［8］［加］迈克尔·豪利特,M·拉米什. 公共政策研究——政策循环与政策子系统［M］. 庞诗等译. 北京:三联书店,2006.

Research on the Government Tools of Chinese Haze Governance

Abstract：Haze has become the"malady"of China's environmental governance and the most urgent problem to solve. Government carries the main responsibility in the process of the haze governance,which is not only people's expectations,but also our country government function transformation and the inherent requirement to strengthen the construction of a service-oriented government. Government tools are the means and mechanism of government departments to solve the problem of the public or to achieve certain policy objectives,which should become a brand-new perspective of governance research on the haze. On the basis of analyzing the background of the research on haze governance in China,the research review and the method of thinking,this paper makes a reasonable definition of the connotation,type and model of government tools,points out the practical difficulties of the government tools for haze governance in China,and puts forward the strategy of government tool optimization of China's haze governance based on the reasonable reference of foreign experience,which provides a rich theoretical base and strategy for Chinese haze governance.

Key words：haze；governance；government tools

中国低碳交通的法与政策规制

摘　要:低碳交通的推动可以表现在许多方面。本文聚焦于能源汽车的发展、便利公共交通的措施以及共享经济中的共享单车现象。从上述三个方面来解读法律对低碳交通的规制与促进。传统能源汽车业在能耗、油品以及尾气方面需要政府强制性的法律规制,不仅要遏制垄断企业影响标准制定行为,更要通过严格执法来转化传统市场问题。新能源汽车法制存在着政府补贴、扶持政策不足、市场竞争不充分以及消费不便利等问题,亟须我们厘清并予以法律规范。加之传统能源汽车与新能源汽车存在着此消彼长的市场关系,在二者的治理理念与法制工具选择中,出于环保低碳的目的,法律工具选择应严格规制前者,扶持培育后者。便利公共交通的措施体现在公交站点的土地规划与一体化开发、对于公共交通的补贴与投入等方面。共享经济中的共享单车出行改变了慢出行的方式与理念,是革命性的低碳交通模式,其推动机制的形成与制度利弊,值得我们在法律层次规制与总结。

关键词:规制　新能源汽车　便利公交　共享交通

一、规制与环境规制的政策工具选择

(一)规制

规制是日本经济学界对英文"regulation"的译名,意为用制度、法律、规章以及政策来加以制约和控制。归纳近代规制经济学家的理论,有人(如植草益)把规制看作政府对市场进行干预的一种行为;也有人(如卡思)把规制看作市场经济之外的一种制度安排;还有人(如施蒂格勒)把规制视为一些具体的政策法规。

政府规制按其职能划分主要分为经济性和社会性规制。其中经济性规制主要包括不公平竞争规制、信息不对称规制。社会性规制包括产品质量规制、环境规制、安全生产规制以及非价值性物品规制(如毒品、安全)等[1]。政府规制的本意是为了纠正市场失灵,但由于诸多原因,政府规制也存在难以克服的缺陷。对于本文而言,环境公共利益既是政府规制追求的目标,也是进行规制的基本原因和设计合理的规制的出发点。

(二)环境规制政策工具选择

规制需要选择并使用合理的政策工具。政府实施环境规制主要有三个基本途径:一是直接的行政命令与控制,即主要通过环境法规与标准的建立、实施、检查和各种行政措施相配合来实现对企业环境活动的控制;二是通过市场机制的经济调节手段,促进环境外部不经济性的内部化。诸如税费调节、排污权交易以及政府补贴的增撤等;三是企业自我约束或公众参与下的社会治理,即政府通过自愿性环境协议等非强制性措施督促企业进行自我约束,如自愿原则下的 ISO 14000 环境管理体系、自愿申报等。也包括公众参与下的舆论压力与监督等第三方社会治理工具[2]。本文中汽车业规制的制度工具基本围绕着管制、激励与社会参与治理来实现。

传统汽车业对世界经济增长以及人类生活方式产生了深刻影响，面对当今世界及中国气候变化及环境容量的严酷现实，传统能源汽车必然面临更严格的环境管制。新能源汽车不仅在功能上可以全面替代与补充传统汽车，同时还能改善环境现状，因此需要市场激励下的制度工具予以适当的扶植与培育。事实上，传统能源汽车的市场管制与新能源汽车的市场培育都需要研究制度工具的选择以及绩效评价问题。即使美国与中国汽车业有着不同的历史发展与现实国情，但美国等作为先行的汽车王国，从传统能源汽车迅速转向新能源汽车的市场转型过程，仍可以为中国提供可资借鉴的制度参照。

二、传统汽车市场清洁低碳发展需要严格管制的制度工具

目前依然是传统能源汽车的天下。中国的传统能源汽车占了汽车总量的 99% 以上，即使是世界上新能源汽车销量最大、增长最快的美国、日本等国，其新能源汽车比例依然较低。因此，从机动车清洁低碳发展的现实意义上讲，汽车业的低碳清洁化发展依然是长期首要任务。环境规制的方向主要包括降低能耗、提高燃油质量以及降低尾气排放严格管制。

(一)强化"命令—控制"管制工具的使用——以汽车能耗强制标准为例

经济激励型规制工具，相比"命令—控制"型规制工具的显著特征是：能带来巨大的成本节省并为减污技术进步提供激励。然而有时候前者往往只是"看上去很美"，主要是因该类规制工具的适用性相对较差，不同程度受到污染物的特性和许多社会因素的限制。"命令—控制"工具依然具有强大的生命力与不可替代性，以机动车能耗控制为例，世界各国的规制工具依然以"命令—控制"为基础，它们易于公开、实施简便且便利全球市场的统一理解。

1. 中国传统能源车能耗标准严格化

汽车发动机的能源效率与碳排放息息相关，对空气质量也有影响。中国的汽车业虽起步很晚，但技术上有一定的后发优势。机动车市场外资比重较高，使得我国的机动车发动机技术与国际平均起始水平相当。相比而言，美国作为世界上最传统的"车轮上的国度"，反而有世界上最沉重的历史包袱[3]。我国机动车能耗控制始于 2004 年 10 月发布的《乘用车燃料消耗量限值》(以下简称《燃料限值》)，其主要措施包括限值法与分阶段实施法。作为我国控制汽车燃油消耗量的第一个强制性标准，该标准明显压低了当时我国乘用车的平均燃油消耗。该标准强制施行带来了明显的效果，与 2002 年相比，2006 年乘用车燃料消耗量平均下降 11.5%，显示出我国强制机动车标准对能效的明显有效性[4]。《燃料限值》最近一阶段的标准为《乘用车燃料消耗量限值》(GB 19578—2014)，借鉴了美国正使用的企业评价标准，首次引入了企业平均燃料消耗量概念，在确保污染总量控制的同时增加汽车公司的灵活度。

2. 美国传统能源汽车能耗法律提速

2009 年 5 月 19 日，美国前总统奥巴马宣布了由美国主要汽车制造商、联邦官员和加利福

尼亚州达成的一项协议，用以提高机动车的企业平均燃油经济性（CAFE）标准，比 2007 年《能源独立和安全法》中的规定更严格。该协议要求在 2016 年之前将平均燃油经济性标准从目前的 25 英里[①]（MPG）提高至 35.5 英里，从而使汽车温室气体排放量减少 30%，并鼓励使用新能源汽车。2011 年 7 月 29 日，奥巴马政府再次宣布了一项与汽车制造商达成的协议，以进一步大幅增加支持联邦新汽车中的平均燃油经济性标准。13 个汽车制造商支持在 2025 年之前逐步将标准增加至 54.5 英里，该协议还规定在实施过程中根据燃油价格、消费者行为和技术状态可以重新审核标准，以确定其是否过于严格或过于宽松[5]。专家经评估后确定该项系统标准中 2025 年最终标准的严格程度，基本达到传统汽车的极限，这套标准甚至逼迫美国传统车转向新能源汽车发展，以"命令—控制"工具实现两个市场的转型对接。美国的机动车能耗表现以前并不算好，曾远远高于欧盟市场，甚至高于中国市场[3]，但近年来在标准方面进步很快，就是强制性管制标准在起作用。

3."命令—控制"制度工具在中国汽车业成功运用

值得肯定的是：首先，由于我国汽车企业已实现了比较明显的自由竞争市场经济的特征，《燃料限值》实施具有公平性与普适性；其次，《燃料限值》中的分阶段性逐步管制，符合汽车产业的技术发展规律；第三，"命令—控制"制度工具在强制之下也越来越具有灵活性，美国的企业平均燃油经济性（CAFE）标准则恰当地体现这点。

"命令—控制"工具是强制性很强的环境规制手段。充分利用其强制性与刚性才能达到规制目的。对照先进国家的近年发展，我国机动车能耗标准与政策仍有缺陷。总体上讲，我国能耗标准与国际先进水平差距明显，对碳排放没有专门规制，因此，我国传统汽车能耗标准仍须更加严格化、刚性化。此外，我国非常强调保护汽车自主品牌，所以对节能减排的压力不够紧迫[6]。在国际气候变化责任、中国日益严重的空气污染以及汽车产业市场竞争与地方保护三种利益的权衡中，我国法律制度选择须清醒地认识到：汽车环保节能技术的竞争性、代表世界先进制造业发展趋势、符合波特等国家竞争理论特点。一些先进国家或地区如日本与美国加州汽车业的经验已充分证明环保型汽车能实现经济利益与环保利益的双赢。对照美国等在机动车能耗上追求的极为苛刻的中长期目标，实质上超出了汽车能耗的技术极限，对美国由传统能源汽车向新能源汽车转型及形成决定性的市场导向有重大意义。我国传统能源汽车产业的标准如果力度不足，进入新能源时代将遥遥无期。

（二）规制产业标准制定中的反垄断——以机动车油品"油低于车"为例

经济学的研究普遍表明：自由市场经济中存在的自然垄断和外部性等问题导致市场失灵，政府规制的合理性由此而生。中国"油低于车"的怪象则汇集这两方面的市场失灵，因此政府更需要规制。

1."油低于车"的怪象拖累中国大气质量

（1）汽油、柴油标准与实施水平很低

汽油燃烧后的机动车尾气是 $PM_{2.5}$ 颗粒的重要来源之一。目前我国的油品质量普遍水平还相当低。全国只有北京、上海少数城市油品实施了与欧洲同步外的类似国 Ⅴ 标准，大部分地

---

① 1 英里＝1.6093 km，下同。

区还是以国Ⅲ为主。而国Ⅲ与国Ⅴ标准之间的差距巨大,如其硫含量是欧标的 15 倍[7]。高等级油品在中国的使用步履蹒跚,表面看是由于经济成本以及技术进步的障碍,实则是垄断利益的纠葛。

(2)"车""油"适配问题倒置

空气污染背后的原因除了油品质量要求低之外,很大程度跟"车油不同步"有关。炼油厂的达标油品上市长期滞后于新车型上路,导致"有(达标)车没(达标)油"。这样尾气排放不但仍不清洁,反而会对汽车质量有损害。美国、欧洲和日本基于上述考虑,要求油品标准均提前于机动车排放标准施行开始供应,即"油先于车"。但在中国油品标准与汽油机动车排放标准执行时间相比分别滞后 2 年以上。这种"有车无油"的怪现象大大制约了毒害尾气的减排效应[8]。

(3)柴油机动车的重污染与双轨标准

虽然使用柴油的卡车只占中国车辆总数的四分之一,但其排放颗粒物比重却将近 80%,是汽车尾气排放的污染大户。虽然车用柴油已有国Ⅲ标准,但柴油车大量使用的仍是国Ⅲ标准以下的普通柴油,甚至是国Ⅰ标准,硫含量甚至高于 2000 ppm。美国、欧洲等发达国家均对柴油实施统一的质量标准,但是我国却分为"车用柴油"和"普通柴油"两套标准。普通柴油的硫含量限值非常宽松,且不控制易致癌的多环芳烃的含量。"最关键的是,名义上普通柴油是规定用于农用机械、工程机械,但实际上柴油汽车也可以烧普通柴油,会造成城市的污染"[9]。

2."油低于车"的制度根源——企业操控标准制定

(1)中国汽油标准制定与民生及许多行业息息相关,然而审订专家的代表性及公众参与度明显不足

生态实践理性的社会建构意味着生态实践理性不是先验的、超验的,也不是政治精英的单方意愿和专家的有限智识,而是来自于以环境与资源开发、利用和保护的社会实践活动为基础的不同社会主体的社会共识的达成[10]。然而在汽油标准制定过程中存在明显的环保类技术专家与公众参与度不足,而企业技术类专家比例明显偏重,这种以少数人的认知为基础制定的标准明显是存在社会偏差的。虽然目前我国存在行政程序与标准制定程序性的缺失,但这不能成为标准制定程序可以无序的理由。技术官僚的局限性、经济转型压力空前、公共参与失调与社会运动勃兴以及所得分配持续恶化、金钱政治盛行等因素[11]呼唤应以科学的行政程序替代行政实体决策的科学性。反观今日中国之情势,对上述几个因素也需要高度关注。社会在走向产业发展的同时,劳工、环保、消费者保护等社会价值冲突,使得技术官僚主义根本无法驾驭社会多元价值理性。更何况目前中国技术官僚易被垄断企业利益所挟持,有报道指出,在对汽油国Ⅴ标准(送审稿)进行投票表决的审查会上,90 名与会代表中,70%以上代表均来自石油石化领域,超过了表决通过所需的半数,足以主导标准制定[8]。这其中甚至缺乏环保专家的介入,因此其科学性、合理性与公共利益平衡基本被垄断企业架空。

(2)增强信息公开的透明度

针对中国极不合理的"有(车)无(油)"的怪象,燃油业界的理由是我国石油企业的成本会增加。这样的表面化理由已被许多内行人士一一化解:他们或指出油品提升的成本历来是由国家、企业与消费者共同承担;或指出大型国有炼油企业的上下游产业链本来设计了内部消化成本之功能等[7]。仅孤立考虑行业成本会增加多少就存在很大的争议。如果柴油车从国Ⅲ标

准升级到国Ⅳ标准，相关企业给出的数据高达四五毛钱。而国际清洁交通委员会的测算结论是，每升油的新增成本为四五分钱。此类争议凸显了油品升级中信息公开的社会治理意义：一方面利害关系人（即油品的消费者）可依此得知政策选择的依据；另一方面将决策结果置于阳光下，消除暗箱决策的自利可能性。

（3）油品升级法律政策的抉择

除了考虑央企所言的成本高企，我们也来参照美国的相关成本收益分析，油品升级即使面临巨大成本鸿沟，但参考环境保护以及加上国民健康的回报，与投入成本相比，每1美元为达到严格《清洁空气法》的成本投资，都收到了4～8美元的经济回报[12]。况且，基于生态环境与身体健康的标准制定，仅仅用成本收益的经济分析法既不道德也不充分。

（三）规制主体与规制结构再造——汽车污染防治中政府环境监管不到位

我国环境规制中政府实施法律能效不佳普遍突出。提升与重塑政府规制能力，应从以下四个方面努力。第一，规制对象的再造。通过进一步地放松规制，引入竞争以及产业结构和企业产权结构的重组。第二，规制主体的再造。通过专门立法和行政机构改革的有机结合，缔造一种独立、权威、公正、可信、高效以及职能分工合理、明确的规制主体结构；第三，规制结构的再造。在必须规制的领域尽量采取市场化的或激励性的规制手段；第四，规制者结构的再造。规制者在依法规制过程中，其规制行为必须同时受到有效的监督和制约[13]。上述诸方面，尤其是对规制主体、规制者结构的再造，对我国汽车污染规制中的政府严格监管意义重大。对于环境保护而言，总存在着事实与规范之间的差距与张力，环境问题的不断出现给环境法提出更高的要求[10]。在汽车产业发展与环境保护之间，也总会因新问题的出现给规制的主体、规则、行为的构造与再构造提出新的问题。

1. 我国汽车污染防治执法中须加强政府监管

单通过立法不可能解决汽车污染问题，还需要良好的法律实施。我国目前在严格管控的法律中存在着许多问题，如汽柴油的双轨混用，就是由于不同部门管制而造成漏洞。此类情形在汽车业更是不胜枚举：如排放量大的柴油车被违法"套牌"及国Ⅰ、国Ⅱ车当国Ⅲ车出售的现象普遍；又如家用车年检的尾气环检形同虚设；再如民营炼油厂打价格战，不惜违法出售"塑料油"等。这些问题只能通过政府严格管制来解决。"命令—控制"的行政执法手段或是经济激励手段本质上都需要政府的履行效能[14]。而目前我国体制性因素、职能性因素、执法理念与腐败等因素，导致执法不严、行政效能低下。行政效能的好坏直接关系着"社会公平和正义"能否实现及其实现的程度[15]。即使我国传统能源机动车的法律与政策再高明，也必须有严格的执行，否则终究会使其落空。

2. 美国汽车污染中的政府管制能力分析

（1）依据《清洁空气法》由州上升到联邦政府的管理体制

美国联邦政府层面规制最重要的环境保护事务，美国的《清洁空气法》规制全美重要的空气污染问题，其中有专章规制汽车尾气排放，足见其重视。国会立法后由美国国家环保局负责实施。该法中具体规制的空气污染移动源包括如汽车、卡车、巴士的燃料组分等，同时也规制新车辆的排放标准。除了加州因标准更严可自行制定外，其他州的汽车尾气排放标准均由联邦制定，各州不得擅自管制[16]。事实上，纵观世界各国即使是多样化的联邦制权力分配，环境管理权力在联邦与地方权力分配中"通常是共存或联合,很少属于其各地方构成单位"[17]。而在我国的汽车污染排放标准上,油品质量以地方标准为主,差别很大。这实际上已经为我国的空气质量带来恶果。京津冀严重区域雾霾后,联防联治模式下汽油的标准正逐步开始统一。

(2)将健康与环境利益纳入综合成本收益的制度评价体系

1999 年 12 月,美国国家环保局通过了影响深远的尾气和燃油含量规则(以下简称"尾气规则")。该标准要求,从 2004 车型年开始,汽车排放量减少 77%,同时,美国首次将同样严格的标准扩展到 2007 年的运动型多用途车(SUV)、皮卡和小型货车,并要求从 2004 车型年开始,汽油中的硫含量减少 90%。这些标准预计使炼油和汽车制造商增加 53 亿美元成本,使新车型的价格提高 100~200 美元,使汽油的价格增加一或两美元。然而,上述减排标准预计每年将防止 4300 例过早死亡、173000 例呼吸系统疾病、260000 例儿童哮喘,与健康相关的福利将增加 252 亿美元[16]。中国的环境标准在与人身健康的关联上做得非常不够,包括汽车的排放,总是强调技术性而非健康标准。

(3)以诉讼与法院判决推动汽车污染防治排放

除了国会作为立法机构、环保局作为行政执法机构等对汽车污染防治的推动体制外,美国以法院判决案例为司法推动力,助推汽车污染防治。例如,对于"尾气规则",许多受到规制的单位均可针对环保局的危害性报告、尾气规则及其他规则提起诉讼。哥伦比亚特区巡回法院作为上诉法院,对全美有关《清洁空气法》(CAA)的法规具有排他管辖权,因此对这些案件进行了集中审理。在应负责任的规则合并诉美国环保局(Coalition for Responsible Regulation v. EPA)一案中,法官一致决定维持环保局的危害性报告。在空气污染方面,虽然中国有极重的雾霾天气,也有公益律师与公益组织状告行政机关的想法,但目前尚未有法院受理此类案件。

对比美国相关经验可知,政府规制中对规制主体的权力监督制衡非常重要。美国立法部门与环保部门并没有止步于尾气排放标准提高的成本效益分析,甚至也没有因技术空白而退却。而是将环境法律的原则综合运用,即技术基础原则、成本收益原则、信息公开原则、基本公民健康原则等综合运用[16],在这些原则中,公民健康是汽车污染法律规制的优先原则,甚至可以牺牲其他。事实也进一步证明,坚持这一原则,多半也实现了与其他原则的共赢,损害其他原则的现象基本未出现。美国《清洁空气法》对汽车排放的直接规制、强硬的标准倒逼技术进步的功效、不动摇的基本公民健康原则、国会立法对联邦环保局的推动以及法院判例对环保局法令的客观支持,形成了特有的美国机动车排放的低碳清洁的规制路径。

三、新能源汽车产业市场培育中的"市场激励"制度工具选择

新能源汽车产业,作为与传统汽车产业同质化的市场竞争者与替代者,如以新兴市场对抗传统成熟汽车市场,除了依赖严格规制传统汽车与传统燃油市场的此消彼长之外,更积极的新能源汽车市场的培育必不可少。而这一市场培育的政府主导工具选择,与传统汽车产业的严格规制工具应有所不同,从目标上、理念上、手法上甚至应该是相悖的。如果说严格规制市场需要运用许多"命令—控制"工具来强化监管,那么培育市场的政府规制则需要更多地基于市场的经济激励手段的运用。包括补贴、税费优惠及产权交易等。此外,还有根据新能源汽车产业特性进行放松市场管制、降低市场进入壁垒等手段的运用。不过,以上多种激励措施不能忽

略，且最为重要的一点就是市场机制本身是一个最有效的激励机制，完善的市场机制必能实现资源的优化配置和社会福利的帕累托最优[18]。保持新能源汽车市场的健康竞争环境，反不正当竞争与垄断本身就能够培育新兴市场。

新能源汽车代表交通业的未来趋势，新能源汽车将在四个重要领域（气候变化、大气质量、能源安全、国民经济新增长引擎）产生重要的战略意义。为此中国政府一直用激励政策发展新能源汽车。基于环保鼓励的新能源汽车领域市场培育，操作原理具有鲜明的鼓励与培育性质。新能源汽车不可能立即直接与传统汽车市场抗衡，是由于其高昂的成本、不稳固的技术前景以及充电设施的基础设施须从头建设等一系列严重影响市场进入与竞争的因素。新能源汽车要推广使用，必须具有不低于燃油汽车的技术性能水平及安全、可靠的质量要求，充电设施充足且及时续航等条件。一系列复杂的要求使市场将拥有最终话语权。因此，任何一个国家的新能源汽车发展，都要有一定的法律与政策作扶持。

2012 年 7 月《节能与新能源汽车产业发展规划（2012—2020 年）》（以下简称《规划》）正式出台。《规划》指出，2015 年中国电动汽车累计销售要达到 50 万辆，2020 年达到 500 万辆。2017 年年初新能源汽车销量未取得预期增长，在补贴政策不明朗的背景下，2017 年第一季度新能源汽车的产销售均在低水平徘徊。造成 2017 年上半年全国新能源车销量不到 20 万辆。新能源车补贴公告和购置税免税公告的出台，对终端销售也起到了明显的提振作用。9 月底双积分政策的发布，推动了国内市场 10—12 月开始进入新能源市场的高速增长期。据统计，2017 年全国销售新能源乘用车 556393 辆，同比增长 69%；其中，纯电动车全年累计销量448820 辆，占新能源车总量的 81%，仍是绝对主导。

（一）新能源汽车的地方保护主义

新能源汽车整体市场尚未做大之时，中国市场就面临严重的"地方保护主义"。一个重要原因是对于新产业市场，政府的眼光与心胸非常狭窄。有地方政府规定："要求地方必须至少给予外地品牌 30% 的份额"，这也等于变相承认了 70% 地方保护的合理性。买外地的新能源汽车只能享受国家补贴，不享受当地政府补贴，这打消了很多消费者的私人购买念头[19]。2010 年，财政部等四部委联合出台《关于开展私人购买新能源汽车补贴试点的通知》（以下简称《通知》），展开了为期两年的全国试点。而如上文数据所示，四部委政策对新能源汽车市场的提振作用非常有限。其中新能源私家车销量几乎以个位数计。在反思 2010 年政策的基础上，2013 年四部委新能源车补贴政策取代了前者，在不少鼓励制度上有所改进。如减轻一些地方保护主义等干扰，但 2013 年新能源汽车新政依然目光局限，仍然只保护国内新能源企业市场，对国外品牌不予优惠。此做法对一日千里的国外新能源汽车竞争力的"鲶鱼效应"以及全球环保公共利益考量不足。而与之相反，美国汽车企业特斯拉公司（Tesla）却提出开放全部专利，并称欢迎全球车企"抄袭"，这样先推动整个新产业"蛋糕做大"的开阔心胸与市场策略，值得借鉴。

（二）税收减免与补贴力促中国新能源车销售

面对传统能源汽车市场一百多年来形成的强大的路径依赖，财政补贴是新能源汽车最为重要的经营与生存获利的渠道。2010 年财政部、科技部、工业和信息化部、国家发展改革委四部委联合发布了《关于开展私人购买新能源汽车补贴试点的通知》,新能源汽车补贴实施细则正式出台。2013 年 9 月,上述四部委又出台了《关于继续开展新能源汽车推广应用工作的通知》(以下简称 2013 年《推广通知》),明确了在 2013—2015 年,对消费者购买新能源汽车继续给予补贴。从补助范围与补贴对象看,对终端消费者的激励力度进一步加强。同时地方性补贴的力度与范围也大增。根据四部委发布的通知要求,在 2013 年《推广通知》中明确点出了希望能立即"响应号召"的示范地区,即在京津冀、长三角、珠三角等细颗粒物治理任务较重区域,加快建设符合国家标准要求的基础设施,尽快明确并落实地方性鼓励政策,如北京、上海、广州等地的地方性补贴等优惠政策。近年来我国力推公务用车新能源化,并从 2014 年 9 月开始新能源汽车免征购置税,政策刺激的效果立竿见影,2014 年上半年新能源汽车生产 20692 辆,销售 20477 辆,比上年同期分别增长 2.3 倍和 2.2 倍,对于新能源车产销量上的突飞猛进[20]。

(三)便利终端消费为市场终极关键

虽然沉寂多时的新能源汽车发展终于要迎来破局,地方政府、国家电网和各大车企近来纷纷加快新能源布局,但充电桩基础设施配套成了可能压垮骆驼的一根稻草。因为消费者消费意愿是市场销售成功与否的最终决定因素。2013 年《推广通知》仍有政策硬伤,即对充电设施的建设没有提及。充电设施建设作为新能源车发展的至关重要的环节,上述两个新旧四部委《通知》都没有着手解决,将继续引发市场"短板效应"。使得其他激励措施被"一票否决"。

充电设施建设还要解决市场竞争的问题。有新闻报道称在深圳建成运营的 7 座充电站每年亏损额为 1300 万元,并强调投资甚巨,难以承担[21]。同时让人振奋的是,特斯拉公司正准备在中国建立一批免费充电站,从而支持其汽车的长距离行驶,如从北京开到上海。特斯拉公司在美国有一套类似的充电站网络,仅靠电池行驶的特斯拉"Model S"型轿车能够通过免费充电站的支持横穿美国。该公司目前还在为欧洲建设类似的网络[22]。由此可见,充电设施建设的制度激励与设计也需要遵循市场规律,并在制度上导向公平竞争与有效益经营。另外,充电设施标准的强制统一也很必要。

(四)美国新能源汽车的市场培育

《2012 年全球新能源汽车产业发展研究报告》显示,2012 年前三季度,美国纯新能源汽车售出 31081 辆,同比增长 19978 辆,增长率为 179.93%,新能源汽车销量在世界居首[23]。美国为何有此市场表现,主要是在奥巴马政府的能源政策施政以来,在三个方面政策原则对新能源汽车的推动。

首先,研发与技术创新制度扶持明显。技术是新能源汽车企业的生命,2008 年 8 月,奥巴马就曾公布一揽子能源计划,称将在未来 10 年投入 1500 亿美元发展新能源技术,部分资金将用于"绿色"汽车技术研发。2009 年 8 月,美国能源部设立 20 亿美元的政府资助项目,用以扶持新一代电动汽车所需的电池组及其部件的研发[24]。2011 年,美国通用汽车公司宣布,将研发出 3 万美元的低价高性能纯电动车,来挑战传统汽车的价格,以及其对手特斯拉公司。当然特斯拉汽车在某些技术上超过传统汽车,也使其成为追捧的卖点。

其次,利用经济刺激对新能源汽车消费者的财税补贴。《美国创新战略:推动可持续增长和高质量就业》一书中提出,为鼓励消费者购买电动汽车,美国政府将提供总额高达 7500 亿美元的税收抵免。联邦政府对新能源企业的优惠政策规定:对 2008 年 12 月 31 日以后销售的,根据电动车及混合电动车电池的大小(4~16 kWh),给予 2500~7500 美元的税收减免。这是根据《美国复苏与再投资法案》的最大经济刺激,应用于至少拥有 20 万辆车的大汽车制造商。

再次,对充电桩等基础设施建设的激励性政策。2009 年 8 月,美国政府新能源车计划投入 4 亿美元支持充电桩等基础设施建设。充电桩的基础设施建设的税收减免有两种:一是对消费者从 30% 至最高 1000 美元的减免,二是对经营商有 30% 至最高 30000 美元的税收减免。专业的充电公司(Plug In America)在 2013 年致力于更新这个主要的信贷,扩大市场份额。特斯拉公司等也主动建设充电桩设施。

(五)美国汽车污染防治的政策法律启示

从上述中国 2010 年及 2013 年两次出台的新能源车的鼓励政策,以及两年来中国新能源车的市场反应,对比美国的经验,本文对中国市场有以下的经验分析与反思。

一是因地制宜地与中国特色的公交导向相结合,提高公交新能源车的比重,完善各类新能源车的基础设施。公共交通作为我国发展新能源汽车的主要方向,非常符合我国目前高密度人口、高空气污染、低充电设施的城市特征,能够更好地达成多重社会治理目标。中国目前的导向是加大公交新能源车及出租车新能源车的比重,是相当理性的。

二是严格控制传统汽车的污染,公平培育自主的新能源车市场,更多地引入市场竞争机制与研发激励机制。应当开放新能源车的国际市场,加强国际合作来促进提升技术进步。将补贴与市场准入,以及公共采购等激励政策更平等地用于所有国内外企业。

三是系统化解决新能源汽车需求中的消费者疑虑,切实将充电桩等基础设施的建设按市场营销战略跟进,这需要纳入统一的城镇化与整体交通系统中[25]。

(六)中国汽车清洁低碳化发展路径的制度理性

中国汽车交通业的清洁低碳交通发展路径,体现在传统能源汽车业与新能源汽车业不同的理性选择上。前者是市场经济成熟背景下更严格的环保管制导向,后者是市场不成熟背景下的大力培育市场导向。两者的制度效能又会相互影响与转化,其重大意义将随着中国城市大气容量达到极限而凸显。到目前为止发展路径的检讨反思来看,两种产业的发展仍存在一些突出问题,包括政府环境标准与监管不够严格、市场机制的激励与发动始终不足,更为严重的是,一些重要决策与标准的出台有失公平性与合理性。与我国汽车、汽油等产业相关地方政府、垄断企业的经济利益置于环境保护等全民公共利益之上,加之公众参与机制不足,甚至是行政决策的相关行政机构的参与都严重失衡。对当下中国而言,可以尝试通过下述路径来推进清洁低碳行动的持续开展:一是优化汽车产业等相关发展中的科学行政程序决策,在行政决策中注入自下而上、自外而内的因素,实现基层政府、社会居民、非政府组织对低碳清洁治理的平等参与,促进体制内外形成良好的信任关系和良性的执行、监督机制;二是积极推进市场化改革,加大低碳转型市场化机制推广力度,真正把减碳清洁的发展理念转化为企事业主体的内在要求;三、规制主体的严格执法以及对规制主体本身进行监督。

四、上海发展公共交通的法律问题研究

(一)公共交通规划用地保障

1. 规划用地保障基本情况

上海公共交通得以快速发展,如轨道交通网络的快速推进、部分客运枢纽的建设落实,均得益于规划用地的落实。同时,公共交通规划用地落实上仍存在一定的问题,如前面提到的,一是公共交通设施用地落实难,导致如部分枢纽未能如期建设或在规模和功能上难以满足规划需求;二是公共交通基础设施的配套往往滞后于用地开发;三是公共交通基础设施之间相互协调性不足。

分析其重要原因,主要有如下几个方面。一是公共交通规划在城市规划中的地位有待提高,在城市用地规划中对公共交通基础设施用地的反映不足。二是公共交通体制机制原因,各设施建设分属于不同的管理部门,投资主体和管理主体不同导致建设上难以同步。三是交通影响评估机制还有待优化,上海开展建设项目交通影响评估工作已有近 10 年的历史,建设项目阶段进行交通影响评估对公共交通设施布局优化、交通组织合理安排起到了积极的作用。但是,决定交通需求的开发量,交通供给的交通设施用地规模在控制性详细规划阶段已经明确,在建设项目阶段难以改变。

2. 提升公共交通在城市用地规划中的地位

加强公共交通规划与各层次城市规划对接,优先满足公共交通设施用地,特别是公共交通枢纽、P+R 停车设施、非机动车停车场地,确保用地预留和落实,公共交通设施用地规划一旦确定,不可任意调整,不得随意挤占或改变用地性质和用途。新建或改扩建机场、铁路客运站、客运码头、省际客运站等交通设施,新建或改扩建大型公共设施,新建或改扩建具有一定规模的居住区,新建轨道交通线路,均按照规划要求,配套建设公共交通设施。

3. 完善交通影响评价机制

加强总体规划、控制性详细规划层面的交通影响评价,同时加大大型建设项目的交通影响评估对项目报批的决策影响力。在城市规划阶段,特别是控制性详细规划阶段开展交通影响评估工作,保证公共交通基础设施规模和布局合理性,在设施布局上保障后期运营组织的合理性。具体项目实施建设,在建设前期审查阶段,需要进行交通影响评价,并且有相关交通主管部门提前介入进行审查。项目实施过程中和竣工阶段,交通主管部门要根据前期审查的批文进行验收,核实公共交通基础设施是否按照规划和设计阶段予以落实。

4. 加强公共交通规划建设的相互衔接

协调各公共交通设施主管部门及建设主体之间的关系,实现公共交通基础设施与所建项目主体工程实行规划、设计、建设、竣工“四同步”。促进公共交通基础设施之间的相互衔接,包括轨道交通车站、公共汽(电)车停车场库、非机动车停车场、出租车候客点、P+R 停车场等基础设施,在用地规划布局上的相互协调、紧凑布局以及建设时序和开发过程相互统筹协调。

（二）优先发展公共交通的财政投入保障

1. 财政投入基本情况

十年来，上海全面贯彻实施公共交通优先的发展理念，为很多专项政策的出台提供了依据。对于交通基础设施投入逐年增加，"十一五"期间，上海基础设施投入约 2981 亿元，资金的投入是扩大基础设施建设的基本保障。以轨道交通为例，形成以轨道交通建设占 4 成的交通基础设施投资结构政策，促成轨道交通的快速成网。近十年轨道交通基础设施建设如期按照规划进行，运营线路长度从 2000 年的 62 千米增加到了 2017 年的 617 千米。未来，根据远景年规划，上海轨道交通规模将达到 1000 千米，还需要建设 400～600 千米的轨道交通线路，投资资金规模巨大，政府也将面临较大的资金压力。近几年来，公交财政补贴资金逐年提高，公交财政补贴资金主要来自私车牌照拍卖，2009—2011 年补贴金额共约 60 亿元。近年来公交车辆技术装备明显改善，公交车辆更新速度加快，高等级车辆逐步投放，整体技术装备水平得到显著改善。在政府投入加大的情况下，政府购买服务范围逐渐扩大，如在老年人非高峰时段免费乘车，基本实现了公交与公交及公交与轨道之间换乘优惠。但是，在政府补贴不断加大的同时，由于多年来公交票价未变动和运营成本的不断上涨，公交运营企业仍面临严重亏损。因此，目前的公交补贴机制不具长效性，票价制定机制仍有待完善。

2. 继续加强公共交通基础设施投入

重大项目建设投资可探索扩大投资渠道，转变投资模式。公共交通基础设施如轨道交通、客运枢纽等都具有较强的外部效应，这类设施的建设会带动附近用地开发建设，提升土地价值；同时轨道交通车站及枢纽也会吸引大量人流，其附近的商业也会日益繁荣，以及平面广告、移动媒体广告等商机也会增多。目前，这些外部效益并未能良好回收，而轨道交通仅依靠客运本身的运营收益有限。未来的公共基础设施建设可以进一步尝试应用合理的机制实现外部效应内部化，来减轻政府投资压力。例如，可参考香港的"地铁＋物业"的模式，香港地铁成功的开发模式是地铁公司利用物业开发补贴地铁建设成本。地铁公司在建设地铁的同时参与沿线用地的开发，因土地价值提升而获得的利润用于轨道交通建设及补贴运营亏损，实现良性循环。同时还须增加基础设施的日常管理、维修和维护的资金投入，对于新建停车场站、枢纽站和其他配套设施由市、区（县）两级政府负责投资建设，同时完善对建成设施的维护和改造机制。

3. 健全公共交通公益性补贴机制

将公共交通投入纳入公共财政预算体系，在现有公共交通政府投入体系下，研究完善政府长期扶持机制和政府购买服务制度。加大政府投入和公共支出力度，公共交通投入占市财政支出一定比例。统筹公交专项资金，完善油价补贴、公交车辆更新、公交信息化建设，以及补偿线网优化、换乘优惠等政府指令性项目、公益性服务等相应扶持政策，建立健全有利于全行业持续发展的长效机制，为城市公共交通优先发展提供有力支撑和保障。同时，制定既有利于促进企业发展，又有效防止片面依赖政府的操作办法，加强成本的审计、核定，确保补贴政策的公开透明。同时，政府投资的综合客运交通枢纽、公交首末站等对营运企业免收使用租金，公交停车保养场继续对公交营运企业实行低价租赁。

4. 完善公共交通票价机制及体系

公共交通问题的核心是定价和融资问题。公共交通补贴政策必须有效地瞄准市民中的中低收入群体,并具备持续的财政支持。进一步研究地面公交票价优惠政策,采取多种票价优惠措施,降低居民实际出行成本,切实提高地面公交吸引力。按照"微利经营"原则,政府在保证公交的公益性时,优化公交线路,同时更使用节能环保运营。

(三)美国公共交通站点土地开发经验

美国多以公共交通站点为中心,通过 3D 准则设计社区。美国建筑设计师哈里森·弗雷克认为,为了解决二战后美国城市的无限制蔓延而形成的以公共交通为中枢、综合发展的步行化城区,其中公共交通主要是地铁、轻轨等轨道交通及巴士干线,然后以公交站点为中心、以400～800 米步行路程为半径建立中心广场或城市中心,其特点在于集工作、商业、文化、教育、居住等为一身的"混合用途"。城市重建地块、填充地块和新开发土地均可用来建造。TOD 设计准则具体是指 density,diversity,design,即在公共交通站点附近进行高密度的土地利用开发,为城市公共交通提供充足的客流,而且密度以公共交通站点为中心向四周逐渐递减,即土地利用的多样化或混合土地利用,使公共交通站点附近的到发乘客方便地进行购物、休闲、运动、教育等活动,在保证充足公共交通客流的情况下,有效降低出行次数,即和谐的空间设计。主要包括以下方面:便捷的公交接驳系统,方便公共交通乘客的换乘安全、方便、宜人的慢行交通环境,为居民提供良好的出行环境。

此后形成的新城市主义和精明增长等模式均是以发展模式为核心引申出来的。组织成立了"新城市主义大会",1996 年在南卡罗莱纳州召开了新城市主义第四次大会,会上通过了新城市主义宪章,除了强调利用新的社区规划设计理念外,还从区域的层面来综合考虑城市的发展问题。2000 年,美国规划协会联合家公共团体组成了"美国精明增长联盟",确定精明增长的核心内容是用足城市存量空间,减少盲目扩张,加强对现有社区的重建,重新开发废弃、污染工业用地,以节约基础设施和公共服务成本;城市建设相对集中,密集组团,生活和就业单元尽量拉近距离,减少基础设施、房屋建设和使用成本。2002 年 9 月,加利福尼亚运输局的《加利福尼亚州实施策略成功因素研究最终报告》是美国基于策略的城市土地利用研究的一个理论和实践的总结。报告中将居住、就业、商业混合布置于一个大型的公交站点周围适于步行的范围之内,鼓励步行交通,同时不排斥汽车交通,"将以有利于公共交通的使用为设计原则"。

五、"共享经济"时代的共享交通与法律问题

(一)"共享经济"的定义及对环境的影响

1. "共享经济"的定义

一般来说,"共享经济"有时也被称为"分享经济",学界对该概念并没有统一的权威定义,但基本有一个大致共识,指社会中的个人通过互联网信息平台将自己占有的某种资源分享给他人并获得经济回报的商业模式。"共享经济"一词最早出现在 1978 年的《美国行为科学家》

杂志上，在雷切尔·布茨曼 2010 年的专著《我的就是你的：协同消费的崛起》一书中，这种经济模式也被称为"协同消费"。雷切尔·布茨指出，人们开始越来越注重产品的使用价值而非私有价值，"共享经济"将给人们的消费模式带来革命性的影响。她把"协同消费"分成三种模式：第一种，再分配市场，如二手交易市场；第二种是协作生活方式，即对类似金钱，技术和时间等资源的分享；第三种是对物品的共享，即并不购买而只是对使用付费，比如以提供"类出租车"闻名的 Uber 和在全球提供个性化房间日租的 Airbnb[26]。

2. 共享经济带来的环境影响

在有关共享经济的研究文献中，有不少讨论了共享消费带来的环境影响问题。至今，大多数研究都认为，共享经济有利于节能减排和绿色低碳发展，但是也有学者对此表示异议，毕竟有时这方面的证据或论证不是那么充分。

共享经济促进绿色发展是主流观点。例如，Rifkin 认为，共享经济促进消费从所有权转向使用权，可大大减少新产品的销售量，进而减少资源消耗和温室气体排放。支撑类似观点的还有不少经验研究证据，例如，Belk[27]、Marti 等[28]采用汽车共享调查数据的经验分析表明，北美和西欧汽车的平均使用水平仅有 8%，而汽车共享可通过减少汽车购买、售卖或推迟购买汽车及减少车辆行驶里程等途径推动温室气体减排，其中对北美汽车共享所产生的减排效果估算，大致相当于推动户均温室气体排放量减少 0.84 吨/年。

（二）对互联网专车是否进行法律规制？

根据《行政许可法》所建构的回应型规制思路，对于互联网专车平台这一市场创新，首先需要解决的问题是，是否应予以规制？对此，交通部和各地规制部门通过将互联网专车平台视为传统行业的互联网化，推定应受到法律规制。然而，具有自我指涉属性的法律推定或法律类比只是扩充了规制机构的权限范围，与反思规制目标和规制手段及其匹配关系无直接关系。

如上所述，互联网专车平台所提供的"人车合一"客运服务与传统出租者和包车业务存在较大区别。采取法律推定的方法只能掩盖问题，而无助于解决问题。在依法行政的要求下，规制机构应直接依据《行政许可法》第 12 条各项规定，确定互联网专车涉及哪些可以设立许可的事项，进而明确是否予以规制。

《行政许可法》第 12 条包括 6 项，前 5 项为可以设立行政许可的实质事项条款，最后一项为形式兜底条款。其中，5 项实质事项条款中有 4 项与"人车合一"客运服务有关。即：①"……直接关系人身健康、生命财产安全等特定活动，需要按照法定条件予以批准的事项"；②"……公共资源配置以及直接关系公共利益的特定行业的市场准入等，需要赋予特定权利的事项"；③"提供公众服务并且直接关系公共利益的职业、行业，需要确定具备特殊信誉、特殊条件或者特殊技能等资格、资质的事项"；④"直接关系公共安全、人身健康、生命财产安全的重要设备、设施、产品、物品，需要按照技术标准、技术规范，通过检验、检测、检疫等方式进行审定的事项"。

因此，现有的驾驶人执照制度和汽车年检制度旨在解决上述第（1）项和第（4）项所涉及的安全问题，对此，互联网专车平台与传统出租车和包车行业应一体遵守，其间并无争议。但是，对于互联网专车平台提供的"人车合一"客运服务是否可被归属于第（2）项和第（3）项中，比如，就第（2）项中的公共资源配置而言，存在两种有待改善的情况：一是限制有限公共资源的滥用，"公地悲剧理论"认为，如果所有人均可无限量地接近有限公共资源，则最终会降低公共资源的有效利用率,不利于经济持续发展[29]。二是鼓励现有公共资源的利用。共享经济认为可得性优于所有权,因此,被闲置的大量个人所有资源也是一种未被充分利用的公共资源。在互联网专车平台的语境下,限制滥用公共道路和利用闲置车辆是两个相互冲突的公共资源配置目标。到底何者优先,应视相关城市道路交通状况而定。规制机构不应一开始就推定,公共资源配置仅限于限制滥用公共道路。类似地,根据第(3)项的措辞,仅向公众提供服务本身并不足以构成公共利益。我们仍需借助传统的"占优理论""共同利益理论"或"元价值理论"等确定公共利益是否存在。其中,"占优理论"和"共同利益理论"力图通过程序来确定公共利益的实质内容,只不过前者求助于简单多数,后者求助于最大公约数;"元价值理论"往往直接表现为一种类似于自然法的伦理性要求[30]。

在互联网专车平台的语境下,不管规制者采取何种公共利益理论,均不能直接推定维护出租车行业的垄断地位符合公共利益。本文认为,对于市场创新和新的业态,规制机构的类比规制方法应让位于对规制目标的深刻分析。只有规制机构证明,互联网专车平台商业模式对该有限公共资源的过度利用会降低公共资源的使用效率,反而不利于社会福利,方可依据《行政许可法》第 12 条第(2)项的规定,对互联网专车平台施加规制要求。否则,任何人均拥有不可剥夺的路权。类似地,只有规制机构证明,互联网专车平台的客运服务直接关系到每一个乘客的生命健康安全,需要相关的驾乘人员和车辆达到更高的客运标准,方可依据《行政许可法》第 12 条第(3)项的规定,对驾驶人员和营运车辆实施营运特许制度。

实际的情况是,我们很少看到相关规制部门认真讨论互联网专车平台是否会过度利用公共道路这一公共资源。对于巡游式出租车经营者而言,其必须时时刻刻在公共道路上巡游,并根据"欠充分的归纳性知识"搜求可能搭载出租车的乘客。然而,对于互联网专车平台而言,由于其能实时撮合交易,使得相关车辆的行动减少了盲目性,反而有助于对公共道路资源的利用。因此,本文认为打击互联网专车平台进而维护传统巡游式出租车利益的做法反而加剧了对公共资源的滥用。同样,从公共利益的角度来看,我们不认为在城市驾驶车辆需要更为专业的技术和高超的技巧。随着车辆导航技术的普及化和市政交通规划的合理化,出租车司机对城市道路的熟悉程度也很难称得上是一种职业优势。因此,对于互联网专车平台而言,唯一值得关切的公共利益问题是:当发生交通事故时,相关责任的分摊问题。易言之,如果政府允许此类新兴业态发展,必须对"四方协议"的责任分摊机制加以限制。

(三)如何对互联网专车进行法律规制?

在规制逻辑上,是否规制与如何规制是两个层面的法律问题。就此,《行政许可法》第 13 条规定,在政府规制以外,还存在其他方法来达到规制目标,其中,市场竞争和自我规制具有方法论上的优先性。如上所述,这一规定蕴涵着回应型规制理念,即国家强权应慎入新兴产业,除了"威慑"和"服从"模式之外,应综合采用惩治与说服策略[31]。

1. 服务质量如何满足市场的多样化需求

作为大众交通手段之一种,出租车车辆和从业者很难提供多样化的服务。由于价格固定且行业垄断,出租车经营人所提供的服务质量往往要低于市场预期。不仅车辆低廉、整体状况堪忧,驾驶人员的服务意识也低于一般竞争行业。

因为价格固定导致的服务数量和服务质量难以满足市场需求,成为当前各国出租车行业规制的共同现象。为了促使出租车行业提高其服务质量，各规制者通常会制定详细的规章流程，并力图通过出租车经营公司化的方式，降低相关的监督成本。为使出租车行业的服务数量满足市场需求，规制者也会适时增加营业牌照。但是，行政权力确定的牌照数量定然难以与市场实际需求相一致，由此导致，数量过多则出租车行业经营不景气，数量过少则市民的基本出行要求得不到满足。与此同时，由于数量限制和质量要求能为规制者和被规制者带来丰厚的货币或非货币利益，出租者行业的规制制度一直饱受诟病。

2. 互联网专车平台具有独特的价格形成机制

可以认为，借助于传统的规制制度，规制者和被规制者形成了某种形态的"攻守同盟"。因此，当一个新的业态出现，并且威胁到出租车行业的生存时，规制者的本能反应可想而知。然而，根据《行政许可法》第13条，规制者在行政介入之前，必须考虑是否存在其他市场手段或自我规制手段来到达同样的规制目标。这意味着，在对互联网专车平台实施行政介入之前，应考虑到其他的可能性。就此，我们发现，与传统出租车行业不同，互联网专车平台具有独特的价格形成机制。

前者采取先确定交易主体再确定交易价格的主观交易法，后者采取先确定价格再确定具体交易主体的客观交易法，即由乘客通过网络平台向整个市场报价，得到市场回应之后，交易就撮合成功。此类价格在一个"脱域"的抽象体系内达成，很少受到交易主体特征和交易环境的影响。因此，政府并无介入的必要性。由于互联网专车平台价格的确定与具体交易者身份无关，因而可以大幅度降低主观交易法中的不平等交易现象。相应地，乘客可以通过互联网专车平台确定相关的车型以及相应的服务，并通过整个交易平台撮合交易。在此情况下，通过市场竞争机制，相关服务的数量问题和质量问题也可以得到保证。不仅如此，由于互联网专车平台有乘客回馈和评分功能，并且这一功能为所有潜在乘客所共享，就形成了一个强有力的约束机制。可以认为，通过自动撮合机制和"脱域"技术，互联网专车平台有效地解决了困惑于出租车行业的安全性、隐私、歧视、劳工标准等诸多问题[32]。然而，如上所述，互联网专车平台难以回避的一个难题是，当交通事故发生后如何分摊责任。由于侵权责任承担与已经发生的事件密切相关，显然难以利用未来导向的市场竞争和自我规制方法加以妥善解决。在此情况下，根据《行政许可法》第13条，规制者有必要"升级"规制的强制性，从保护乘车人和第三方人身财产利益的角度出发，依据受益者承担其责的法理，要求从事"人车合一"客运服务的车辆所有人或经营人承担相应责任。这意味着，为安全运营，相关车辆所有人或经营人应购买足额商业经营保险。对互联网专车提出更高的商业保险要求无疑会增加其市场运营成本，但从法经济学角度分析，这一要求恰恰能够内化"人车合一"客运服务所造成的负外部性，并且相对成本较低，具有经济合理性。

六、结语

规制处于政治、经济、社会和法律活动的交汇点，每一个规制者都是一个"缩微版的政府"，其一举一动必然影响到市场主体的利益。对于市场创新而言，最大的障碍在于，规制者往往会被传统行业所俘获，倾向于利用现有的规制手段限制新兴行业的发展。其中，基于严格执法的"全有全无"规制策略具有严格法律形式主义特征，由此导致，关涉公共资源配置和公共利益的重大问题被掩盖在相对狭隘的高度技术化的法律问题之下，这必然会侵蚀法律规定与其所立基的经济理性之间的有效联系，导致革新和守陈之间的激烈对抗。问题是，规制机构恰恰拥有无可比拟的灵活性，如果其以僵化的态度对待市场创新，则我们不能指望立法或司法机构能迅速纠正规制失灵。

（本报告撰写人：赵绘宇）

作者简介：赵绘宇，女，法学博士，上海交通大学凯原法学院副教授。本报告受南京信息工程气候变化与公共政策研究院开放课题"雾霾治理与交通低碳发展法律政策研究 14QHA026"资助。

参考文献

[1] 李红利. 环境困局与科学发展：中国地方政府环境规制研究[M]. 上海：上海人民出版社，2012.

[2] 王金南，陆新元，杨金田. 中国与 OECD 的环境经济政策[M]. 北京：中国环境科学出版社，1997.

[3] Feng An，Robert Earley，Lucia Green-Weiskel. Global overview on fuel efficiency and motor vehicle emission standards：policy options and spectives for international cooperation[EB/OL]. 2014-8-16. http://www. un. org/esa/dsd/resources/res_pdfs/csd-19/Background-paper3-transport. pdf.

[4] 吴勇. 第三阶段《乘用车燃料消耗量限值》助力汽车行业节能减排[J]. 汽车维修，2010(8)：25。

[5] Driving Efficiency：《Cutting Costs for Families at the Pump and Slashing Dependence on Oil》[EB/OL]. http：//www. whitehouse. gov/sites/default/files/fuel_economy_report. pdf. 2014-1-25.

[6] 陈刚. 我国汽车燃油能耗标准落后国际水平[N]. 经济参考报，2010-05-20(4).

[7] 马芸菲. 雾霾之下，油品升级纠结于利益之间[N]. 中国经济导报，2013-01-26(B02).

[8] 梁嘉琳. 尾气污染背后的雾霾之责[N]. 经济参考报，2013-07-15(A05).

[9] 刘伊曼. 油品"国标"的环保尴尬[J]. 瞭望东方周刊，2013(41)：30.

[10] 柯坚. 生态实践理性：话语创设、法学旨趣与法治意蕴[J]. 法学评论，2014(1)：79.

[11] 叶俊荣. 面对行政程序法[M]. 台湾：元照出版社，2010.

[12] [美]吉娜·麦卡锡. 环保合作——中美应做好伙伴[N]. 环球时报，2013-12-11(15).

[13] 陈富良. 规制政策分析：规制均衡的视角[M]. 北京：中国社会科学出版社，2007：234-235.

[14] 刘恒. 行政执法与政府管制[M]. 北京：北京大学出版社，2012：12.

[15] 黄欣. 行政效能监察的法治观察[J]. 广州大学学报(社会科学版)》，2006(6)：3-8.

[16] Robert V Percival. Environmental Regulation：Law，Science，and Policy[M]. Aspen Publishers 7th edition，2013.

[17] [加]乔治·安德森. 联邦制导论[M]. 田飞龙译. 北京：中国法制出版社，2009.

[18] 廖进球，陈富良. 规制与竞争前沿问题(第二辑)[M]. 北京：中国社会科学出版社，2006.

[19] 张厚明，文芳. 发展新能源汽车亟待破除地方保护主义[N]. 中国经济时报，2014-5-13(6).

[20] 胡仁芳. 利好政策密集出台新能源公务用车 2014 年采购量或超 3 万辆[N]. 证券日报，2014-07-17(C02).

[21] 晓程. 成败系于充电站新能源岂能毁于一旦[EB/OL]. 2014-08-16. http://auto. qq. com/a/20140613/020576. htm.

[22] 王道军. 特斯拉拟在京沪线建充电站[N]. 东方早报，2014-01-16(A36).

[23] 第一电动研究院. 2012 年全球新能源汽车产业发展研究报告(简版)[EB/OL]. 2014-08-16. http://auto.

gasgoo. com/News/2013/01/23111350135060165894792. shtml.

[24] 陈柳钦. 美国新能源汽车发展政策走向[J]. 时代汽车,2011(9):21.

[25] Wang Tao. Recharging China's Electric Vehicle Policy[EB/OL]. 2014-08-16. http://carnegietsinghua. org/publications/? fa=52561.

[26] 雷切尔·博茨曼,路·罗杰斯. 共享经济时代:互联网思维下的协同消费商业模式[M]. 上海:上海交通大学出版社,2015.

[27] Belk R. Sharing versus pseudo-sharing in Web 2.0[J]. Anthropologist. 2014,**18**(1):7-23.

[28] Martin E,Shaheen S,Lidicker J. Impact of carsharing on household vehicle holdings:Results from North American shared-use vehicle survey[J]. Transportation Research Record:Journal of the Transportation Research Board,2010(2143):150-158.

[29] [美]曼昆. 经济学原理(上册)[M]. 梁小民译. 北京:生活·读书·新知三联书店,北京大学出版社,1999.

[30] [英]迈克·费恩塔克. 规制中的公共利益[M]. 戴昕译. 北京:中国人民大学出版社,2014.

[31] Robert Baldwin,Martin Cave,and Martin Lodge. Understanding Regulation:Theory,Strategy,and Practice (2nd ed.)[M]. OUP,2012:259-267.

[32] Brishen Rogers. The Social Costs of Uber[M]. 82 U. Chi. L. Rev. Dia. 85,2015).

China's Regulation of Law and Policy on Low Carbon Transportation

Abstract: To promote the low-carbon traffic can be embodied in many aspects. This article focuses on the enhancement of energy vehicles, measures to facilitate public transport, and shared bicycles in the shared economy, from those three aspects to improve the legal regulation of low-carbon traffic. Traditional gasoline vehicle industry needs the government mandatory legal regulation in the energy consumption, oil and exhaust gas, not only to curb the monopoly enterprises affect the standard-setting behavior, but also to help transform the traditional market into new energy vehicle through strict pollution control law. There are some problems such as government subsidy, lack of support policy, inadequate market competition and inconvenience of consumption, so we need to clarify them and give legal norms. In addition, the traditional gasoline vehicles and new energy vehicles exist in a zero-sum market. For environmental protection and low carbon purposes, legal tools should strictly regulate the emission of traditional vehicles. The measures to facilitate public transport include land planning and integrated development of public transport sites, subsidies and inputs for public transport, and so on. Shared economy and shared bicycle is changing the way and ideas of slow travel, it is a revolutionary low-carbon transport mode. The promotion of its mechanism is worthy of our regulation and summary at the legal level.

Key words: regulation; new energy vehicles; convenience to public transportation; shared traffic

利益相关者视角下船舶碳排放共同治理研究

摘　要:船舶碳排放在全球碳减排中一直是被忽视的领域,但事实上船舶碳排放量在全球碳排放中占的比重越来越大。目前国际海运组织已经有相关的燃油标准、船体设计等规范性标准约束远洋航船,对于内河船舶排放我国交通部在 2015 年下发了《船舶与港口污染防治专项行动实施方案》。但是对于船舶碳排放治理,涉及政府、船运公司、各类船主、港口、相关科研机构、港口居民等众多利益相关者,各个利益相关者应该如何分类,利益相关者对于低碳航运的态度如何,针对利益相关者的态度应该采取怎样的策略来激励其参与到船舶碳减排中,都是我们需要去解决的问题。在生态文明建设和绿色发展的大背景下,探讨各种促进船舶碳减排利益相关者参与的政策机制,充分发挥其相应的功能和角色,以共同推进船舶碳减排目标的实现。

关键词:船舶碳排放　利益相关者　共同治理

一、绪论

(一)研究背景和意义

长期以来,在应对全球气候变化和大气污染治理方面,航运往往是被忽视的一个行业,也是大气污染治理的一个"盲区"。据统计,世界贸易运输量的 90% 由航运业承担。到 2020 年,全球海运船舶二氧化碳排放量将接近 20 亿吨。在国际领域,国际海运组织(IMO)发布了多次温室气体报告,2014 年 IMO 第三次温室气体报告指出,2012 年国际航运排放的二氧化碳达到 7.96 亿吨,如果不加控制,船舶温室气体排放量到 2050 年将会比 2012 年增加 150%~250%,占届时全球允许碳排放的 12%~18%[1]。

为此,IMO 积极推行船舶温室气体减排协议,2005 年 IMO 就已经提出了对船舶碳排放指数的要求,2010 年 MEPC61 上,IMO 批准了"关于新船能效设计指数(EEDI)和船舶能效管理方案(SEEMP)",2013 年 1 月 1 日正式实施。这两个标准是 IMO 首个适用于所有国家船舶的与碳减排相关的强制法律法规。可以说 EEDI 和船舶能效运营指数(EEOI)是发达国家主导推行的试图减少碳排放的措施,也是 IMO 建立航运碳排放交易市场的铺垫。在《巴黎协定》生效后,IMO 也将会继续推行全球船舶燃油消耗的全球数据采集系统,来为全行业实现温室气体减排目标提供可行性。

欧盟也是在航运碳减排领域非常积极的强势推行者,鉴于 IPCC 和 IMO 在航运碳减排领域的步伐稍慢,尤其欧盟认为 EEDI 指数无法覆盖现有的所有船舶。欧盟在 2013 年 6 月提出航运温室气体排放"可测量(Measurable)、可报告(Reportable)、可核查(Verifiable)"即"MRV"法规。根据该法规,船舶监测、计算自身运营时燃油消耗、二氧化碳排放以及气候相关信息,须按规定期限上报,最终由经认证的第三方机构对提交数据进行验证。该法案在 2015

年7月1日正式生效,在2018年1月1日开始首个监测周期。而欧盟之前推行的航运碳税遭到了多数国家的反对,应该来讲,"MRV"法规是欧盟航运碳排放交易的前奏。

在我国,水运因运能大、污染小、成本低、占地少等优势,是重要的大宗货物运输方式之一。我国水上运输船舶达16.6万艘,海运船队运力总规模达1.6亿吨,内河货运船舶平均吨位超过800吨,货物周转量占总量的50%。长期以来,我国航运船舶及港口污染是大气污染治理的盲区。而航运污染已经成为继机动车尾气污染、工业企业排放之后的第三大大气污染来源[2]。来自深圳环境科学研究院的测算显示,一艘燃油含硫量3.5%的中大型集装箱船,以70%最大功率负荷24小时航行,其一天排放的$PM_{2.5}$相当于21万辆国Ⅳ重货车[3]。2016年12月《中国交通运输发展》白皮书指出,靠港船舶使用燃油也是大气污染排放的重要源头。面对IMO和欧盟在国际海洋航运碳排放方面的竞争博弈,国内水路船舶运输必须充分考虑到国际航运碳减排的大趋势,内陆船舶运输业必须主动积极应对;同时也必须充分考虑到国内航运碳减排、碳核算及碳交易市场的大趋势。在应对全球气候变化和雾霾治理的大背景下,航运业应积极探索实现低碳和绿色排放的途径,减少对大气污染的贡献。

(二)国内外船舶碳减排研究现状

1. 国外船舶碳减排研究现状

国外航运业应对气候变化起步比较早,对航运碳减排、绿色航运、绿色港口等具体方面研究得比较早,船舶碳减排研究主要集中在以下几点。

(1)船舶碳排放测量与实证研究。船运碳排放测量是估量碳排放总额的基本,国际海事组织(IMO)和欧盟委员会(EC)提出了四种测算碳排放的方案,即监测采信的强制性燃油交付单据外,监控船舶燃料箱、发动机燃油流量表和船舶发动机直接排放废气量。Harshit和Quentin[4]通过对远洋航行船只进行周期研究,对船舶减速模式下、海上实际操作期间主发动机实证研究了颗粒物(PM)、金属、离子、有机碳不同气体的排放测量估值。也有学者研究航运部门对全球碳减排的贡献,诸如Nadine和Sonja[5]通过对边际减排成本曲线(MACC)来研究航运部门碳减排对全球成本的节省程度、航运部门对降低成本效益的贡献率等。

(2)对船舶碳排放因子的研究。航运的碳排放影响因素主要包含发动机燃油质量、柴油发动机的性能和排放、船舶航行速度、船型等因素。通常认为的通过降低船速(slower speeds)、更大船舶(larger vessels)和细长型船体设计(slender hull designs)可以减少能源消耗和碳排放,但是Haakon和Gunnar[6]通过研究发现,由于成本增加,降低排放和高油价带来的不是船速降低而是船速提高。Chang和Wang[7]研究发现,最佳减速是一个动态过程,主要取决于租船费率和燃油价格。

(3)船舶碳排放公共政策及技术研究。Miola等[8]研究了国际海事运输部门应对气候变化的政策设计,认为区域一级如欧盟碳排放交易(ETS)面临碳排放分配、碳泄漏、许可证分配、多种船舶类型、规模和使用处理及交易成本等问题的挑战。基于市场的全球政策工具诸如全球航运碳排放交易(METS)、航运全球总量管制和碳税(Global Cap and Tax)、全球航运认证机制(MSCM)可以克服大部分这些挑战。碳捕获和储存(CCS)技术也是有效应对IMO2020年前20%减排目标的有效手段。Yang[9]运用碳足迹和灰色关联理论分析船运公司和海运码头营运者适应绿色港口发展的应对策略,通过对台湾港口实证研究认为,基于碳足迹的集装箱码头类型的排列顺序是轮胎移动式集装箱吊运车领先于轨道式集装箱吊运车,构建由工作时间效率、能源成本和二氧化碳排放、使用高效集装箱装卸设备组成的最优绿色港口评估标准,不仅能快速完成工作,减少船舶的港口停泊时间,还能降低能源成本和二氧化碳排放。

2. 国内船舶碳减排研究现状

国内对船舶碳减排相关研究主要集中在以下几点。

(1)船舶污染物排放与控制相关研究。国际航运标准及国内碳减排绿色发展的要求使得不少研究集中在绿色船舶机理、绿色评价指标体系、船舶环境性能中大气污染排放指标[10];船龄、船用燃油的质量、船舶航速、船舶设计水平、船舶装载率、海况等因素都会通过船舶的燃油消耗,间接地影响到船舶的碳排放情况,可通过船队减速、优化辅机供电体系、气象导航、JTI (just-in-timelogistics,准时制物流)管理、提高装卸效率、船体维护保养等营运性减排措施来提高管理效率,同时可替代燃料液化天然气(LNG)的应用,也是研究的热点[11,12]。在技术方面可以用船用选择性催化还原系统(SCR),来应对排放控制区(ECA)对氮氧化物 Tier III 排放标准的要求[13]。航运企业实施低碳综合物流的路径分析考虑碳排放成本的集装箱班轮航线配船优化研究[14]、海运业低碳发展系统动力学(SD)模型[15]、船舶碳排放限制方法及监测手段[16]来减少航运碳排放。

(2)探讨欧盟的 MRV 机制及 MARPOL73/78 附则 VI 的修正案对我国的影响。欧盟区域性的 MRV 机制体现出其在航运碳排放方面积极的态度,但同时也对入境欧盟境内的船只带来了影响。MRV 机制有利于发展减排数据库,对航运船只带来更多的成本影响,虽然超出 IMO 的层面,该机制的运行使得各国的船只不得不适应[17,18]。国际海事组织海洋环境保护委员会第 57 届会议通过了 MARPOL73/78 附则 VI 的修正案,对船舶废弃中的硫氧化物及氮氧化物的排放含量做了限制,禁止故意排放消耗臭氧的物质。这一举措给航运业各相关利益方均提出了新的更高的要求,我国航运业也必须积极适应,积极制定相关标准[19,20]。

(3)污染物排放清单研究。地方港口城市积极探索污染物排放清单。刘静等研究[21]认为,排放清单在开发的基于 GIS 地理信息系统 EnviMan 复合源大气扩散模型中得到较好应用,实现了对沿海主要大气污染物排放量的空间模拟测算,解析出大气污染排放物的贡献率。上海市环境监测中心和上海市环境科学研究院发布了《上海市船舶及港口大气污染物排放清单研究》(2014)报告,对上海市港口船舶大气排放污染源进行分类,研究上海港船舶大气污染物排放清单,对船舶大气污染排放物排放计算方法进行了探讨。

(4)航运碳排放交易探索研究。碳税容易增加船主的成本,减排总体效果并不好,碳排放交易体系是目前公认的能较好解决碳减排、提高减排积极性的市场机制。黄子鉴[22]通过引入生命周期理论,建立了一套基于船舶生命周期碳排放评估的新全球航运碳排放交易体系,以提升船主碳减排的积极性,并以最小成本实现航运业的碳减排。还有学者研究了我国开展航运碳交易的市场前景和可行性[23],指出开展上海航运碳交易建设的上海市是最早将航运碳交易纳入碳交易市场的城市,探讨了上海市航运碳排放交易体系市场的建设建议,要制定温室气体排放核算与报告方法、明确航运碳减排的范围、对污染物实施排放总量控制等[24]。

(三)利益相关者理论国内外研究现状

(1)利益相关者理论源起及发展。利益相关者理论于 1984 年由爱德华·弗里曼最早提出。该理论最早应用在企业管理当中，利益相关者可以影响组织目标的实现，包括团体和个人。通过对利益相关者的分析，提出企业经营管理的战略。米切尔根据利益相关者的认定和特征，将利益相关者分为权力性、正当性和紧急性三种属性[25]，三种属性度可进一步划分为七组利益相关者，即静态型、自主型、苛求型（单一属性），支配型、依赖型、危险型（双重属性），完全型（三重属性）。在国内，不少学者对利益相关者理论发展进行了述评，主要总结利益相关者理论经历了从"战略管理观"到"权利分配观"[26]，从"利益相关者影响"到"利益相关者参与"，再到"利益相关者共同治理"[27]的发展变化。

（2）利益相关者理论在公共管理领域的应用。利益相关者理论被逐渐引入公共管理领域当中，在公共卫生[28]、环境治理、环境资源管理[29]等方面得到了应用。国内则主要集中在利益相关者理论综述研究[30,31]、基于利益相关者的企业环境行为[32]、企业环境信息披露[33]、企业环境响应[34]、环境维权事件[35]等领域。

（3）利益相关者理论在低碳、碳排放研究中的应用，主要包括利益相关者参与、利益相关者决策等。国外研究有大量关注碳减排中利益相关者对碳捕捉和封存（CCS）的态度、认知和认可。碳捕集和封存（CCS）被认为是减少全球二氧化碳排放的一种选择。Andri 和 Eefje[36]认为 CCS 面临着不同的公众接受问题，调查了印度尼西亚 CCS 的利益相关者观点。了解利益相关者是否愿意支持 CCS，或者在什么条件下愿意支持 CCS，需要考虑利益相关者对印度尼西亚 CO_2 减排和能源供应的更广泛问题的观点。此外，还有从国际比较的视角研究利益相关者对 CCS 的态度[37]，受访者认为 CCS 在国家气候辩论中发挥更大的作用。Rumika 等通过对 84 个能源政策利益相关者进行半结构化访谈以比较美国各州政策利益相关者对 CCS 风险和利益的看法[38]。此外，UNDP 的报告中认为，国家层面、区域层面和城市层面的多元利益相关者对促进可持续发展的 LECRD（Low-Emission，Climate-Resilient Development Strategy）项目在创造所有权、能力和一致同意方面很重要[39]。

国内研究面对全球气候变化的大背景，王建民等用多维细分法和米切尔评分法，用均值分析和配对样本 T 检验，分析了碳减排中的核心利益相关者、重要利益相关者和一般利益相关者，并分析了各种利益相关者在碳减排中的角色[40]。利益相关者理论也被广泛用来研究低碳旅游，例如，张海波运用博弈论、扎根理论等方法总结建立了利益相关者参与旅游产业低碳转型的一般过程路径与管理框架模型，构建了一个利益相关者广泛参与的旅游产业低碳转型政策体系中的低碳化路径，从利益相关者的环境行为角度分析了保证企业利益最大化的低碳策略[41]。陈秋华和纪金雄从利益相关者的视角分析了森林旅游中的关键利益相关者，即政府部门、旅游企业、游客和社区居民，分析了其在森林旅游中的低碳化行为现状，构建了森林旅游低碳化的运作模式，提出了森林旅游低碳化运行机制[42]。

从国内外研究现状可以看出，国外对船舶碳减排的重视程度较高，对船舶碳减排测量、排放因子等研究比较深入。而国内对船舶碳减排的研究相比来讲不够具体，对船舶碳减排交易的研究也处在探索阶段。利益相关者理论源于西方，其研究成果比较丰富，在碳减排方面的研究主要集中在利益相关者参与和决策。而针对船舶碳减排和大气污染治理方面的研究还并不多。因此，研究利益相关者在船舶碳减排和大气污染方面的态度和参与，对于我国"十三五"大气污染综合治理的方法策略具有一定的研究意义。

二、我国船舶碳排放与大气污染的成因分析

中国内河航运资源丰富,吞吐量约占全球四分之一。内河航运能耗低、运能大,承担了交通运输行业的大量运输任务。作为非道路移动源之一的船舶运输,主要以柴油和重油为主要燃料,具有技术水平低、使用年限长、耗油量高、维护率低和污染物单机排放量较大等特点[43]。船舶造成的大气污染主要原因在于船舶柴油发动机,其燃油含硫量和品质影响到排放的大气污染物。这些大气污染物主要包括硫氧化物、颗粒物和氮氧化物,同时包括二氧化碳等温室气体。港口污染源主要来自船舶停靠排放污染、集输运车辆尾气污染、港作机械排放污染。船舶靠港作业期间,为维持生产生活需要,就要开动辅助发电机发电,辅机燃烧柴油产生大量有害物质的排放。据统计,靠港船舶发电机产生的碳排量占港口总排碳量的 40% ~ 70%[44]。

在我国,船舶燃油含硫标准高于国际标准,更有一些老旧船使用重油或劣质柴油导致排放的污染气体更加严重。船舶使用的燃料油,其含硫量是车用柴油的 100 ~ 3500 倍。远洋船主要使用燃料油(也称为渣油或重油)以提供动力、供热和电力。船用燃料油是炼油的残余产物,具有高含硫量、高黏度的特点,还含有重金属,如镉、钒和铅等[45]。一艘燃油含硫量 3.5% 的船舶平均每天的排放量相当于 21 万辆卡车造成的污染,带来几十种致癌的化学污染物。中国环保部机动车排污监控中心统计显示,2013 年在我国港口靠泊的船舶共排放二氧化硫和氮氧化物排放量约占全国排放总量的 8.4% 和 11.3%。相比之下,世界十大港口中,我国内地港口占据八席,船舶燃油平均含硫率却高达 2.8% ~ 3.5%,部分高达 4.5%,且多未进行有效尾气处理,带来的空气污染不容忽视。

环保部门监测数据显示,2013 年全国船舶二氧化硫排放量约占全国排放总量的 8.4%,氮氧化物排放量占 11.3%。受船舶污染影响最大的是港口城市,其次是江河沿岸城市①。根据上海 2012 年的研究结果,船舶排放产生的二氧化硫(SO_2)、氮氧化物(NOx)和细颗粒物($PM_{2.5}$)分别占到上海市排放总量的 12.4%、11.6% 及 5.6%[46]。在香港,2011 年船舶废气排放是全市可吸入悬浮粒子(RSP)、NOx 和 SO_2 的最大排放源,其中前两者占到约 30% 以上,SO_2 则达到 50% 以上[47]。

根据《国际防止船舶造成污染公约》,船舶排放控制区主要通过对船舶采取强制措施以减少和控制硫氧化物、颗粒物或者氮氧化物的排放。硫氧化物和颗粒物排放控制通过控制燃油硫含量实现,而氮氧化物主要通过船舶发动机升级、连接岸电、使用清洁能源或尾气后处理等方式实现[48]。

三、利益相关者理论及航运碳减排中的利益相关者

(一)利益相关者理论的概念

利益相关者理论最早在企业管理领域被提出,该理论被视为是对"股东至上"的挑战。与

---

① 数据来源:http://politics.people.cn/n/2015/0608/c70731-27121137.html。

传统企业管理理论将股东视为企业利益最大化者不同,利益相关者理论认为所有可以影响到组织目标实现的个体和群体,都可以被视为是利益相关者。从理论发展渊源来看,1963 年斯坦福管理学院最早提出了利益相关者的理论概念,利益相关者理论在 20 世纪 70 年代中后期在经济学和管理学领域开始流行,一个非常重要的现实原因是全球普遍对企业社会责任加以重视,股东至上的理论只重视股东利益,而忽视了其应该承担的各类社会责任。股东至上的企业理论导致企业敌意收购后无视原企业的员工利益。因此,实践的需要也推动了利益相关者理论的发展。

对利益相关者理论进行系统概况的是爱德华·弗里曼,1984 年他在《战略管理:利益相关者的方法》一书中认为,"利益相关者是指能够影响该组织目标的实现或受该目标影响的任何组织或个人"。企业应该关注整体利益而不是单个主体利益,所以,除了与企业直接利益相关的股东、员工、债权人、商业伙伴、供应商等,影响到企业直接或者间接经营的政府、社区、媒体,以及企业有可能影响的自然环境和社会发展等,都可以视为是利益相关者。

国外利益相关者理论发展以来,有大量关于企业社会责任的探讨,认为企业应该关注其对自然环境和社会发展潜在的影响,并积极承担社会责任。弗里曼将利益相关者理论上升到战略管理的高度,强调企业管理中利益相关者的平等、互动参与。利益相关者理论也被大量运用在公共管理和政治学领域,在公共政策制定中,应重视利益相关者的利益需求,强调权力分享和民主,充分重视利益相关者的影响和参与,实现多元利益相关者的合作治理。

(二)利益相关者的分类

对利益相关者进行分类,可以更为具体地比较不同主体的影响力和利益需求。比较有代表性的是以下几种分类。

(1)以米切尔为代表的权力性—正当性—紧急性分类。米切尔、沃德根据利益相关者的认定和特征,将利益相关者分为权力性、正当性和紧急性三种属性。权力性(power)是指可以影响企业决策的能力、地位和影响力;正当性(legitimate)是指主体是否具有法律、道义或者对企业的索取权;紧急性(emergency)是指主体的要求能否立即得到企业的回应。然后又可以根据属性多少进一步划分为七种利益相关者,只具有单一属性的利益相关者,即静态型(dormant)、自主型(discretionary)、苛求型(demanding)利益相关者;具有任意两种属性的为支配型(dominant)、依赖型(dependent)、危险型(dangerous)利益相关者;具有三种属性的是完全型(definitive)利益相关者。如表 1 所示。

这个分类并不是固定不变的,利益相关者的类型可以随着政治社会环境的变化而发生转化。

表 1　利益相关者分类图

具体类型	权力性	正当性	紧急性	与特定主体的利益相关程度	类型归属
静态型利益相关者	√				
自主型利益相关者		√		较低	潜在型利益相关者
苛求型利益相关者			√		

续表

具体类型	权力性	正当性	紧急性	与特定主体的利益相关程度	类型归属
支配型利益相关者	√	√		一般	预期型利益相关者
危险型利益相关者	√		√		
依赖型利益相关者		√	√		
完全型利益相关者	√	√	√	较高	完全型利益相关者

（2）Clarkson 根据利益相关者与企业的利益关系，将利益相关者分为首要利益相关者和次要利益相关者，前者指与企业经营密切相关的主体，后者是企业生产和发展间接影响到的主体。Starik 将利益相关者分为现实利益相关者和潜在利益相关者，两者的区别标准在于是否投入专用性资产。当潜在利益相关者投入专用性资产时就可以转化为现实利益相关者。按利益相关程度还可以把利益相关者划分为核心利益相关者、边缘利益相关者和潜在的利益相关者。

以上几种分类方法中，米切尔的划分方法能将各个主体与企业的相关度联系起来，具有一定的层次性，在实际的分析中具有更广的应用价值。本文将运用米切尔对利益相关者的分类，分析航运碳排放中的利益相关者。

（三）航运碳减排中的利益相关者及分类

由于利益博弈，航运业的碳减排目标暂时还没有写入 IPCC 报告中，对此国际海事组织（IMO）对 IPCC 对航运碳排放的缺失表示遗憾。但是由于航运承载着大量的货物运载功能，低效能的发动机、燃油、废气处理等都会影响到航运的碳排放量和大气质量。

根据航运的特点，一般将航运分为远洋航运和内陆航运。国际上的远洋航运（包括国际航行船舶、国内海船）基本上必须遵守国际规约、国际燃油标准等，碳排放量已经有所控制，而目前我国内河船舶还没有专门的排放标准，导致碳、各类污染物排放相较于机动车排放标准都较为落后。所以，本文重点研究我国内河航运问题，尤其是内河航运的碳排放治理问题。

内河航运能耗低、运能大，船舶的柴油消耗量约占非道路用途柴油的 15％；内河航运的船舶尤其是各类小型船舶虽然吨位不及远洋航运，但是由于发动机标准、燃油质量标准、排污标准低，加上小型船舶船主为降低成本使用劣质柴油等，往往会使得碳排放量增大。就港口来看，存在更多的碳排放增长因素，包括船舶航行碳排放、航运停靠碳排放、集输运车辆碳排放、港作机械碳排放。

综合来看，与航运碳减排相关的利益相关者主要有政府、船运公司、港口管理局、小型船舶船主、普通公众、社会组织、媒体等。这些利益相关者中，政府相关部门是核心利益相关者，属于完全型利益相关者，同时具有权力性、正当性和紧急性三种属性。港口管理局是重要的船舶港口管理机构，但其行动往往会受中央政府的授权，是依赖型利益相关者，正当性和紧急性突出。船运公司一般会执行政府的碳减排政策，对于大型的国际型船运公司有时候会主动进行船舶设计改造，创新性进行碳减排，所以船运公司是支配型利益相关者，权力性和正当性突出。社会组织如船级社可以为船舶进行评级，属于危险型利益相关者，权力性和紧急性突出。普通居民属于静态型利益相关者，权力性突出。小型船舶船主是自主型利益相关者，仅正当性突出。新闻媒体是苛求型的利益相关者，紧急性突出。属性越多表明与特定主体的利益相关程度越高。如表 2 所示。

表 2   航运碳减排中的利益相关者分类

利益相关者	具体类型	类型归属	与特定主体的利益相关程度
普通居民/港口居民	静态型利益相关者	潜在型利益相关者	较低
小型船舶船主	自主型利益相关者		
新闻媒体	苛求型利益相关者		
船运公司	支配型利益相关者	预期型利益相关者	一般
社会组织	危险型利益相关者		
港口管理局	依赖型利益相关者		
政府(国务院各相关部门)	完全型利益相关者	完全型利益相关者	较高

航运碳排放中利益相关者的权力性主要指对于航运碳减排实施的决策能力和实际影响力；正当性是指在法律和道义上应该承担对于航运碳减排的责任；紧急性是指对于航运碳减排的反应和行动。

四、我国航运碳排放利益相关者参与分析

在绿色发展和生态文明的背景下，要实现绿色水路交通，需要各方的利益相关者共同参与、共同治理。航运碳减排中不同利益相关者的参与动机、态度、行动都不同，此部分重点分析在船运碳减排中各利益相关者的不同表现。

(一)政府

政府尤其是环保部门、交通运输部门及海事部门，是完全型利益相关者，既具有权力性，同时又兼有正当性和紧急性。面对航运方面碳减排的压力及国际航运碳减排标准施行，国内内河船运的碳减排已经逐渐提上日程。本文从法律、政策层面剖析我国各级政府在内河船舶碳减排方面的政策演进，全面展现政府在船舶碳减排方面权力性、正当性和紧急性的表现。围绕碳减排和大气污染出台系列文件，明确相关强制标准和治理目标。

近几年我国政府出台了大气污染防治、船舶与港口污染防治行动计划等总体治理方案，明确了船运碳减排的目标、规定了船舶大气污染物排放标准以及制定了船舶碳排放联防联治控制区、船舶发动机燃油使用标准，对港口岸电设备和使用 LNG 新型能源做了规定。重要文件和方案如表 3 所示。

表 3   政府大气污染和船舶污染治理重要文件一览表

出台日期	部门	文件	相关政策及目标
2013 年 9 月	国务院	《大气污染防治行动计划》	到 2017 年，全国地级及以上城市可吸入颗粒物浓度比 2012 年下降 10% 以上；京津冀、长三角、珠三角等区域细颗粒物浓度分别下降 25%、20%、15% 左右。

出台日期	部门	文件	相关政策及目标
2014 年	交通运输部	《内河运输船舶标准化管理规定》	①海事管理机构根据有关法律、行政法规和本规定对内河运输船舶检验、交通安全及防止污染水域实行监督管理；②支持和鼓励采用先进适用的水路运输船舶和技术；③新建、改建内河运输船舶，应当按国家有关规定向海事管理机构认可的船舶检验机构申请建造检验，取得船舶检验证书。（2015 年 4 月 1 日正式实施）
2015 年 9 月	国务院	《大气污染防治法》	①船舶检验机构对船舶发动机及有关设备进行排放检验。经检验符合国家排放标准的，船舶方可运营。②内河和江海直达船舶应当使用符合标准的普通柴油。远洋船舶靠港后应当使用符合大气污染物控制要求的船舶用燃油。③新建码头应当规划、设计和建设岸基供电设施；已建成的码头应当逐步实施岸基供电设施改造。船舶靠港后应当优先使用岸电。④国务院交通运输主管部门可以在沿海海域划定船舶大气污染物排放控制区，进入排放控制区的船舶应当符合船舶相关排放要求。（2016 年 1 月 1 日正式实施）
2015 年 8 月	交通运输部	《船舶与港口污染防治专项行动实施方案（2015—2020 年）》	①做好船舶与港口污染防治标准，以及与国家有关标准的衔接；②持续推进船舶结构调整；③推进设立船舶大气污染物排放控制区；④积极开展港口作业污染专项治理；⑤协同推进船舶污染物接收处置设施建设；⑥积极推进 LNG 燃料应用；⑦大力推动靠港船舶使用岸电；⑧加强污染物排放监测和监管；⑨提升污染防治科技水平；⑩优化水路运输组织；⑪提升污染事故应急处置能力。
2015 年 12 月	交通运输部	《珠三角、长三角、环渤海（京津冀）水域船舶排放控制区实施方案》	①首次在珠三角、长三角、环渤海（京津冀）水域设立船舶大气污染物排放控制区，控制船舶硫氧化物、氮氧化物和颗粒物排放，与 2015 年相比分别下降 65％、20％、30％。②船舶靠岸停泊期间使用硫含量不高于 0.5％的燃油。（2016 年 1 月 1 日正式实施）
2016 年 8 月	环境保护部、质检总局	《船舶发动机排气污染物排放限值及测量方法（中国第一、二阶段）》（GB 15097—2016）	①填补了我国船舶大气污染物排放标准的空白。②内河船舶造成的大气污染物、碳排放控制有了国家级官方标准和测量方法。（2018 年 7 月 1 日正式实施）
2017 年 1 月	国务院	《"十三五"节能减排综合工作方案》	①加快船舶和港口污染物减排，在珠三角、长三角、环渤海京津冀水域设立船舶排放控制区，主要港口 90％的港作船舶、公务船舶靠港使用岸电，50％的集装箱、客滚和邮轮专业化码头具备向船舶供应岸电的能力。②2020 年实现车用柴油、普通柴油和部分船舶用油并轨，柴油车、非道路移动机械、内河和江海直达船舶均统一使用相同标准的柴油。③到 2020 年，营运船舶单位运输周转量二氧化碳排放比 2015 年下降 6％。

从国家出台的重要碳减排和大气污染治理法律、法规和方案可以看出，面对全球气候变化和国内绿色发展的目标，国家层面统筹出台了减碳和减污协同的治理方案，这些统筹性、全局性的法律法规体现了中央政府在船舶碳减排方面的目标和决心及角色担当——正当性，以及对船舶碳减排的中央统领性作用得到发挥——权力性，也体现出对船舶碳减排问题的紧急回应——紧急性，体现出其是完全型的利益相关者。

地方政府也随之出台一系列规范性文件,例如,上海市在 2014 年 7 月出台了《上海市大气污染防治条例》,规定了本市交通、海洋以及海事、渔政等有监督管理权的部门,应当加强对机动船污染物排放的监督检查。2014 年 12 月上海市环境保护局和上海市质量技术监督局,出台《上海市船舶工业大气污染物排放标准》(DB 31/934—2015),规定了船舶工业钢质船舶造修与海洋工程装备企业大气污染物排放限值、监测、生产工艺和管理要求,以及标准实施与监督等。总之,地方政府尤其交通部门和海事部门积极在推行船舶标准化,实行老旧船舶强制报废制度、推进船舶燃油含硫标准执行,建设港口岸电设备,加强船舶污染排放污染监测监督抽查等,多措施来推动船舶碳减排及大气污染治理。

(二)港口管理局

港口是重要的船舶起达地,也是重要的货物集散地。船舶自带燃油辅机在停靠期间因燃油产生的碳排放和污染占港口排放总量的一半以上。开展船舶碳减排和污染防治与"绿色港口"建设密不可分。同时,我国在珠三角、长三角、环渤海(京津冀)水域设立船舶大气污染物排放控制区也离不开各个港口之间的协同合作。

港口管理局处在船舶管理的第一线,在船舶碳减排中是重要的行政机构,其承担着港口作业设备"油改电"、船舶岸电设备建设、港内配套建设 LNG 水上加注设施等责任,对于船舶碳减排相应比较积极,但是港务局的实际行动离不开中央政府的授权,所以,在权力影响力方面较弱,属于依赖型的利益相关者。

目前,我国通过建设"绿色港口"及在珠三角、长三角、环渤海(京津冀)水域设立船舶大气污染物排放控制区,通过示范作用来加强对于港口停靠船舶的燃油使用监管。排放控制区对燃油含硫标准进行阶段控制,时间进度如表 4 所示。

表 4　船舶大气污染排放控制区阶段推进时间表

第一阶段	自 2016 年 1 月 1 日	有条件的港口可以实施船舶靠岸停泊期间使用硫含量≤0.5% m/m 的燃油等高于现行排放控制要求的措施
第二阶段	2017 年 1 月 1 日	核心港口区域的船舶在靠岸停泊期间应使用硫含量≤0.5% m/m 的燃油
第三阶段	2018 年 1 月 1 日	船舶在排放控制区内所有港口靠岸停泊期间都要使用硫含量≤0.5% m/m 的燃油
第四阶段	2019 年 1 月 1 日	船舶进入排放控制区后,必须使用硫含量≤0.5% m/m 的燃油
第五阶段	2019 年 12 月 31 日前	船舶进入排放控制区使用硫含量≤0.1% m/m 的燃油和扩大排放控制区地理范围

目前来看,港口积极推进港口岸电设备,可以节约能源成本,减少停靠船舶碳排放量。例如,珠海高栏港神华粤电珠海港煤炭码头高压"港口岸电"每年将给停靠船舶节约成本约 100 万元,减排二氧化碳 5620 吨,其他大气污染物 38 吨污染物排量[49]。2017 年上半年,船舶排放控制区施行一年半后,深圳东部港区大气环境中二氧化硫浓度较方案实施前降低约 38%[50]。

(三)船运公司

船运公司是受政策影响较大的利益相关者,如燃油含硫量、旧船改造等都会增加企业的运营成本。所以在政策大环境下,船运企业会根据成本等综合因素来应对碳减排。船运公司是支配型的利益相关者,权力性和正当性突出,但紧急性表现不明显。表现为大型船运/海运公司如果践行绿色航运的标准,对低碳航运实现的贡献率极大,同时,航运公司担负着节能减排的责任,但是出于自身利益的考量,有时候并不会主动响应低碳化的要求,除非是政策强制。

船运公司是国家和地方相关规定和标准的执行主体。对于大型船运公司来讲,虽然船舶标准化、低硫燃油、尾气后处理装置会提高船舶的运营成本,但是出于长远发展和竞争力考虑,大型船运公司往往会率先通过船舶大型化和标准化、通过技术创新优化船体设计、降低航速、积极响应燃油标准、淘汰老旧船舶等,与国际和国家标准接轨,在成本控制的同时实现二氧化碳排放控制。

(四)船主

我国的船舶类型多种多样,有内河船、沿海船、江海直达船、海峡船、渔业船舶等。大型船舶往往与船运公司挂钩,而小型船舶船主往往是自主型利益相关者,具有正当性即应对碳减排的责任承担,但出于成本的考虑,小型船舶船主容易使用渣油和重油,怠于进行老船改造和淘汰,不会积极承担减排减污的责任。

对于政府推行的岸电设施,实践证明,虽然其对减排有利,但船主为了缩短在码头的在岸时间,提高经济效益,依然会使用燃油发动机发电,而不使用岸电设备。所以,政府的政策若没有强制力的要求,船主一般很难主动执行。

(五)社会组织

各种类型的社会组织在船舶碳减排方面发挥着重要的作用。社会组织和科研机构可以对船舶碳减排提供技术上的改进建议,服务于企业和公众;可以参与到船舶排放清单的研究中,为政府提供政策咨询。所以,社会组织是具有权力性和紧急性的危险型利益相关者,其研究成果可以对船舶碳减排产生影响,并且此类组织一般能够积极回应全球碳排放问题,主动进行技术探索研究。

国际上船级社是典型的民间组织,是一种出于保险需要等对船舶状况进行检验和分类的民间组织。船级社在船舶方面具有相当强的技术背景和专业实力,可以为船舶安全和保险服务。中国的船级社是隶属于交通运输部的事业单位。

DNV GL 是国际上著名的在海事领域世界领先级别的船级社,该船级社是 2013 年由挪威船级社(DNV)和德国劳氏船级社(GL)合并而成,可以为各类群体提供技术咨询,诸如船舶设计和建造阶段,船舶大型化可以降低碳排放,因为燃料没有增加而货品增加,单位消耗减少,总体上碳排放会减少;降低航速也可以减少碳排放,如航速降低 4%,碳排放能降低 13%。我国水运科学研究院也是专门的负责水运工程技术和管理水平的研究机构,对整个航道、码头、船舶节能防污等方面都可以提供专业的技术咨询和服务,也是内河船舶技术评估认定单位。

2014 年世界自然资源保护协会发布了《船舶港口空气污染防治白皮书》,认为全球十大集装箱有 7 个在中国,加剧了港口地区及周边的空气污染,认为一艘中型到大型集装箱船如使用含硫量为 35000 ppm 的船用燃料油,并以 70% 最大功率的负荷行驶时,其一天排放的 $PM_{2.5}$ 大约相当于中国 50 万辆新货车一天内的排放总量[45]。社会组织对船舶港口污染的研究数据可以为政府决策提供政策咨询。

(六)媒体

媒体在船舶碳减排和大气污染方面是紧急响应的苛求型利益相关者。虽然船舶并不是目前在中国耗能排污量最大的行业,但是老旧船舶的浓烟引起了媒体的关注,国内老旧船舶是底层捕鱼百姓的作业工具,各类航道上大型货轮的浓烟表明其污染排放没有得到有效控制。我国各类媒体不仅充分报道了国际领域 IMO 排放控制区对远洋航船的燃油控制标准,以及欧盟对航运船舶的碳排放监测,还指出中国航运业在碳减排方面要与国际接轨面临的巨大压力。

媒体对中国目前在船舶控制方面进行的努力也充分进行了报道,诸如船舶排放控制区、LNG 新型能源开发与使用、船舶尾气检测设备等,体现出媒体作为社会发展利益相关者的角色。

(七)普通居民

普通居民尤其是港口居民是静态型利益相关者,即具有权力性,具有对于船舶碳排放政策制定的影响力,但正当性和紧急性并不突出。主要原因在于公众目前对于船舶和港口的碳排放和污染认知较少,公众更多关注雾霾问题和机动车排放、钢铁重工业企业排放等问题,较少关注水运船舶领域的碳排放和污染排放问题。这一方面与政府的主要工作重点相关,另一方面与公众的认知水平相关。随着碳排放治理的全面展开,各个行业都有相应的碳排放指标,从国家出台的船舶领域的治理文件可以看出,船舶方面治碳治污在同时进行,美丽中国的步伐在大步向前。普通公民尤其是港口居民也会越来越重视船舶碳排放问题。

五、基于利益相关者的船舶碳减排共同治理对策

从以上分析中可以看出,在整个船舶碳减排中,从权力性、正当性和紧急性来看,政府、港口管理部门、船运公司、船主、媒体、社会组织、居民都扮演着不同的角色。充分调动各个利益相关者在船舶碳减排中的积极性,实现船舶碳减排的利益相关者共同治理,需要以下几个方面的努力。

(一)确定公共利益目标,加强政策执行监督及评估

对于船舶碳排放和大气污染治理,政府作为完全型的利益相关者,已经充分承担起在船运碳减排中的主导角色,出台了重要的大气污染治理、船舶和港口污染治理综合方案、碳排放控制区推进方案,应该来讲,整个政策目标都围绕着公众关心的气候和环境治理,方案从国家到地方,层层推进。但是对一些重要政策目标,还应该加强执行监督和评估,进一步推进碳减排公共利益目标的实现。

(1)地方政府及部门积极贯彻推进执行各类政策。目前来看,国务院已经对各地区的"十三五"能耗总量和强度规定了双控目标,规定了主要行业的节能指标,如对各地区化学需氧量排放总量、氨氮排放总量、二氧化硫排放总量、氮氧化物排放总量,以及重点地区挥发性有机物排放总量设定了详细目标,对于各个地方和行业来讲,必须积极制定相应的地方执行政策,明晰责任到位。将国务院出台的船舶与港口污染行动方案具体落实到各级地方政府,积极进行船舶结构调整;优化船道设计;推进船舶大型化、标准化、自动化发展;积极制定地方船舶与港口污染防治标准;推进 LNG 新型燃料使用和岸电设施建设,等等。

(2)建立政府监督评估机制,强化政策执行。围绕着碳减排的公共利益目标,整个船舶碳

减排和大气污染治理不仅需要地方政府强大的执行力,还需要建立必要的监督评估机制,一方面督促地方政府着力进行船舶污染排放综合治理,另一方面评估地方政府综合治理效果。地方政府可以通过制定各个行业的减排目标,通过相应的指标体系对其减排效果进行评价。

(二)协调利益目标,促进利益主体行动协同

船舶碳排放与大气污染治理是一个复杂的、涉及多部门工作的工程。仅就《"十三五"节能减排综合工作方案》中的"促进移动源污染物减排"牵头单位包括:环境保护部、公安部、交通运输部、农业部、质检总局、国家能源局,参加单位包括:国家发展改革委、财政部、工商总局等。因此,不同部门参与的船舶碳排放与污染治理,涉及船舶、燃油各方的政府责任主体,在实践中,国家港务监督部门是对船舶造成大气污染实施监督管理的执法主体,而中国海事局可以进行船舶尾气检测抽查。因此,协调好各个部门的工作,围绕着共同利益目标,把船舶碳排放的执法、排放监测主体明晰,促进各个政府部门利益主体有效协同合作,才能更好地实现碳减排和污染排放治理的目标。

同时,在船舶大气污染物排放控制区的推进过程中,不同区域涉及多个港口港务部门,也需要不同部门通力合作,共同承担执法、监督等工作,推进区域内船舶碳排放治理的联防联动,进行区域船舶排放监测和联合监管。

(三)政策激励,促进利益相关者类型转化

对于预期型的利益相关者,尤其是船运公司和船主,必须奖惩分明,通过政策强制和激励,促进利益相关者类型转化。

我国对船舶燃油标准进行规定,在排放控制区对不符合燃油标准或者伪造船舶排放检验结果的,由海事部门处以罚款或处罚。《大气污染防治法》明确规定,使用不符合标准或者要求的船舶用燃油的,由海事管理机构、渔业主管部门按照职责处以一万元以上十万元以下的罚款。违反本法规定,伪造船舶排放检验结果或者出具虚假排放检验报告的,由海事管理机构依法予以处罚。制度性的规范可以约束船运公司和船主的行为,从使用渣油到使用含硫量低的燃油,从边缘型的利益相关者向核心利益相关者转化。

同时,在推进 LNG 新型能源使用、岸电设施建设中,还必须对船运公司和船主进行强制性规定,否则也予以警告或罚款,以利于将国家推行的绿色港口设备充分利用。

(四)积极推进船舶排放数据监测,为船运碳排放交易市场建设打好基础

碳排放交易市场是一项积极有效的促进行业碳减排的政策工具,在我国推进碳排放交易市场试点之后,将在"十三五"期间推进碳排放交易市场的建立。地方政府必须积极跟上形势。

(1)积极制定船舶及港口大气污染物排放清单。船舶污染物的排放源头及排放类别是进行数据采集的基础。应制定船舶及港口大气污染物排放清单,明晰海运、内陆航运、各类气体排放物的类别及排放比例。

(2)对航运碳排放数据采集核算。在国家船舶污染物排放限值及测量方法的基础上,制定省内污染物排放限值、碳排放的数据采集方法、制定碳排放的核算与报告方法,推动航运碳排放数据平台的建立,做好航运碳排放的数据采集、报告及核查工作。

（3）确定并控制航运碳排放总量。通过对船舶碳排放数据采集及核算，确定航运碳排放的总量，控制省内碳排放总额，为碳排放配额发放提供基础。

（4）建立公平公正的航运碳排放配额分配体系。配额分配体系必须公平、公正，根据各个企业的发展和生产情况，为航运企业发放碳排放配额，这是继续进行碳排放交易的基础。

（5）建立航运碳排放交易及监督机制来推进航运碳排放交易市场。建立航运碳交易的实现必须建立相应的交易机制，包括账户类型、账户管理、交易主体、结算、登记系统等。碳排放交易必须符合市场定价，且有相应的监督机制，保障碳排放交易的顺利开展。

（五）政策引导，推动社会组织、媒体和公众参与船舶碳减排

技术创新，可以高效率地减少碳排放。我国各级政府应该对船级社和相关科研机构进行资金支持，鼓励其通过技术创新、技术研发、技术推广提升船舶和港口碳减排能力。诸如相关部门的科研创新和技术创新、开发船舶节能减排设计、水上 LNG 加注站、燃油快速检测设备等，可以为船舶和港口碳减排提供充分的科技支撑，提高行政执法的效率。

新闻媒体可以广泛地发挥其在舆论引导中的作用，让更多的企业、船主、公众认识到船舶碳排放的危害和影响，绿色船运是绿色发展中一个重要的内容，积极报道各级政府在船舶和港口治理中的推进效果，介绍国外船舶碳减排和大气污染治理的相关经验，积极参与到整个船舶碳减排的事业中来。

公众由于认知的缺乏，较少参与到船舶碳减排的监督，通过政策引导和新闻媒体宣传，普通公众和港口公众应该充分认识到船舶碳排放对于身体健康的影响和对大气生态的影响，通过身体力行，积极参与到船舶碳排放的监督中，积极为船舶碳减排做出贡献。

总之，船舶碳减排是我国碳减排中一个重要的方面，各个利益相关者在船舶碳减排中承担着不同的角色，或积极或被动，但是通过制度激励、公共利益目标的设定，可以推动各个利益相关者共同参与到船舶碳减排的工作中，各个利益相关者可以通过部门协调、部门合作、主体合作，共同为建设美丽中国的目标做出贡献。

（本报告撰写人：张胜玉）

作者简介：张胜玉，博士，南京信息工程大学公共管理学院讲师，硕士生导师，主持教育部人文社会科学研究青年项目、江苏省教育厅项目等多项课题。本报告受气候变化与公共政策研究院开放课题"雾霾问题的多元合作治理研究"资助（14QHA025），是教育部人文社会科学研究青年项目"气候治理中的非政府组织参与研究"（13YJCZH253）和 2016 年江苏省高校哲学社会科学基金项目"绿色发展理念下的气候政策转移研究"（SJB810001）的阶段性研究成果。

参考文献

［1］IMO.第三次温室气体研究报告［R］.2014.

［2］船舶行业现状分析［EB/OL］.2015-07-14. http://www.sohu.com/a/24116057_114835.

［3］船舶成我国第三大大气污染源［EB/OL］.2015-07-12. http://dz.jjckb.cn/www/pages/webpage2009/html/2015-07/20/content_8062.htm.

［4］Harshit Agrawal，Quentin G J Malloy，William A Welch，et al. In-use gaseous and particulate matter emissions from a modern ocean going container vessel［J］. Atmospheric Environment，2008(42)：5504-5510.

［5］Nadine Heitmann，Sonja Peterson. The potential contribution of the shipping sector to an efficient reduction of global carbon dioxide emissions［J］. Environmental Science & Policy，2014(42)：56-66.

［6］Haakon Lindstad，Gunnar S. Eskeland. Low carbon maritime transport：How speed，size and slenderness amounts to substantial capital energy substitution［J］. Transportation Research Part D，2015(41)：244-256.

［7］Ching-Chih Chang，Chih-Min Wang. Evaluating the effects of speed reduce for shipping costs and CO_2 emission［J］. Transportation Research Part D，2014(31)：110-115.

［8］Miola A，Marra M，Ciuffo B. Designing a climate change policy for the international maritime transport sector：Market-based measures and technological options for global and regional policy actions［J］. Energy Policy，2011(39)：5490-5498.

［9］Yi-Chih Yang. Operating strategies of CO_2 reduction for a container terminal based on carbon footprint perspective［J］. Journal of Cleaner Production，2017(141)：472-480.

［10］蔡薇. 船舶大气污染排放量的计算方法［J］. 武汉理工大学学报，2004(04)：485-487.

［11］王艳. 低碳经济下的液化天然气船舶市场［J］. 中国航海，2010，**33**(03)：88-95.

［12］张若梦. 浅谈港航运输推广应用清洁能源减排问题［J］. 珠江水运，2013(01)：173-174.

［13］范云志. 船用SCR：机遇？挑战？［J］. 中国船检，2011(08)：41-44.

［14］于冬艳. 考虑碳排放成本的集装箱班轮航线配船优化研究［D］. 大连：大连海事大学，2014.

［15］陈影. 国际碳减排机制下我国海运业低碳发展SD模型［D］. 大连：大连海事大学，2015.

［16］周振阳. 船舶碳排放监测手段及限制方法研究［D］. 大连：大连海事大学，2015.

［17］胥苗苗. 推全球航运减排，欧盟再出手［J］. 中国船检，2013(12)：30-32.

［18］沈通，杨世知. 全球碳减排背景下的欧盟MRV规则［J］. 中国船检，2015(11)：35-38.

［19］马广元. 浅谈船舶国际防止大气污染证书及相关内容的检查［J］. 中国水运（下半月），2008(06)：18-19.

［20］汪翔. 发展中国家如何有效地实施MARPOL73/78附则Ⅵ防止船舶造成大气污染［J］. 安全生产与监督，2010(01)：48-49.

［21］刘静，王静，宋传真，秦娟娟. 青岛市港口船舶大气污染排放清单的建立及应用［J］. 中国环境监测，2011，**27**(03)：50-53.

［22］黄子鉴. 基于船舶生命周期碳排放评估的新全球航运碳排放交易体系框架研究［D］. 厦门：厦门大学，2014.

［23］陈可桢，甘爱平，闫云凤. 航运碳交易市场在我国建立的可行性及对策［J］. 经济研究导刊，2013(23)：110-111.

［24］甘爱平，陈可桢. 上海航运碳排放交易市场的建设［J］. 水运管理，2013，**35**(08)：4-6，14.

［25］Miethell A，Wood D. Toward a theory of stakeholder identification and salience：Defining the principle of whom and what really counts［J］. Academy of Management Review，1997，**22**(4)：853-886.

［26］苏鹏. 西方利益相关者理论发展与评述［J］. 当代经理人，2006(07)：227-228.

［27］王身余. 从"影响"、"参与"到"共同治理"——利益相关者理论发展的历史跨越及其启示［J］. 湘潭大学学报，2008，**32**(06)：28-35.

［28］Brugha Varvasovszky. How to do（or not to do）A stakeholder analysis［J］. Health policy and planning，2000，**15**(3)：338-345.

［29］Christina Prell，Klaus Hubacek，Mark Reed. Stakeholder Analysis and Social Network Analysis in Natural Resource Management［J］. Society& Natural Resources，2009，**22**(6)：501-518.

［30］王唤明，江若尘. 利益相关者理论综述研究［J］. 经济问题探索，2007(04)：11-14.

［31］宋丽萍. 利益相关者理论的国内外文献研究［J］. 东方企业文化，2014(11)：190.

［32］金漩子.利益相关者影响企业环境行为的实证研究［D］.湘潭：湖南科技大学,2015.

［33］李瑞.基于利益相关者视角的环境信息披露影响因素研究［D］.上海：华东交通大学,2015.

［34］徐华,赵晓康,Jie Shen.利益相关者环境利益要求与企业环境响应［J］.软科学,2015,**29**(12)：18-21.

［35］刘溢春.环境性维权事件中的主体分析——从利益相关者视角［J］.中国管理信息化,2016,**19**(07)：229-231.

［36］Andri Setiawan,Eefje Cuppe. Stakeholder perspectives on carbon capture and storage in Indonesia［J］. Energy Policy. 2013(61)：1188-1199.

［37］Filip Johnsson,David Reiner,Kenshi Itaoka,et al. Howard Stakeholder attitudes on Carbon Capture and Storage—An international comparison［J］. International Journal of Greenhouse Gas Control,2010,**4**(2)：410-418.

［38］Rumika Chaudhry,Rumika Chaudhry,Joel Larson,et al. Stakeholders' Engagement in Promoting Sustainable Development：Businesses and Urban Forest Carbon［J］. Business Strategy and the Environment,2012(21)：157-169.

［39］UNDP. Multi-Stakeholder Decision Making［R］. 2012.

［40］王建民,王传旭,杨力.我国碳减排利益相关者界定与分类［J］.安徽理工大学学报,2014,**16**(05)：17-24.

［41］张海波.基于利益相关者视角的旅游产业低碳转型研究［D］.天津：天津大学,2015.

［42］陈秋华,纪金雄.森林旅游低碳化运作模式构建研究——基于利益相关者视角［J］.林业经济,2012(12)：105-109.

［43］Kean A J,Sawyer R F,Harley R A. A fuel-based assessment of off-road Diesel Engine emissions［J］. Journal of the Air & Waste Manage Association,2000(50)：1929-1939.

［44］国内最大的散货煤码头高压岸电项目投产［EB/OL］. 2016-12-29. http://www. gov. cn/xinwen/2016-12/29/content_5154216. htm♯1.

［45］自然资源保护协会.船舶和港口空气污染防治白皮书［R］.2014.

［46］上海市环境监测中心,上海市环境科学研究院,复旦大学.上海市船舶及港口大气污染物排放清单研究［R］.2014.

［47］吴家颖.香港船舶排放清单发展［R］.2012.

［48］IMO. 国际防止船舶造成污染公约［R］.1973.

［49］港口岸电：走进珠海高栏港神华粤电珠海港煤炭码头［EB/OL］. 2016-12-22. http://news. ycwb. com/2016-12/22/content_23849193. htm.

［50］中国推进船舶排放控制区方案落实［EB/OL］. 2017-8-14. http://www. sohu. com/a/164486486_99944436.

On the Joint Governance of Ship Carbon Emissions from the Perspective of Stakeholders

Abstract：Carbon emissions from ships have been a neglected area in global carbon emissions reduction. However,in fact,carbon emissions from ships account for a larger proportion of global carbon emissions. At present,the International Maritime Organization already has relevant standards for fuels,hull design,and other normative standards for confined ocean-going ships. For the carbon emission of inland vessels,the Ministry of

Communications of the People's Republic of China issued the Implementation Plan for Ship and Harbor Pollution Prevention and Control in 2015. However, for the governance of ship carbon emissions, it involves many stakeholders such as government, shipping companies, ship owners, ports, related scientific research institutions, and port residents. How should various stakeholders be classified and how stakeholders' attitudes toward low-carbon shipping? What kinds of strategies should be adopted for stakeholders' attitudes to motivate them to participate in the carbon reduction of ships? All of these issues that we need to solve. Under the background of ecological civilization construction and green development, we will explore various policy mechanisms to promote the participation of stakeholders in ship carbon emission reduction and give full play to their respective functions and roles in order to jointly achieve the carbon emission reduction targets of ships.

Key words: ship carbon emissions; stakeholders; joint governance

中国环境规制效率与全要素生产率研究

摘　要:党的十八届五中全会提出了"五大发展理念",绿色发展可谓是中国经济社会发展的深刻总结,也为中国环境发展指明了方向。在环境规制过程中,不仅产生"期望"产出,还会产生"非期望"的产出,针对这一问题,本文从静态和动态两个角度分析了 2003—2013 年中国环境规制的效率和全要素生产率的问题。结果发现,2003 年中国环境规制有效省市在布局上表现出较强的东部、西部"双边效应",随着西部地区经济社会发展,环境有效省市逐渐转为无效,直到经济发展到一定程度,环境规制又重新变为有效,而东部沿海一直处于有效状态;2003—2013 年,中国环境规制效率在数量上表现出一定的"两极效应",随着时间的推移,环境规制有效省份越来越多,"两极效应"又逐渐减弱;由变异系数检测中国环境规制效率区域差异在逐渐缩小,但是差异程度仍然较大;与不考虑非期望产出的环境全要素生产率相比,考虑非期望产出的环境全要素生产率会更高;用 Moran's I 指数检测中国环境全要素生产率在空间上具有既不聚集也不离散的随意分布特征。最后,本研究报告提出了相应的政策建议。

关键词:环境规制　Super-SBM 模型　Malmquist-Luenberger 指数　非期望　中国

一、引言

(一)研究背景

2013 年清华大学和亚洲开发银行联合发布了一项名为《迈向环境可持续的未来　中华人民共和国国家环境分析》,分析指出全球大气污染最严重的 10 个城市,其中有 7 个在中国[1],城市空气污染不仅带来间接经济损失,而且也给居民健康带来威胁,研究表明大气污染指标与居民肺癌发病率和死亡率密切相关[2]。2015 年 2 月 28 日,由柴静拍摄的雾霾纪录片《穹顶之下》上映以来,引起了人民对环境污染和公共健康的广泛关注,人民对环境保护的诉求也日益高涨。改革开放以来,中国经济取得了巨大成就,但是资源短缺、环境污染成为摆在中国人民面前挥之不去的阴影。

党的十八届五中全会提出了"五大发展理念",绿色发展理念可谓是中国经济社会发展的深刻总结,也为未来中国经济社会的发展指明了方向。中国公众对于环境的危机开始慢慢觉醒,以往先污染后治理的老路已经走不下去,2015 年 1 月 1 日号称中国史上最严的环境保护法正式实施,这一举措表明中国政府治理环境的坚强决心,因此,科学测度中国环境规制效率,探索其内在和外在影响因素,为中国各区域合理制定环境保护政策以及世界人民了解中国环境现状都至关重要。

(二)研究方法

(1)文献分析与文本解读。通过对中外环境规制文献的解读,力求辨析环境规制的概念,探讨环境规制效率与环境效率的研究边界,选择符合实际的指标测算环境规制效率。

(2)调查研究法,注重理论与经验之间的平衡。本文需要展开实地调查研究,并且时刻不忘理论研究的最终目的就是要解决实际中的问题,通过对环境规制效率的系统研究,为"十三五"时期区域环境的规划与管理奠定理论基础。

(3)跨学科的研究方法。本研究使用管理学中的数据包络评价方法测算环境规制效率,再结合地理学方法分析中国环境规制时空分异规律,总结中国环境规制效率变化,为优化中国环境规制效率建言献策。

(4)定性研究与定量研究相结合。结合定性研究,利用效率测度模型测度中国环境规制效率,并利用 Malmquist-Luenberger 指数模型对中国环境规制全要素生产率进行实证分析。

(三)研究内容

(1)对环境规制概念演化进行研究。挖掘最近五年国外环境规制最新研究成果,丰富国内环境规制研究内容,为中国环境规制下一步研究指明新的方向,同时结合其他学者研究成果,梳理测度环境规制效率的指标体系。

(2)对中国环境规制效率结果进行研究。利用考虑非期望产出的 SBM 超效率模型测度中国环境规制效率,并且将考虑非期望产出的环境规制全要素生产率与不考虑非期望产出的环境规制全要素生产率进行对比分析,以五年为时间周期研究中国环境变化的时空分异,总结环境规制效率的变化规律,最后从投入产出的角度分析环境规制变化的影响因素。

(3)对中国环境规制全要素生产率进行研究。利用 Malmquist-Luenberger 指数模型测度影响环境规制的全要素生产率,环境规制全要素生产率又可以分解为技术进步指数和技术效率指数,可以进一步找出影响中国环境规制效率的内部原因。

二、文献综述

近几年国家出台一系列环境保护的政策,2013 年颁布了《大气污染防治行动计划》,随后于 2014 年又重新修订了《中华人民共和国环境保护法》,环境效率因此也成为学术界的热门话题,DEA 被广泛应用于环境效率测量。一些学者从区域层面对环境效率进行研究,宋马林等[3]将环境规制效率的影响因素分为技术因素和环境规制因素两类,量化环境规制,检验理论命题,计算 1992 年以来各个省份的环境效率值。Li 等[4]利用考虑非期望的 Super-SBM 模型衡量中国从 1991 年到 2010 年环境效率,并用 Tobit 回归模型探讨中国环境效率从 1991 年到 2001 年的影响因素。Song 等[5]对中国加入世界贸易组织后环境规制效率进行测度,并探究各省份环境效率的影响因素,利用组合预测模型对中国各省 2011 年和 2012 年环境效率进行预测。研究发现中国各省环境效率普遍偏低,另外还发现,由于各省经济状况不同,各省环境效率的影响因素也存在一定的差异。Long 等[6]认为我国加入 WTO 组织以后,尽管采取了更加严格的环境规制政策,但是却没有带来更加良好的环境条件。Yang 等[7]用超效率 DEA 模型测度中国 30 个省(区、市)从 2000 年到 2010 年的环境效率,研究发现北京、上海环境效率很高,而青海省表现很糟糕;除此之外,东部地区的环境效率最高,西部地区最差,中部地区居于中间。另外,一些学者从区域层面对环境规制效率进行研究[8,9]。

　　研究环境效率角度不一，叫法也不一。在涉及某一产业的环境效率时，一般称环境效率[10]或者生态效率[11]；在涉及测量某一地域环境效率研究时，有学者称区域环境效率[7]，也有学者称环境规制效率[6]，还有称之为环境治理效率[12]、生态效率[13]、生态文明建设效率[14]等，不一而足。虽然学者从不同的角度进行研究，称谓繁杂，本文主要突出政府在经济发展和环境保护中的主体地位，把区域环境效率称为环境规制效率。表1中主要罗列了研究区域环境效率的指标发展过程。

表1　区域环境效率指标发展过程

发表文献	指标		
	投入	期望产出	非期望产出
李胜文等[15]	工业从业人数、工业资本存量	工业增加值	污染物排放总量（选取工业废水排放量、工业废气排放量和工业固体废物产生量三项指标，采用因子分析处理，将三种污染物合并成一个指标）
杨俊等[16]	区域从业人员数、资本存量	以1998年不变价的地区GDP表示	综合污染系数（选取二氧化硫、粉尘、烟尘、废水、固体废物共五种污染物，再采用主成分方法对5种污染物进行降维处理）
王俊能等[17]	COD排放量和SO_2排放量	地区GDP	无
王兵等[18]	煤炭消费量、从业人员数、折旧率	以2000年为基期的实际地区生产总值（GRP）	SO_2和COD
宋马林等[19]	能源消费总量、固定资产总额、年末从业人员	地区GDP	废水排放量、废气排放量、固体废弃物排放量
黄永春和石秋平[20]	固定资本存量、就业人员数、煤炭消费量、R&D经费支出、R&D人员全时当量	地区GDP	SO_2和COD排放量
李佳佳和罗能生[21]	耕地面积、用水总量、能源消费总量、固定资本存量、建成区面积	地区GDP	环境污染指数（选取废水、化学需氧量、烟尘、工业烟粉尘、二氧化硫、工业固体废弃物共六种污染物，利用层次分析法得到环境污染指数）
刘殿国和郭静如[22]	省资本存量（亿元）、人力资本（万人·年）、能源消耗（万吨标准煤）、用水量（万吨）	以1990年不变价的国内总产值（亿元）	污染排放指数（将工业三废归一化处理，再采用熵权法合成为污染排放指数）
李斌和范姿怡[23]	社会从业人员数、各省单位GDP能耗、以2000年为基年的不变价资本存量	地区GDP	污染排放指数（将工业三废归一化处理，再采用熵权法合成为污染排放指数）

　　由表1可以看出，测度区域环境规制效率的投入指标基本上包括三类：资本投入、劳动投入和能源投入，期望产出为以某一年为基期的实际GDP的值，非期望产出一般包括多项污染物的排放量，为了减少指标的个数，提高评价单元的区分度，多数学者将多个污染物排放量综合成一个污染系数进行计算。为了提高环境管理在经济发展过程中的针对性，本报告把区域环境效率称为环境规制效率，用环境治理过程中的投入产出指标体系替代经济社会发展的指

标体系,以填补环境规制效率测度的不足与缺失。

本文研究的价值在于考虑环境规制过程中"非期望"产出的基础上,利用 SBM-Undesirable 测度环境规制效率,利用 Malmquist-Luenberger 模型测度环境全要素生产率。因为 SBM-Undesirable 模型具有非径向非角度的优势,能够充分考虑"非期望"产出指标带来的测量误差[24];而 Malmquist-Luenberger 模型的核心思想是要求期望产出增加,同时也要求非期望产出减少,利用 Malmquist-Luenberger 模型,把全要素生产率分解为技术进步指数和技术效率指数,找出环境规制过程中的一些内在影响因素。

三、环境规制的理论概述

(一)环境规制的内涵

"规制"一词从经济层面的理解主要是指政府对经济主体行为的一种管制,1992 年日本学者植草益最早对其做详细阐述,他将规制分为经济性规制与社会性规制两类,环境规制就属于社会性规制。

环境作为一种公共资源具有稀缺性和公共品性,污染环境会造成负外部性。根据能量守恒定律,过多的污染积累在环境中,一旦超过"环境承载阈值",就会对当地的生态环境造成不可恢复的损失,同时也会阻碍经济的健康发展。但是由于微观经济主体为追求自身利益最大化,而市场机制存在一定的缺陷。因此,政府通过设定环境标准或实施经济工具等环境规制措施来解决。

由此,环境规制就是指由于市场机制存在缺陷,企业在追求经济利润的过程中会产生污染排放,对环境造成负面影响,因此需要政府通过制定环境政策,实现环境与经济协调发展的要求,对相应的生产行为进行一定的规制。

(二)环境规制的动因

环境规制的主要目标是为了保护环境,使环境效益与经济效益能得以共同发展,那么进行环境规制的原因主要有以下几方面。

(1)环境资源稀缺性。人们对环境资源不可持续性的一次重大认识可以追溯至 20 世纪 70 年代由罗马俱乐部 1972 公开发表的一篇研究报告《增长的极限》。在这篇著作中从人口增长的指数效应问题、粮食问题、不可再生资源问题、环境污染问题等几个方面探讨了世界系统极限对人类活动施加的强制力,以及认清楚长期中世界系统的支配因素和相互作用。从这篇研究报告中可以看出,解决当前人类面临的严峻环境问题不仅需要技术层面的努力,也需要在制度的方面进行有计划的实施,需要人们对环境的规制问题进行重视。

(2)环境问题外部性。对环境外部性问题最早进行合理解释的是庇古(Pigou)。1920 年 Pigou 以 Marshall"外部经济性"的理论为基础,以资源优化使用为目标,采用边际分析的方法分析了外部性问题,并日益发展成为人们熟知的庇古税。随后又将外部性问题进一步解释为当某个经济主体福利影响的由其他因素决定时,外部效应就出现了;并且这种活动对带来的影响并没有以补偿的形式给受影响的经济主体进行补偿,所以也称为外部效应。

（3）环境资源公共性。环境资源在现实中作为一种公共资源具有公共品的性质。环境资源作为一种公共品在提供出来之后，每个消费者愿意支付的真实价格是不同的，但由于环境资源的非竞争性会使人们产生隐藏自己真实购买价格的动机，希望由他人付钱，自己免费消费，经济学中通常称这种行为为"搭便车"。在美国学者哈丁的著名论文《公地的悲剧》中对环境资源公共品性带来的后果进行了生动的描述。因此，为了解决环境资源使用过程中不合理开发利用造成的问题，需要依靠政府的政策手段，对环境资源进行有效的规制。

（4）环境产权模糊性。清晰的产权制度能够对经济主体起到激励作用，相反模糊的产权制度使得经济主体变得消极。但是由于环境资源的公共品性，在很多情况下，环境资源的产权是不确定的，虽然有国家的法律法规对此进行相关的规定，但由于监督机制的不完善，环境资源的产权关系不清晰，于是，"公地悲剧"在环境领域不停上演，对环境过度开采攫取、无限制地排放直接导致资源匮乏和环境污染问题。

（三）环境规制的政策措施

环境规制的政策措施是政府为了达到一定的环境要求而施行的政策措施，在实施过程中通常分为行政型、市场型与信息传递型三种形式，下面按顺序进行介绍。

1. 行政型

行政型的环境规制政策主要针对的是解决市场失灵问题，主要包含以下几项。

（1）市场准入。是指对企业是否能够进入市场的一种准入机制，对要进入市场的企业资格、企业产品等进行审核，达到一定要求后才可进入市场。

（2）技术标准。是指以现在市场上存在的技术为规范的基础，对企业的生产技术提出要求，要求企业的生产技术达到一定的标准，这进而又对企业的排放提出了要求。

（3）排污许可。是指对企业的污染排放量进行规定，是以企业的技术为参考的，企业只有满足排污许可的要求，才能进行生产，若不满足，企业必须进行技术创新。

（4）排放绩效标准。是指对排放的"三废"的量进行设定，对有"三废"排放的部门规定排放强度，但这种标准是以最低技术水平为要求的，这会阻碍技术创新。

（5）产品标准。是指对企业生产产品的特性等方面的规定，这些特性包括规格、质量与检验方法等，目前的主要体现为环境和卫生要求。

2. 市场型

（1）环境税。企业生产过程中的外部性行为会对环境造成破坏，针对这种破坏行为收取一定的费用作为补偿，称为环境税，目前应用较为广泛。

（2）环境补贴。是指政府对企业的一种补贴，主要针对企业因为满足环境要求而增加的成本，其目的是鼓励企业进行满足环境要求的生产行为。

（3）排污权交易。它通过设定一定的控制区域的总体排污量，然后根据市场规则对排放量大小进行拍卖。这使得因环境技术而使得排放量降低的企业可以出售剩余的排污权，获得一定的经济利润，激励企业减少污染排放。

（4）押金返还制度。这种制度鼓励资源回收再利用，是指在购买特定产品时向消费者收取一定的押金，等产品的使用寿命结束时，消费者退回使用结束后的产品，这时将预先收取的押金返还给消费者。

3. 信息传递型

（1）信息披露。这是一种弥补市场信息失灵的有效手段，它是指政府向社会公布一些现行的环境法规和环境影响情况，为公众提供一种监督渠道。

（2）环保标志。该措施给消费者提供一种可有效识别绿色产品的标志，其是通过有关政府机构根据已有的环境标准，准许企业在其产品上添加可识别的环保标志，增加产品的软实力。

四、数据来源与研究方法

（一）指标解释与数据来源

研究环境效率，大部分学者[20-23]把劳动力、固定资产投资作为投入指标，把 GDP 作为期望产出指标，在考虑非期望产出时，非期望指标通常比较单一。本文独辟蹊径，如表 2 所示，从物力、资金、能源三个方面构建环境规制的投入指标，从工业、城市、废水、固体废弃物、废气五个方面构建产出指标。在考虑非期望产出时，尽量采用多个指标来代替单一指标。相比其他学者提出的指标体系，本报告的指标体系更加科学、细化和全面。这对于环境规制的测度也更具有科学性和客观性。

为了消除通货膨胀给测量带来的误差，这里以 2003 年为基年，利用 GDP 指数计算2004—2013 年实际 GDP 的值；为了消除物价变动给测量带来的误差，对环境污染投资总额这一指标做消除物价影响处理，计算公式如下：

$$x = \frac{x^*}{PI} \tag{1}$$

式中：x^* 为各省市名义环境污染治理投资总额，x 为各省市实际环境污染治理投资总额，PI为各省市居民消费价格指数（以 2003 年为基期，$PI=1$）[25]。

表 2　环境规制效率评价指标体系

向量	序号		指标	单位
投入	A1	物力	工业废水治理设施数	台
			工业废气治理设施数	套
	A2	资金	环境污染治理投资总额	亿元
	A3		环境污染治理投资强度	%
	A4	能源	单位个人电力消耗量	千瓦小时/人
期望产出	B1	工业	工业废弃物综合利用率	%
	B2	城市	城市污水处理率	%
	B3		城市生活垃圾无害化处理率	%
	B4		建成区绿化覆盖率	%
非期望产出	C1	废水	单位 GDP 工业废水排放量	万吨/亿元
	C2	废物	单位 GDP 工业固体废弃物产生量	万吨/亿元
	C3	废气	单位 GDP 二氧化硫排放量	吨/亿元
	C4		单位 GDP 工业烟（粉）尘排放量	吨/亿元

本文所有指标均来源于 2004—2014 年《中国统计年鉴》和《中国环境统计年鉴》,由于西藏部分指标缺失,本报告仅研究 30 个省(区、市)的环境规制效率与全要素生产率。个别省(区、市)建成区绿化覆盖率这一指标在《中国环境统计年鉴》中不完整,该指标数据最终由所在省市统计年鉴中获得。

(二)基于非期望产出的 SBM 模型

DEA 是用来评价生产系统中一个评价单元的相对效率的非参数方法。大多数 DEA 方法可以归为四类:①径向且导向;②径向,非导向;③导向,非径向;④非径向,非导向。径向的 DEA 模型在测量效率时,所有的投入产出都是等比例改变的,而导向的 DEA 模型效率的评估是以投入导向(产出)的方式测量的,所以径向的 DEA 模型忽视了松弛变量带来的测量误差,投入(产出)导向模型关注于投入(产出)侧效率,产出(投入)侧效率则被忽略掉了,所以非径向非导向的模型能够克服径向和导向的缺陷[24]。Tone 于 2001 年将松弛变量引入目标函数,构建了用于解决投入产出变量松弛性问题的 SBM-DEA 模型[26],这种模型还能解决径向和角度问题带来的测量偏差,基于 SBM-DEA 模型,本报告采用 Tone 于 2004 年提出的 SBM-Undesirable 模型,它在保留原有 SBM-DEA 优势的基础上,还考虑了“非期望”产出的给模型计算带来的测量误差[27]。

该方法假设生产系统存在 n 个决策单元(DMU),每个决策单元均有投入、产出,其中产出包括好产出和坏产出,坏产出又叫“非期望”产出,即每个 DMU 都具有三个向量:一个投入向量、两个产出向量。投入向量设为 $X=[x_1\cdots,x_n]\in R^{m\times n}$,好产出向量设为 $Y^g=[y^g_1,\cdots,y^g_n]\in R^{s_1\times n}$,坏产出向量设为 $Y^b=[y^b_1,\cdots,y^b_n]\in R^{s_2\times n}$,其中 $X>0,Y^g>0,Y^b>0$。生产可能性集合 P 定义为:

$$P=\{(x,y^g,y^b)/x\geqslant X\lambda,y^g\geqslant Y^g\lambda,y^b\geqslant Y^b\lambda,\lambda\geqslant 0\} \quad (2)$$

式(2)中,$\lambda\in R^n$ 为权重向量。

SBM-Undesirable 模型定义如下:

$$\rho^*=\min\frac{1-\frac{1}{m}\sum_{i=1}^m\frac{S^-_i}{X_{i0}}}{1+\frac{1}{S_1+S_2}\left(\sum_{\gamma=1}^{S_1}\frac{S^g_\gamma}{y^g_{\gamma 0}}+\sum_{\gamma=1}^{S_2}\frac{S^b_\gamma}{y^b_{\gamma 0}}\right)}$$

$$\text{s.t.}\begin{cases}x_0=X\lambda+S^-;\\y^g_0=Y^g\lambda-S^g;\\y^b_0=Y^b\lambda+S^b;\\S^-\geqslant 0,S^g\geqslant 0,S^b\geqslant 0,\lambda\geqslant 0\end{cases} \quad (3)$$

如果 $\sum_j^n\lambda_j=1$ 且 $\lambda_j\geqslant 0$,则上述定义表示规模报酬可变;如果没有 $\sum_j^n\lambda_j=1$ 的限制条件,则表示规模报酬固定。式中,S^-、S^g、S^b 分别表示投入、好产出和坏产出的松弛变量;m、S_1 和 S_2 分别表示投入、期望产出和非期望产出指标的数量;$\lambda\in R^n$ 为权重向量;ρ^* 是范围 $0\sim 1$ 的严格递减函数,当 $S^-=0$、$S^g=0$、$S^b=0$ 时,即 $\rho^*=1$,此时决策单元(DMU)是有效率的;当 S^-、S^g、S^b 三者至少有一个不为 0,即 $0<\rho^*<1$,则决策单元(DMU)是无效率的。由于该模型是一个非线性规划,需要利用 Charnes-Cooper 转化方法将其转化成线性规划模型进行求解,所以我们可以得到以下形式[11]。

$$\tau^*=\min t-\frac{1}{m}\sum_{i=1}^m\frac{S^-_i}{X_{i0}}$$

$$\text{s. t.} \begin{cases} 1 = t + \dfrac{1}{S_1 + S_2}\Big(\sum_{r=1}^{S_1} \dfrac{S_r^g}{y_{r0}^g} + \sum_{r=1}^{S_2} \dfrac{S_r^b}{y_{r0}^b}\Big) \\ x_0 t = X\Lambda + S^- \\ y_0^g t = Y^g \Lambda - S^g \\ y_0^b t = Y^b \Lambda + S^b \\ S^- \geqslant 0, S^g \geqslant 0, S^b \geqslant 0, \Lambda \geqslant 0, t > 0 \end{cases} \tag{4}$$

本文采用 DEA-SOLVER_Pro5.0 工具,将规模报酬设为可变,"期望"产出和"非期望"产出之间的权重设定为 0.7∶0.3,然后运行数据,得出各省环境规制的效率值。根据环境规制效率值的大小,把环境规制分为有效、弱无效和无效,当值为 1 时,则该地区环境规制效率有效;当值在 0.5~1 时(包括 0.5,不包括 1),则该地区环境规制效率为弱无效;当环境效率值小于 0.5,则该地区环境规制效率为无效。目前国内运用 SBM-Undesirable 模型测度环境效率并不多见,但是部分学者用此方法在不同领域做了有益探索(如陈绍俭[28]、朱承亮[29]、苑清敏[30])。

SBM-Undesirable 模型不仅可以测算决策单元的效率值,还能够测算决策单元投入和非期望产出的冗余率以及期望产出的不足率。当 $\rho^* < 1$,决策单元处于无效状态时,则考虑非期望产出的无效率来源可以分解为[31]:

$IE_x = \dfrac{1}{m}\sum_{i=1}^{m}\dfrac{S_i^-}{x_{i0}}$,表示投入要素的可收缩比例;

$IE_g = \dfrac{1}{S_1 + S_2}\sum_{r=1}^{S_1}\dfrac{S_r^g}{y_{r0}^g}$,表示期望产出的可扩张比例;

$IE_b = \dfrac{1}{S_1 + S_2}\sum_{r=1}^{S_2}\dfrac{S_r^b}{y_{r0}^b}$,表示非期望产出的可收缩比例。

但是,在一些情形下决策单元都能达到有效状态,在研究效率排名和效率的影响因素中不可都用 1 来代替。为了得到更准确的效率值,本报告使用考虑非期望产出的 Super-SBM 模型[32],该模型定义如下:

$$\delta^* = \min \dfrac{1 + \dfrac{1}{m}\sum_{i=1}^{m} s_i^- / x_{ik}}{1 - \dfrac{1}{q_1 + q_2}\big(\sum_{r=1}^{q_1} s_r^+ / y_{rk} + \sum_{t=1}^{q_2} s_t^{b-} / b_{tk}\big)}$$

$$\text{s. t.} \begin{cases} \sum_{j=1, j\neq k}^{n} x_{ij}\lambda_j - s_i^- \leqslant x_{ik} \\ \sum_{j=1, j\neq k}^{n} y_{ij}\lambda_j + s_r^+ \geqslant y_{rk} \\ \sum_{j=1, j\neq k}^{n} b_{ij}\lambda_j - s_t^{b-} \leqslant b_{tk} \\ 1 - \dfrac{1}{q_1 + q_2}\big(\sum_{r=1}^{q_1} s_r^+ / y_{rk} + \sum_{t=1}^{q_2} s_t^{b-} / b_{tk}\big) > 0 \\ s^-, s^+, \lambda \geqslant 0 \\ i = 1, 2, \cdots, m; r = 1, 2, \cdots, q; j = 1, 2, \cdots, n(j \neq k) \end{cases} \tag{5}$$

考虑非期望产出的 Super-SBM 模型不仅能够适应固定规模报酬的条件，也能够适应规模报酬可变的条件，除此之外，该模型也可以应用于投入导向或产出导向的假设分析。

（三）变异系数

本报告使用变异系数来测量区域环境规制效率差异程度。变异系数如式（6）所示：

$$V = \frac{\sigma}{|\overline{X}|} \tag{6}$$

式中，V 为变异系数，σ 为环境效率标准差，$\overline{X}$ 为环境效率平均值[33]。

（四）Malmquist-Luenberger 模型

Malmquist-Luenberger 模型是在方向距离函数和环境技术效率的基础上来定义的全要素生产率模型。方向性距离函数公式表示如下：

$$\overrightarrow{D^t}_0(x^t, y^t, b^t; g) = \sup\{\beta: (y^t, b^t) + \beta g \in P^t(x^t)\} \tag{7}$$

式中，$g = (g_y, g_b)$，表示一个方向向量；$g = (y, -b)$ 表示在给定投入 x 的条件下，期望产出 y 成比例增加，非期望产出 b 成比例减少；β 为期望产出增加非期望产出减少的最大可能数量。

方向性距离函数核心思想是要求期望产出增加，同时也要求非期望产出减少。如图 1 所示，观测点 A 由方向性距离函数得到最满意的产出极限 B 点，即 A 沿着方向向量 $g = (g_y, -g_b)$ 增加 Y 减少 b 到达 B 点[34]。

在介绍 Malmquist-Luenberger 模型之前首先要了解环境技术效率，因为环境技术效率与环境生产前沿面紧密相连。当观测点在环境生产前沿面时，方向性距离函数值为 0，环境技术效率为 1。若环境技术效率越小，

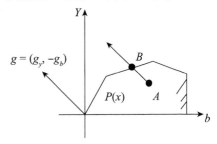

图 1　方向性距离函数示意图

则观测点离环境生产前沿面越远；若环境技术效率越大，则观测点离环境生产前沿面越近。环境技术效率可以定义如下：

$$ETE = \frac{1}{1 + \overrightarrow{D^t}_0(x^{t,k'}, y^{t,k'}, b^{t,k'}; y^{t,k'}, -b^{t,k'})} \tag{8}$$

Chung 等于 1997 年提出用来解决考虑非期望产出的生产率指数模型，即 Malmquist-Luenberger（ML）模型[35]。该模型假定期望产出自由处置，非期望产出弱处置。若方向向量 $g^t = (y^t, -b^t)$，则 ML 生产率指数表示如下：

$$ML_t^{t+1} = \left\{ \frac{1 + \vec{D}_0^t(x^t, y^t, b^t; y^t, -b^t)}{1 + \vec{D}_0^t(x^{t+1}, y^{t+1}, b^{t+1}; y^{t+1}, -b^{t+1})} \times \frac{1 + \vec{D}_0^{t+1}(x^t, y^t, b^t; y^t, -b^t)}{1 + \vec{D}_0^{t+1}(x^{t+1}, y^{t+1}, b^{t+1}; y^{t+1}, -b^{t+1})} \right\}^{\frac{1}{2}} \tag{9}$$

若 $ML > 1$，则生产效率上升；若 $ML = 1$，则生产效率不变；若 $ML < 1$，则生产效率下降；ML 指数可以进一步分解为效率变化指数（$EFFch$）和技术进步指数（$TEch$），公式如下：

$$ML_t^{t+1} = EFFch \times TEch \tag{10}$$

$$EFFch_t^{t+1} = \frac{1 + \vec{D}_0^t(x^t, y^t, b^t; y^t, -b^t)}{1 + \vec{D}_0^{t+1}(x^{t+1}, y^{t+1}, b^{t+1}; y^{t+1}, -b^{t+1})} \tag{11}$$

$$TEch_t^{t+1} = \left\{ \frac{1 + \vec{D}_0^{t+1}(x^t, y^t, b^t; y^t, -b^t)}{1 + \vec{D}_0^t(x^t, y^t, b^t; y^t, -b^t)} \times \frac{1 + \vec{D}_0^{t+1}(x^{t+1}, y^{t+1}, b^{t+1}; y^{t+1}, -b^{t+1})}{1 + \vec{D}_0^t(x^{t+1}, y^{t+1}, b^{t+1}; y^{t+1}, -b^{t+1})} \right\}^{\frac{1}{2}} \quad (12)$$

$EFFch$ 表示各观测值与各自的生产前沿面的逼近程度，$TEch$ 表示从 t 到 $t+1$ 期生产可能性边界的变化[36]。

(五)Moran's I 指数

为了检验各省市环境规制效率在空间上是否与邻近的省市相关，本报告选用 Moran's I 指数检验环境规制效率在空间集聚或扩散的效应。Moran's 指数表示如下：

$$I = \frac{n \sum_{i=1}^{n} \sum_{j=1}^{n} w_{i,j} z_i z_j}{\sum_{i=1}^{n} \sum_{j=1}^{n} w_{i,j} \sum_{i=1}^{n} z_i^2} \quad (13)$$

式中：z_i 为各省市环境要素的方差，$w_{i,j}$ 为要素 i 和要素 j 的空间权重，n 为各省市的数量。$I \in [-1,1]$，若 $I>0$，表示空间正相关；若 $I<0$，表示空间负相关；若 $I=0$，表示空间随机分布[37]。

五、中国各省环境规制效率与全要素生产率特征分析

(一)各省(区、市)环境规制效率演化分析

利用软件 MaxDEA Ultra 6.9 测算考虑非期望产出的超效率环境规制效率值，本文将规模报酬设为可变，期望产出和非期望产出的比值定为 3∶2，把非期望产出的比值定得较高，主要考虑习近平总书记讲的绿色青山就是金山银山的理念，短期内环境资源的消耗可能获得些许的经济收益，但是从长远来看修复生态环境将花费更大的间接经济损失。当前国家经济总量达到一定规模，人民生活水平不断得到提高，人民对于环境诉求的呼声也更加高涨，为人民群众提供高质量的空气、干净的水源是最实在的、也是最紧迫的公共服务产品。

本文以 5 年为周期把研究的时间点定为 2003、2008 和 2013 年。根据式(4)中 σ 的值，把各省市环境规制效率分为三类。如果 $\sigma \geq 1$，则环境规制为有效；如果 $0.5 \leq \sigma < 1$，则环境规制为弱无效；如果 $0 \leq \sigma < 0.5$，则环境规制为强无效①。利用软件 ArcGIS 10.2 得到图 2，如图所示，2003 年环境规制有效的省(区、市)从布局上看表现为东西"双边效应"，即环境规制有效省(区、市)全部分布于东部沿海和西部边疆，到 2008 年环境规制效率有效的省(区、市)逐步向中部内陆延伸，相比 2003 年的 14 个省(区、市)环境规制有效，2008 年环境规制有效省份已达 19个。到 2013 年，除山西外中部六省环境规制全部有效，环境规制有效省份的数量达到 21 个，但是北部边疆和环京津地区环境规制强无效省份依然较多。从整体来看，环境规制有效省份的数量在逐步增加，环境规制强无效的省份在逐渐减少。从 2003、2008 和 2013 年环境规制有效、弱无效和强无效的省份数量来看，环境规制有效和强无效的省份聚集较多，而环境规制弱

① 由于篇幅限制，读者如需 2003—2013 年各省市环境规制效率测算数据，请向本报告作者索取，E-mail：tjx19910922@163.com。

无效的省份寥寥无几,环境规制有效性表现出明显的"两级效应",但是随着时间的推移,各省(区、市)环境规制强度的不断提高,环境规制有效的省份越来越多,"两级效应"又出现了明显减弱趋势。

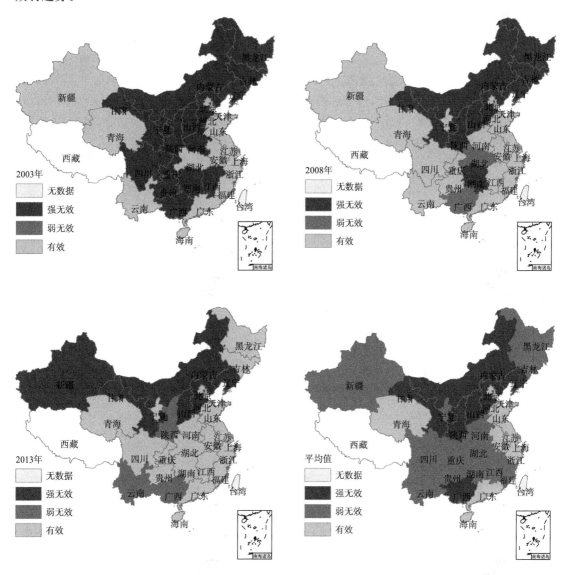

图 2 中国各省(区、市)环境规制效率时空演化图

从2003—2013年各省(区、市)环境规制效率的平均值可以看出,环境规制有效省份多聚集于长三角、珠三角以及京津地区,这些地区包括北京、天津、上海、江苏、浙江、安徽、山东、广东、海南和青海。在以往文献中,有学者认为环境规制效率与现有经济水平有正向相关关系[38],本文得到的环境规制有效的省份确实多数为经济发达省份,但是也存在青海省这样经济欠发达的省份,本文认为,这是两种截然不同的情况,不能一概而论,得出经济发展与环境规制存在必然联系的结论。青海省状况特殊,本报告测得青海省2003—2013年环境规制效率全部有效,这与以往文献资料中认为青海省环境规制效率表现极差不符[7]。环境规制强无效地

区主要分布在除西北新疆和东北黑龙江、吉林以外的广大北部地区。环境规制弱无效省（区、市）包括新疆、黑龙江、吉林、福建、宁夏以及西南三省和中部四省。

"双边效应"和"两极效应"出现的主要原因：（1）由于中国各省（区、市）经济发展水平差异显著，导致环境的治理强度参差不齐，无论是环境的投资额，还是治理环境的设备、技术和人才都存在一定程度的差异；（2）在经济发达省（区、市），公民接受教育水平较高，文明程度也随之较高，对于环境保护的意识比欠发达省市强，所以采用节能环保的产品、绿色低碳的生活方式的市民也较多，反之，经济欠发达地区较少；（3）从产业结构分析，经济发达省（区、市）产品和服务的附加值多，产业转型升级程度较高，高污染、高耗能、低效益产业聚集较少，企业污染源也较少，产业结构一定程度上决定了环境规制的效率，之所以2003年环境规制有效省份出现"双边效应"，原因很可能是西部地区经济发展基础差，招商引资没有形成规模，而东部沿海从改革开放后经济快速发展，产业结构较优，这两种截然不同的情况使得东部沿海和西部边疆环境规制都是有效的。

（二）中国环境规制特征差异分析

如图3所示，由2003—2013年各省（区、市）环境规制效率的变异系数变化趋势可知，从2003到2013年环境规制变异系数整体处于下降态势，局部有轻微地波动。表明各省（区、市）环境规制效率的差异在不断地缩小。需要注意的是，虽然中国环境规制效率整体差异在不断缩小，但区域差异仍然比较明显，2013年环境规制效率较高的省份有海南省（4.291）、北京（2.759），而较低的有山西（0.288）、内蒙古（0.362）。

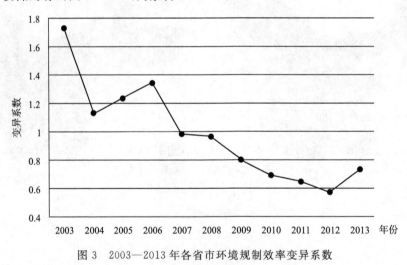

图3　2003—2013年各省市环境规制效率变异系数

六、中国环境规制全要素生产率动态特征分析

（一）考虑与不考虑非期望产出的环境全要素生产率差别分析

利用软件MaxDEA Ultra 6.9测算考虑非期望产出和不考虑非期望产出两种情形下的中

国环境全要素生产率,全要素生产率采用相邻参比的 Malmquist 指数。如表 2 所示,在不考虑非期望产出,即不考虑环境规制情形下,各省份环境全要素生产率平均值为 0.993,即环境全要素生产率以 0.7% 的速度呈负增长,技术进步对环境全要素生产率起抑制作用,而环境效率对全要素生产率起推动作用;在考虑非期望产出情形下,各省份环境全要素生产率均值为 1.020,表示各省份环境全要素生产率以 2% 的速度增长,其中 1.7% 是由环境效率推动的,而 0.8% 是由技术进步推动的,这与叶祥松等在考虑非期望产出的情形下认为全国技术水平呈 0.23% 的负增长有所不同[39]。

由上述两种情形可知,考虑非期望产出的环境全要素生产率明显比不考虑非期望产出的环境全要素生产率高,这一结论表明环境规制比不考虑环境规制的环境全要素生产率高。如果环境规制过弱,就会出现如表 3 中的状况,环境全要素生产率下降。如果环境规制过强,规制成本也相应增加,反而会约束生产力的发展,这也符合经济社会发展的逻辑。如果环境规制力度适当,不仅仅为经济社会的可持续发展注入动力,也可以提升技术创新能力[40]。

在考虑非期望产出情形下,除云南、新疆环境效率处于下降趋势,其余各省份环境效率都处于不变或变好的态势,这也再一次检验了上述用考虑非期望产出 Super-SBM 模型测度环境效率是科学合理的。研究也发现,天津、贵州、海南、浙江、黑龙江、吉林、新疆、辽宁、四川、甘肃、福建、陕西、宁夏、江苏、河南、河北、山东、内蒙古、重庆 19 个省(区、市)全要素生产率大于1。广东、湖北、山西、云南、江西、安徽、湖南、广西、上海、青海、北京环境全要素小于 1,且都是受技术效率小于 1 的影响。

表 3　各省(区、市)环境全要素生产率及其分解指数 2003—2013 年时间段均值

地区	考虑			不考虑		
	EFFch	TEch	MLI	EFFch	TEch	MI
北京	1	0.813	0.813	1.012	1.024	1.036
天津	1.005	1.167	1.183	1.015	1.021	1.030
河北	1.007	1.018	1.020	1.004	0.990	0.992
山西	1.031	0.968	0.991	1.030	0.962	0.985
内蒙古	1.007	1.009	1.014	1.004	0.999	1.002
辽宁	1.086	0.994	1.057	1.081	0.980	1.041
吉林	1.064	1.032	1.068	1.064	1.017	1.053
黑龙江	1.048	1.041	1.072	1.060	0.942	0.984
上海	1	0.958	0.958	1.050	0.997	1.035
江苏	1.026	1.015	1.024	1.019	0.996	1.006
浙江	1.041	1.045	1.082	1.058	1.001	1.050
安徽	1	0.977	0.978	1	0.938	0.938
福建	1.002	1.034	1.028	0.994	0.989	0.976
江西	1.006	0.975	0.980	1.006	0.965	0.969
山东	0.994	1.029	1.017	1.011	0.974	0.977
河南	1.009	1.016	1.023	1.008	0.986	0.993
湖北	1.004	0.997	0.997	0.997	0.968	0.964
湖南	1.002	0.977	0.978	1.002	0.962	0.963
广东	1	0.997	0.997	1.023	1.007	1.030
广西	1.008	0.955	0.963	1.009	0.952	0.960

续表

地区	考虑			不考虑		
	EFFch	TEch	MLI	EFFch	TEch	MI
海南	1	1.116	1.116	1	0.905	0.905
重庆	1.023	0.987	1.009	1.023	0.954	0.976
四川	1.026	1.025	1.051	1.026	0.963	0.988
贵州	1.031	1.098	1.124	1.030	1.007	1.029
云南	0.998	0.986	0.981	0.999	0.940	0.934
陕西	1.036	0.994	1.026	1.032	0.965	0.994
甘肃	1.045	0.985	1.032	1.045	0.984	1.031
青海	1	0.939	0.939	1	0.957	0.957
宁夏	1.023	1.004	1.025	1.021	1.004	1.022
新疆	0.976	1.099	1.064	0.993	0.997	0.979
平均	1.017	1.008	1.020	1.021	0.978	0.993

(二)中国环境全要素生产率空间相关性分析

利用软件 ArcGIS 10.2 测算得到表 4,由表 4 可知,只有 2005—2006 年、2011—2012 年两个时间段的 Z 统计量小于 -1.96,P 值小于 0.05,表明这两个时间段环境全要素生产率在空间上呈离散分布,其余各时间段的环境全要素生产率在空间上呈随意分布。整体上来看,中国区域之间的环境全要素生产率没有太大关系。主要原因:①中国各个地方行政区域分割,由于行政区域不同,各地环境保护政策各异,导致环境全要素生产率具有空间随意的特征;②各个地方资源禀赋各异,中国幅员辽阔,各个地方资源禀赋不同导致各地方工业结构不同,不同的工业结构也就造成了环境全要素生产率的差异。

表 4　2003—2013 年中国环境全要素生产率的 Moran's I 指数值

时间	Moran's I	期望	方差	Z 统计量	P 值
2003—2004 年	0.0131	−0.0345	0.0464	0.2210	0.8251
2004—2005 年	0.1532	−0.0345	0.5183	0.8244	0.4097
2005—2006 年	−0.7377	−0.0345	0.0426	−3.4062	0.0007
2006—2007 年	0.0019	−0.0345	0.0536	0.1574	0.8749
2007—2008 年	−0.1466	−0.0345	0.0547	−0.4793	0.6317
2008—2009 年	0.0502	−0.0345	0.0478	0.3871	0.6987
2009—2010 年	−0.0734	−0.0345	0.0499	−0.1742	0.8617
2010—2011 年	0.0087	−0.0345	0.0222	0.2899	0.7719
2011—2012 年	−0.6286	−0.0345	0.0481	−2.7092	0.0067
2012—2013 年	−0.3790	−0.0345	0.0528	−1.4987	0.1340

七、讨论与结论

本报告构建多投入多产出的环境规制评价指标体系,从静态和动态两个层面分析中国环境规制效率和全要素生产率状况。从静态层面研究得出：①2003年中国环境规制有效省份在布局上呈现东西"双边效应"，西部地区随着经济社会的发展，环境规制转为无效，当经济发展到一定水平，随着环境治理力度的不断加大，环境规制又开始变为有效，东部沿海地区环境规制效率一直处于有效状态；②中国环境规制效率在数量上表现出一定的"两极效应"，即环境规制有效省份和环境规制强无效省份聚集较多，只有个别省份环境规制处于弱无效状态，随着各省份环境治理力度不断加大，环境规制有效的省份又逐渐增多，"两极效应"开始减弱，但是环境规制弱无效地区仍然较少；③根据环境规制效率变异系数可以得出，从2003—2013年中国环境规制效率差异整体上在不断地缩小，但是区域差异仍然很大。从动态层面研究得出：①与不考虑非期望产出相比，考虑非期望产出的环境全要素生产率更高；②在考虑非期望产出的环境全要素生产率测算中，本报告发现环境效率与技术进步对环境全要素生产率都有促进作用，环境效率对环境全要素生产率的贡献更多；③2003—2013年中国环境规制个别年份出现离散的特征，但整体上来看环境全要素生产率在空间上是随意分布的。

本报告针对图2均值图中三种不同环境规制类型提出合理的政策建议。

环境规制有效地区包括北京、天津、山东、江苏、浙江、安徽、上海、广东和青海。北京、天津等经济发达省份人口集聚较多，居民素质较高，生态意识较高，引导市民采用"步行＋公交""自行车＋公交"的低碳出行方式；鼓励市民养成循环使用的绿色消费习惯，减少垃圾排放，分类垃圾排放。责令高污染企业限期整改，坚决关停落后产能企业，为绿色产业腾挪空间。充分利用经济发展水平高资金足优势，加大环保产品设计与研发力度，推进清洁生产，建立与国际接轨的绿色产品体系。青海省作为环境规制效率高的欠发达地区，须树立绿水青山就是金山银山的理念，破除传统经济发展思维，创新环境产业发展模式，坚决摒弃传统"先污染后治理"的老路。

内蒙古、山西等环境规制强无效地区在经济发展的同时须制定严格的市场准入制度，充分遏制发达地区带来的污染转移。结合自身要素禀赋，充分利用山水、文化、旅游资源，在有条件地区着力发展以休闲度假、旅游观光的环保产业；将精准扶贫与休闲旅游结合，将"互联网＋"与现代农业融合，走出一条有绿色产业特色的发展之路。针对华北雾霾重灾区建立复合型大气污染监测防治体系，实施$PM_{2.5}$协同控制，保障公众环境知情权，强化舆论监督，构建人人参与的环境管理行动体系。

环境规制弱无效地区主要集聚在西南、中部和东北地区。这些地区须适时引入环保人才、技术、资金流入，加快制造业转型升级，不断推动制造业向数字化、网络化、服务化和绿色化方向发展。加大环境投资力度，根治环境污染，推进生态环境保护与修复。在有条件地区推进农村垃圾清理、回收、循环利用试点建设，努力建设美丽乡村。针对西南欠发达地区，建立健全环境投融资制度，解决环境保护资金短缺问题。

（本报告撰写人：唐德才　汤杰新）

作者简介：唐德才，南京信息工程大学马克思主义学院党总支书记，博士，教授，博士生导师，研究方向为气候变化与公共政策、环境经济；汤杰新，南京信息工程大学经济管理学院管理科学与工程硕士研究生，研究方向为低碳经济、环境经济。本文由南京信息工程大学气候变化与公共政策研究院开放课题"14QHA019（课题号）"资助。

参考文献

[1] 张庆丰,罗伯特·克鲁克斯.迈向环境可持续的未来:中华人民共和国国家环境分析[R].亚洲开发银行,2012.

[2] 张晓,杨琼英,林国桢.大气污染与居民肺癌发病及死亡灰色关联分析[J].中国公共卫生,2014(02):165-170.

[3] 宋马林,王舒鸿.环境规制、技术进步与经济增长[J].经济研究,2013(03):122-134.

[4] Li H,Fang K N,Yang W,et al. Regional environmental efficiency evaluation in China:Analysis based on the Super-SBM model with undesirable outputs[J]. Mathematical and Computer Modelling,2013,**58**:1018-1031.

[5] Song M L,Zhang L L,An Q X,et al. Statistical analysis and combination forecasting of environmental efficiency and its influential factors since China entered the WTO:2002－2010－2012[J]. Journal of Cleaner Production,2013,**42**:42-51.

[6] Long X L,Oh K,Cheng G. Are stronger environmental regulations effective in practice? The case of China's accession to the WTO[J]. Journal of Cleaner Production,2013,**39**:161-167.

[7] Yang L,Ouyang H,Fang K N,et al. Evaluation of regional environmental efficiencies in China based on super-efficiency-DEA[J]. Ecological Indicators,2015,**51**:13-19.

[8] Li X G,Yang J,Liu X J. Analysis of Beijing's environmental efficiency and related factors using a DEA model that considers undesirable outputs[J]. Mathematical and Computer Modelling,2013,**58**:956-960.

[9] Song M L,Guan Y Y. The environmental of Wanjiang demonstration area:A Bayesian estimation approach [J]. Ecological Indicators,2014,**36**:59-67.

[10] Chang Y,Zhang N,Danao D,et al. Environmental efficiency analysis of transportation system in China:A non-radial DEA Approach[J]. Energy Policy,2013(58):277-283.

[11] 汪克亮,孟祥瑞,杨宝臣,等.基于环境压力的长江经济带工业生态效率研究[J].资源科学,2015,**37**(07):1491-1501.

[12] 赵峥,宋涛.中国区域环境治理效率及影响因素[J].南京社会科学,2013(03):18-25.

[13] 潘兴侠.我国区域生态效率评价、影响因素及收敛性研究[D].南昌:南昌大学,2014.

[14] 胡彪,王锋,李健毅,等.基于非期望产出 SBM 的城市生态文明建设效率评价实证研究——以天津市为例[J].干旱区资源与环境,2015,**29**(4):13-18.

[15] 李胜文,李新春,杨学儒.中国的环境效率与环境管制——基于 1986—2007 年省级水平的估算[J].财经研究,2010(02):59-68.

[16] 杨俊,邵汉华,胡军.中国环境效率评价及其影响因素实证研究[J].中国人口·资源与环境,2010(02):49-55.

[17] 王俊能,许振成,胡习邦,等.基于 DEA 理论的中国区域环境效率分析[J].中国环境科学,2010(04):565-570.

[18] 王兵,吴延瑞,颜鹏飞.中国区域环境效率与环境全要素生产率增长[J].经济研究,2010(05):95-109.

[19] 宋马林,张琳玲,宋峰.中国入世以来的对外贸易与环境效率——基于分省面板数据的统计分析[J].中国软科学,2012(08):130-142.

[20] 黄永春,石秋平.中国区域环境效率与环境全要素的研究——基于包含 R&D 投入的 SBM 模型的分析[J].中国人口·资源与环境,2015(12):25-34.

[21] 李佳佳,罗能生.中国区域环境效率的收敛性、空间溢出及成因分析[J].软科学,2016(08):1-5.

[22] 刘殿国,郭静如.中国省域环境效率影响因素的实证研究——基于社会嵌入视角和多层统计模型的分析

[J].中国人口·资源与环境,2016(08):79-87.

[23] 李斌,范姿怡.新型城镇化对区域环境效率的影响——基于省际面板数据的空间计量检验[J].商业研究,2016(08):39-44.

[24] Cooper W W,Seiford L M ,Tone K. Data Envelopment Analysis A Comprehensive Text with Models,Applications,References and DEA-Solver Software[M]. Germany Springer LLC Press,2007:367-368.

[25] 朱平芳,徐伟民.政府的科技激励政策对大中型工业企业R&D投入及其专利产出的影响——上海市的实证研究[J].经济研究,2003(06):45-53.

[26] Tone K. A slacks-based measure of efficiency in data envelopment analysis[J]. European Journal of Operational Research,2001(03):498-509.

[27] Tone K. Dealing with undesirable outputs in DEA:A slacks based measure(SBM)approach[J]. The Operations Research Society of Japan,2004:44-45.

[28] 陈绍俭.环境管制对中国工业环境效率影响的空间面板数据分析[J].兰州商学院学报,2014(03):109-118.

[29] 朱承亮,安立仁,师萍.节能减排约束下我国经济增长效率及其影响因素——基于西部地区和非期望产出模型的分析[J].中国软科学,2012(04):106-116.

[30] 苑清敏,申婷婷,邱静.中国三大城市群环境效率差异及其影响因素[J].城市问题,2015(07):10-18.

[31] 潘丹,应瑞瑶.中国农业生态效率评价方法与实证——基于非期望产出的SBM模型分析[J].生态学报,2013,33(12):3837-3845.

[32] 成刚.数据包络分析方法与MaxDEA软件[M].北京:知识产权出版社,2014:180-181.

[33] 程钰,任建兰,陈延斌,等.中国环境规制效率空间格局动态演变及其驱动机制[J].地理研究,2016(01):123-136.

[34] 杨俊,邵汉华.环境约束下的中国工业增长状况研究——基于Malmquist-Luenberger指数的实证分析[J].数量经济技术经济研究,2009(09):64-78.

[35] Chung Y H,Fare R,Grosskopf S. Productivity and undesirable outputs:A directional distance function approach[J]. Journal of Environmental Management,1997,51:229-240.

[36] 王维国,马越越.中国区域物流产业效率——基于三阶段DEA模型的Malmquist-luenberger指数方法[J].系统工程,2012(03):66-75.

[37] 高鸣,宋洪远.中国农业碳排放绩效的空间收敛与分异——基于Malmquist-luenberger指数与空间计量的实证分析[J].经济地理,2015(04):142-148.

[38] Wu J,An Q X,Yao X,et al. Environmental efficiency evaluation of industry in China based on a new fixed sum undesirable output data environment analysis[J]. Journal of Cleaner Production,2014,**74**(7):96-104.

[39] 叶祥松,彭良燕.我国环境规制下的规制效率与全要素生产率研究:1999—2008[J].财贸经济,2011(02):102-109.

[40] 沈能.环境规制对区域技术创新影响的门槛效应[J].中国人口·资源与环境,2012(06):12-16.

Environmental Regulation Efficiency and Total Fact Productivity in China——Static and Dynamic Analysis Based on Consideration of the Undesirable Outputs

Abstract: The Fifth Plenary Session of the eighteenth Central Committee of the Communist Party of China put forward the concept of the"five development concepts". Green development concept is the profound summary of China's economic and social development. There are desirable outputs and undesirable outputs in the process of environmental regulation. Aiming at the issue, the efficiency and total factor productivity of China's environmental regulation from 2003 to 2013 are analyzed from static aspect and dynamic aspect. Results show that the provinces with effective environmental regulation in 2003 show strong"bilateral effect"in the geographical layout of the east and west. With the economic and social development of the western regions, the environmental regulation becomes invalid and will not become effective again until the economy develops to a certain degree, while the environmental regulation of the eastern coastal provinces has always being effective since 2003. From 2003 to 2013, China's environmental regulation efficiency showed in certain"two-extreme effects"in terms of quantity. With the passage of time, more provinces had effective environmental regulation, and the "two-extreme effects"gradually reduced. The detection results through coefficient of variation show that regional differences of China's environmental regulation efficiency gradually narrow down, but there is still larger difference degree. Compared with the total factor productivity of the environment without considering the undesirable outputs, the total factor productivity of the environment considering the undesirable outputs is higher. The diction results through Moran's I index show that China's environment total factor productivity space is featured by neither gathered, nor discrete random distribution. According to the above environmental characteristics, some valuable suggestions are put forward for the environmental regulation.

Key words: environmental regulation; super-SBM model; Malmquist-Luenberger index; undesirable outputs

气候政策议程建构:触发机制、现实困境及其路径选择

摘 要:建立气候政策议程是推动气候变化问题转化为公共政策问题、进而促成气候政策出台以实现全球减排目标的关键一步。气候变化带来的全球影响、全球治理理念的形成与实践以及公民社会力量的持续推动成为气候变化问题进入政策议程的触发机制。气候问题自身高度复杂、国际机制合法化程度弱以及气候政策方案可选择性大造成气候政策议程设置实践出现反复性、复杂性、间断性以及离散性等问题。提高气候政策议程设置的科学性与有效性需要激发气候问题注意力,使气候领域的政策议题获得最大群体的聚焦;需要汇聚各方知识与能量,构建包含气候变化知识网络和政策网络在内的气候政策网络共同体;需要完善"自上而下"和"自下而上"以及第三方评估督查国际机制,为气候议程建构提供坚实的制度保障。如此,国际社会才能最大限度地克服气候应对过程中的"公共地悲剧"和搭便车行为,推进气候议程的有序科学合理的设置,加快气候政策尤其是国际气候政策的制定进程,为全球应对气候变化行动增添新的前进力量。

关键词:气候政策 议程建构 公众议程 政府议程 决策议程

一、引言

当前,气候变化所引发的一系列问题对人类社会发展造成严重威胁,已成为国际社会面临的最大挑战之一。气候变化的全球公共问题属性必然要求国际社会通力合作,共同为应对气候变化而献计献策。然而,尽管人类早在100多年前就对气候变化有所认知,但认识到气候在发生变化并不等于认识到气候变化是一个问题,更不会认为对该问题有必要采取一定的措施予以解决。实践表明,公共领域中出现的问题并非都能引起政府的关注并将其纳入议事日程。在长达百年的历史进程中,人类围绕全球气候是否在变暖、气候变化是否由人类活动引起、应当采取何种措施加以应对等问题一直争论不休。因此,气候问题被"体察"和"认定"进而能被列入政府议程是气候政策得以形成的首要前提。

政策议程是公共政策过程的逻辑起点,是"将政策问题纳入政治或政策机构进行的行动计划的过程,它提供了一条政策问题进入政策过程的渠道和一些需要给予考虑的事项"[1]。建立政策议程是推动公共问题转化为公共政策问题、进而促成公共政策出台解决公共问题的关键一步。当前,气候变化已被联合国列为当今时代全球首要议题,国际社会也在努力推进气候议程的建构,亦形成了一些国际行动计划与方案,但是,由于气候问题自身的复杂性以及各主权国家间的利益争夺和博弈,出现了一些国家退出国际公约并希望重启谈判议程,这表明气候政策议程的建构并非一帆风顺。唐纳德·鲍默和卡尔·范·霍恩指出,"为设立政策议程的斗争,也许比政策制定过程更重要"[2],因为通常在政策选择阶段时基本问题和可选之策已经得到定义,而包括政策议程建构在内的"前决策"阶段对我们分析气候政策过程更具有理论价值和现实意义,因为"政策问题的发现、认知和判断是进行公共决策活动的起点。所有决策活动的展开以及所有的决策程序,都是围绕公共行政问题的解决而进行的。而且行政问题的性质、程度、涉及范围的差异决定了公共政策性质、所涉及的范围、目标的选择、采取相应行动的差异"[3]。当前,国际社会虽然

已在采取全球行动,然而世界各国不仅在形成全球气候政策方案环节很难达成一致,即使在最初的气候议程设置环节,也面临诸多分歧与矛盾,气候政策议程设置困难重重。鉴于此,通过研究气候政策议程建构动力、特点及其障碍,提出场景时代气候政策议程建构过程中的中国对策,一方面将有助于加快气候政策尤其是国际气候政策的制定进程,为全球应对气候变化行动增添新的前进力量,另一方面亦可为我国应对气候变化的政策与努力提供方向指引。

本文的第一部分为引言,第二部分重点探讨了气候政策议程建构的触发机制,第三部分分析了气候政策议程建构的现实困境,第四部分提出了推进气候政策议程建构的路径选择,第五部分得出全文的结论。

二、气候政策议程建构的触发机制

全球性问题种类繁多且变化多端,如人口、金融、恐怖主义、移民(难民)潮、毒品泛滥、贫困、公共卫生、核安全、网络安全、能源、环境等,这些都是当今世界面临的主要全球性问题。针对这些问题所采取的任何全球性行动都意味着该问题得到了全球关注,也意味着行动资源的投入。然而,受制于决策能力、政策资源以及政治环境的约束,不可能所有全球性问题都提出解决方案,政策议程的过滤功能将排斥某些问题进入决策轨道,"那些被决策者选中或决策者感到必须对之采取行动的要求构成了政策议程"[4]。气候问题早已为人类所认知,如 1827 年法国科学家让·博里叶就首次提出了温室效应(Greenhouse effect)理论,但直到最近几十年,全球气候变化问题才引起国际社会的普遍关注,并将其提上全球议事日程。由此可见,气候政策议程的建构需要实现机制,也即触发机制、"政策窗口"。罗杰·科布及其同事指出,一个问题要得到政策制定者的考虑,必须符合三个标准:一是该问题必须是受到广泛关注的问题;二是相当大量的公众必须有采取行动的要求;三是该问题必须是一个适当的政府单位所重视的[5]。气候变化带来的全球影响、全球治理理念与实践以及环保公民社会力量的推动使得气候问题逐步满足这三个标准,从潜在问题成为显性议题,促成了气候政策议程建构的实现。

(一)议程建构的察觉机制:气候变化带来的全球影响

"主题只有在状况必须退化到危机的程度时才能获得足以使其成为积极议程项目的'能见度'"[6],进而在各种社会问题中"出类拔萃",成功吸引社会公众、决策者的注意力,从而有了进入公众议程、政府议程的可能。在面临诸多全球性问题的情况下,气候变化能够引起国际社会的关注原因之一是由于气候变化带来的全球性影响日渐显现并已成为人类社会生存与发展的严重危机。

近几十年,气候变化的影响在各大洲和各个海域都已显现,如海冰覆盖面积减少,1979—2012 年间,北冰洋冰层覆盖面积以平均每 10 年 3.5%～4.1%的速度减少,或者说每 10 年损失 45 万～51 万平方千米的冰面;而夏季最小冰面面积也在以每 10 年 9.4%～13.6%的速度在减少。同样在北半球,春季积雪的覆盖面积也在减少;1967—2010 年间,春季积雪覆盖面积平均每 10 年减少 1.6%,6 月积雪面积则平均每 10 年减少 11.7%;北半球北部还观察到了明显的冻土温度上升及冻土层厚度减少。海平面的大幅上升,从 1901 年到 2010 年,全球平均海平面上升达到了 0.19 米,平均每年 1.7 毫米;而 1971 年至 2010 年的海平面平均上升速度是每年 2.0 毫米,1993 年至 2010 年间速度则达到了平均每年 3.2 毫米。生物物种发生变化,比如鸟类迁徙的时间发生变化,动植物的分布向两极和高海拔地区推移,水生生物包括高纬度海洋里面的藻类、浮游生物、鱼类等的地理分布迁移发生变化,高纬度和高山湖泊中的藻类和浮游动物增加,河流的鱼类地理分布也有变化,同时观察到了迁徙提前的现象,等等。这表明,气候变化已经对人类所居住的地球生态环境产生了明显的影响。联合国政府间气候变化专门委员会(IPCC)在丹麦哥本哈根发布 IPCC 第五次评估报告的《综合报告》指出,人类对气候系统的影响是明确的,而且这种影响在不断增强,在世界各个大洲都已观测到种种影响。如果任其发展,气候变化将会增强对人类和生态系统造成严重、普遍和不可逆转影响的可能性。

仅仅从科学角度观察或认知到气候正在发生变化并对人类生态系统产生了影响,这还不足以引发政策议程的建立。气候变化从科学领域问题转变为需要政府回应的政策问题,则直接源于气候变化引发的各类经济社会危机催化出要求给予及时应对的政治压力。高温热浪、干旱、山洪风暴、低温冷害等极端天气气候事件发生的频率强度增加,天气气候灾害性事件增多直接威胁人类的生命财产安全。美国于 1980、1983、1988 年发生了 3 次严重的干旱或热浪灾害,造成严重的粮食减产和经济损失;东非 1982—1983 年的大干旱也造成大量牲畜死亡,并直接导致几十万人的大饥荒;1988 年苏联、中国也发生了严重的干旱,巴西、孟加拉等国则遭受了洪水灾害,加勒比海地区、新西兰和菲律宾则经受了龙卷风和台风的袭击[7]。2016 年,德国非政府组织"德国观察"发布了全球气候风险指数报告,分析结果表明 1996—2015 年全球共计发生 1.1 万起极端天气气候事件,52.8 万人丧生,经济损失达 3.08 万亿美元[8]。气候变化不仅直接威胁人类的生命财产安全,还严重影响人类所赖以生活生产的海洋、淡水和陆地等生态系统。由八国科学家共同完成的一项研究《气候变化的广泛足迹:从基因到生物群落到人类》表明,全球升温 1℃ 已经对地球上大范围的基本生物学过程造成了严重影响,这些影响包括:野生作物品种遗传多样性丧失、有害生物增加、各种疾病暴发、渔场变化、多地区农业产量降低等。除了这些显性变化外,还有基因变化等隐性动态也正在发生,如物种正在进化以适应极端气候,包括物种性别比例开始发生改变;水生或陆地系统的物种体型开始萎缩;鸟类的翅膀长度发生变化;热带和寒带的物种被纳入温带系统;低海拔物种被纳入到高海拔系统等[9]。生态系统变化的直接后果就是人类生活生产所需的物质基础受到严重影响,国家领土被淹没、耕地沙漠化导致粮食减产、气候变化引起动植物物种变化、农作物灾害增多以及人口被迫迁徙等直接威胁到人类社会的生存与有序发展。

气候变化所带来的全球影响引起了从科学家到政治家、从气候专家到普通公众的关注,全球此起彼伏的各种极端天气,都在警示人们应对气候变化的重要性和紧迫性,气候变化问题由此成为全球性问题的焦点之一,有了被政府部门进行"编目"[6]即进入政策议程的可能。

(二)议程建构的开放机制:全球治理理念的形成与实践

气候变化的典型特征是全球性。应对气候变化议程的创建需要全球力量的共同合作,而当前全球治理已逐步从理念走向实践,为全球气候议程的建构奠定了国际合作的平台,提供了可资借鉴的气候议程共建机制。

全球治理理论是顺应世界多极化的发展趋势而提出的旨在对全球性事务进行共同管理的理论。詹姆斯·罗西瑙最先使用"全球治理"这一提法,他在《没有政府的治理》一书中提出了关于 20 世纪末全球治理变革模式的思考,并引入"世界政治的治理""世界范围的治理""国际

秩序的治理"或"全球秩序的治理"等与全球治理相类似的概念。格鲁姆(Groom)和鲍威尔
(Powell)提出,全球治理关注的是"对那些必然要对全球各个地方产生冲击的问题的辨识和管
理"[10]。冷战结束后,随着全球化进程的推进和国际政治经济格局的调整,一些全球性问题如
环境恶化、人口老龄化、全球贫困等威胁到整个人类生存与发展的问题引起国际社会的关注。
1992 年,28 位国际知名人士发起成立了"全球治理委员会"(Commission on Global Govern-
ance),该委员会指出,治理是各种公共的或私人的个人和机构管理其共同事务的诸多方式的
总和。它是使相互冲突的或不同的利益得以调和并且采取联合行动的持续的过程。这既包括
有权迫使人们服从的正式制度和规则,也包括各种人们同意或以为符合其利益的非正式的制
度安排[11]。全球治理是国家层面的治理在国际层面的延伸。概括而言,全球治理指的是通过
具有约束力的国际规制(regimes)解决全球性的冲突、生态、人权、移民、毒品、走私、传染病等
问题,以维持正常的国际政治经济秩序[12]。

　　如今,全球治理已经成为当今世界处理全球性问题的主要途径,形成了全球经济治理、全
球卫生治理、全球环境治理、全球教育治理、全球海洋治理等在政治、经济与社会各个领域的全
球治理模式。不同层面的全球行动者(全球性的、区域性的和国家)共同协商,在形式各样的正
式或非正式全球治理平台如联合国、二十国集团、欧盟、亚太经济合作组织、金砖国家峰会、红
十字会、劳工组织、气候变化会议等形成全球性治理政策、供给全球公共产品方面发挥重要作
用。具有跨境性、外部性和外溢性特征的气候问题因其可能带来全球性危机、威胁到全球所有成
员的利益而受到关注,对其治理的全球性诉求亦可通过全球治理平台得到反映,进而为创建气候
议程等气候治理集体行动提供了良好的合作路径。1979 年 2 月在世界气象组织的发起下,第一
届世界气候大会在日内瓦召开,气候变化首次纳入国际政治议程。自此,联合国秘书处、联合国
环境规划署、政府间气候变化专门委员会(IPCC)等组织在促进气候议程的建立、选择中发挥了重
要乃至是决定性的作用。例如,气候变化国际谈判和规制的科学咨询机构——政府间气候变化
委员会,其主要任务是对气候变化科学知识的现状,气候变化对社会、经济的潜在影响,以及如何
适应和减缓气候变化的可能对策进行评估。自 1990 年至今,IPCC 发布了五次全球气候变化的
评估报告,为国际社会应对气候变化和《联合国气候变化框架公约》等气候议程谈判提供了重要
的科学基础,并对气候议程的转向产生影响。又如联合国秘书长对国际社会议事日程的设置影
响巨大,第八任秘书长潘基文对气候变化问题极为关注与重视,他亲临北极冰盖边缘地区考察气
候变化对北极地区的影响,成立气候变化问题特使小组协调各国政府以达成气候治理共识,并在
各种场合呼吁各国政府和民众关注气候问题,使得气候问题在国际社会得到广泛关注,气候议程
在国际议程中得到了前所未有的重视。

　　随着全球治理理论及其实践的深入,气候问题被带入全球治理领域,全球治理行动者成为
气候议程建构的代理人,从而将气候问题放置于全球议程之中。

(三)议程建构的催化机制:公民社会力量的持续推动

　　以非政府组织、跨国公司等为代表的政府外公民社会力量在气候问题的广泛宣传、气候谈
判进程以及气候议题变更等方面发挥重要影响,深化了社会公众对气候问题的认知程度,提升
了公众的气候保护意识,激发了越来越多的公众提出气候应对行动诉求,在气候政策议程建构
过程中充当了催化剂作用。

　　非政府组织提高了气候问题的社会公众认知度,加快了气候问题的社会公众聚焦过程。

非政府组织充当气候科普传播者，通过大众媒体等宣传和普及气候变化知识以及环保意识；通过漫画、板报等形式简化并传播气候专家的最新研究成果，以形象化的方式将公众的注意力聚焦起来，激发公众的气候行动，使政府不能对之随意忽视，并使之逐渐成为必须处理的，或至少在表面上要处理的重要问题之一，从而"把认识问题和设定议程之间的时间最短化"[13]，使得气候问题得到广泛的公众关注，形成气候国际公共意识，促使相关问题纳入国际议程。此外，非政府组织还直接介入气候谈判并对气候议题产生影响。《联合国气候变化框架公约》正式规定了非政府组织可以作为"观察员"列席气候变化大会，享有阅览联合国文件、参加联合国谈判和参与联合国评议的正式权力，从而对气候谈判进程和气候协议内容产生直接影响。世界550多个非政府组织联合组建的气候行动网络（Climate Action Network）还在各届联合国气候大会期间组织评选"化石奖"，颁发给减排不力或对谈判进程起负面作用的国家，以监督、鞭策在大会上减排态度不积极的国家。例如，在2010年坎昆会议上日本代表因强硬拒绝就《京都议定书》第二阶段承诺减排目标而被获"每日化石奖"，气候行动网络批评日本给谈判营造出一种非建设性的氛围，这对推动气候谈判相关方承担气候治理责任、达成相关气候协议起了积极的作用。

跨国公司虽然是以盈利为目标的国际性大型企业，但气候变化所引发的政策决策影响其利益时，它们就必然介入气候变化政策过程之中。跨国公司依赖其雄厚的经济实力，主要在气候谈判进程中通过游说、向政府部门提供决策咨询以及直接参与谈判等方式影响气候议程的建构。跨国公司一方面依托大众传播媒介影响公众对气候问题的认知，另一方面通过资金资助等方式引导气候科学研究，进而影响气候政策议程内容设定。例如，1990年代初，欧洲跨国石油公司通过游说本国政府，成功地使欧盟委员会的"碳税"议案增加了"条件限制原则"，即议案的通过必须以美日竞争对手采取类似的行动为前提[14]。此外，跨国公司还通过直接参与国际气候谈判的机会，直接影响气候协议条款或者气候议程设定时间。如美国跨国石油公司还联手那些被称为"否决"国家的石油输出国家组织成员国，削弱协议内容或阻碍协议通过。它们帮助沙特阿拉伯起草提案，要求公约之任何议定书的通过从原来的2/3多数同意增加到3/4，试图以此来推迟协议的生效[15]，延迟气候政策议程的设置。

综上所述，非政府组织、跨国公司等主要的公民社会力量通过凝聚气候共识引起公众注意力、影响气候谈判进程变更议程设定内容等方面对气候议程设置发挥重要影响。

三、气候政策议程建构的现实困境

当前，气候问题虽然引发全球关注，从1995年至2017年已召开《联合国气候变化框架公约》23次缔约方会议，应该说已经引起了全球公众和世界各国政府的高度关注，完成了公众议程和政府议程的建构环节，然而却难以建构决策议程①。正如金登所说："政府议程包括政府

---

① 关于政策议程分类或设置阶段，学者们有不同观点：如科布和艾尔德认为公共政策议程创建过程至少包括公众议程和政府议程两个发展阶段；伯克兰认为政策议程大体经历一般议程、系统议程、制度议程、决策议程四个环节；戴维斯提出公共政策议程设置包括提出、扩散和处理三个阶段；琼斯从政策活动功能入手将公共政策议程分为问题确认议程、提案议程、协议或讨价还价议程、持续议程四类。分别参见文献[16-19]。本文认为，气候议程建立分为一般议程、公众议程、政府议程和决策议程。

内部及其周围的人们正在给予认真关注的主题。而决策议程则只包括那些正在进入某种权威性决策状态——如立法或总统行动——的主题。[6]"那么,是什么原因阻碍了气候问题进入到决策议程阶段以致气候政策形成受阻或未能形成有效的气候政策呢?综合来看,影响议程设置的因素很多,包括问题本身、政治系统的议程承载容量、政策共识、触发机制、议程"偏见"、政治系统文化约束等。就气候议程而言,气候议题本身的特性、国际机制合法化程度以及气候问题解决方案的可选择性是影响气候政策议程设定、推进气候政策进程的重要因素。

(一)气候议题的高度复杂性造成气候议程建构动力不足

不同议题的性质会影响全球行动者设置政策议程的能力和效果,并不是所有的国际合作行动都能成功地影响世界各国政策议程设置并形成全球性的政策议题网络。正如学者刘宏松指出,各种跨国性议题要成为各国的共同政策议程,需要从以下四个属性对该议题进行审视:议题的紧迫性、议题与核心国家利益的关联性、议题价值与既有国际规范的嵌合性以及议题的联动性[20]。从气候议题自身性质而言,气候问题呈现议题紧迫性共识不足、议题价值面临不确定性以及议题所涉及领域过于宽泛,影响了气候议题的凝聚力和议程建构的驱动力。

1. 气候议题紧迫性共识不足

议题紧迫性的高低将直接影响卷入议题的相关群体对议题的感知与态度。高紧迫性的议题意味着对议题的忽视或搁置会造成极大的危害,而且拖延对议题的解决会使议题的状况以极快的速度蔓延和恶化。低度紧迫性的议题则意味着搁置,甚至忽视议题都并不造成值得重视的危害,或者不予解决议题并不会造成可以切实感受到的危害[20]。高紧迫性议题能提高相关群体对该问题的感知度,引起相关群体高度关注,推动人们支持决策资源向该议题转移,从而将该议题引入决策议程。

"由于气候变化对人类直观感受的影响不像疾病和战争那样直接,同时,气候变化本身又是一个复杂的科学问题"[21],因此,关于气候变化是否需要紧急应对的争论一直存在。一方面在气候问题具体是个什么问题上,国际社会存在着不同的声音。以联合国政府间气候变化专门委员会(IPCC)为代表的"积极行动派"认为气候问题是指气候变暖,且主要是因为人类活动造成的,因而要求采取应对举措,《斯特恩报告》得出结论:"蒙受今日相对较低的成本,就能够避免全球变暖的巨大的未来成本。"但也有人对气候变化事实持怀疑态度,认为"现代的变暖是适中的,并且不是人为的",有人虽然承认人为的气候变暖的事实,但认为采取措施应对气候变化既不紧迫也无必要,认为试图阻止气候变化所付出的代价将大大超过任由它发生的代价。诺德豪斯指出,2100 年因全球变暖趋势延续而导致的世界总产量的损失将是微不足道的,因此"减排不是一个紧急行动"[22]。从实践而言,气候变暖议题紧迫性高低既有客观因素的影响,如在全球不同地理位置的国家,气候变暖所带来的危害程度差异很大,小岛屿国家因海平面上升面临的生存威胁比非岛屿国家要严重得多,有些极寒区域反而因气候变暖有所受益;同时,气候变暖议题的紧迫性还受到主观因素的影响,与该议题相关的群体会因个人知识、价值偏好以及利益取向的不同,对气候变暖的紧迫性判断必然出现差异。即使感受或认识到气候变暖带来的危害,但在该危害是否巨大到需要马上对之进行干预、如何干预、干预到何种程度等问题上仍存在看法不一的现象。托马斯·戴伊说过:"确定问题是什么比认定解决问题的答案是什么甚至更为重要。[23]"在确认气候问题是什么、气候变暖是否紧迫方面共识的不足导致气候议程建构的动力不足。

2. 气候议题价值面临不确定性

政策问题是尚未被实现的社会价值或者需求，进入决策议程的社会问题意味着即将通过公共活动去实现这些价值或需求。决策议程是"决定"议程，其遵循的是价值标准，即要回答的不是怎么做的问题，而是值不值得做的问题，是公共决策主体最终确定的、要形成公共政策的"正式"议程，也是议程建构的最高层次[24]。任何公共问题都不可避免地带有某一区域范围或特定群体的价值诉求。而对于全球性议题来说，该议题应当不仅仅反映某一国或一国公民的价值诉求，而是能够为普遍接受和认可的"公共的善"，这种"公共的善"在情感上、心理上或道德上更易于对全球公众产生"共鸣效应"，使公众意识更易于在解决议题的全球性政治行动上汇聚和集中，使卷入议题的国家因价值相对主义的缘由而相互争执的可能性大大减少[20]，有利于促进全球性议程的建立。

1988年在加拿大多伦多举行的国际会议上首次将全球变暖作为政治问题来看待，认为："人类正在进行全球范围的无法控制的试验，其最终后果仅次于一场全球性核战争。"此后，气候变化问题从科学领域转向政策即政治领域并被列入国际政治议程，可以说维护全球气候安全、促进世界可持续发展便是气候变化问题进入国际议程的价值诉求。然而，气候问题所附着的全球气候安全虽然具有"公共的善"特质，但却存在以下议程价值的不确定性。一是，气候议程建构对于某一国家而言是否具有优先的地位，这存在不确定性。因为全球气候安全价值目标的实现与发展经济、消除贫困、改善民生等其他价值目标短期内不可能相融协调，相反可能出现冲突。在这种情况下，由于当前世界各国处于"同一空间的不同时代"，国际体系各单元处于不同的发展阶段，因此，对这些目标的价值判断以及优先选择哪些问题进入决策议程时存在不确定性。二是，当气候问题的威胁对一国而言并非是迫在眉睫的情势下，围绕气候议题所制定和推行的政策价值诉求必然受到影响，气候议题也就难以在该国决策机构中获得认可并确立为是值得着手解决的政策议程。三是，国际社会在气候问题上的"讨价还价"，且"没有任何现成的惩罚机制要求主权国家必须以增加发展成本或损害自身短期利益的方式去改善整体的国际环境或应对未来长期可能出现的危险的约束性力量[25]"时，气候议题价值的吸引力下降。此外，由于气候变化问题相当复杂，牵涉到一国政治、经济、法律和政策的调整，且存在科学上的不确定性，这也使得是否值得出台政策应对气候变化存在不确定性。因此，气候议题价值的不确定性影响了气候议程设置的积极性。

3. 气候议题所涉及主体的宽泛性

与国内政策议程不同，气候议题是全球性议题，气候变化政策的制定和推行受到国内和国际双重政治力量的影响。全球气候议程的建立一方面需要在国际社会中进行磋商协调，达成国际共识，形成国际协议，另一方面气候议程的建立还必须得到国内政治系统的接受和批准，气候议程极容易因为建构主体的高度分散、利益高度繁杂而受到延滞乃至终止。

首先，在国际层面上，主权国家、国际组织、跨国公司、全球公民社会等多元主体均在气候议程设置过程中输入自己的价值偏好和利益诉求，这给国际共识的形成带来巨大压力，以至于国际社会为采取全球行动虽然在努力地寻找各方利益的平衡点，但最终结果却与期望值相差甚远。从1995年至2017年历年的《联合国气候变化框架公约》谈判历程可以发现，由于谈判参与方众多，众口难调，利益诉求繁杂，在"最小公分母"效应的影响之下，导致很多关键性问题不能提上会议的议程。其次,由于国际谈判结果仍需获得国内政治系统的认可,因此,气候议题牵涉到的国内利益群体之间偏好、权力分配和可能的联盟组合复杂程度的影响,极容易出现主权国家背叛国际协议的结果,使国际议题的推进受到阻碍,符合公共理性的气候政策议程仍然将无果而终。例如,2017 年 6 月 2 日,美国总统特朗普宣布退出《巴黎协定》。研究人员和科学家们认为这一行为将会对其他限制化石燃料污染的国家产生多米诺骨牌效应。虽然美国退出《巴黎协定》并不会改变全球应对气候变化的基本趋势,但毫无疑问会大大减损气候议程的有效性。

(二)国际机制约束性程度弱导致气候议程有效性不高

克拉斯纳认为,国际机制是特定国际关系领域里行为体愿望汇聚而成的一整套明示或默示的原则、规范、规则和决策程序。原则是对事实、原因和公正的信仰;规范是指以权利和义务方式确立的行为标准;规则是指对行动的专门规定和禁止;决策程序是指做出和应用集体选择的普遍实践[26]。国际机制可促进"无政府状态下的合作",国际机制的根本功能是控制交易成本和提供可靠的信息,从而可以解决国际合作中的市场失灵问题[27]。自 1979 年第一次世界气候大会后,气候变化问题成为国际社会开始关注的问题,之后国际社会在气候领域形成了正式和非正式的国际机制,在推动气候议程建构和发展中发挥了重要作用。

关于国际机制的约束性程度,克拉斯纳用法定义务(legal obligation)、精确度(precision)和代理度(delegation)三个维度来衡量:法定义务是指国际机制在法律上对成员国行为做出的硬性规定和禁止,即规定成员国必须做什么,必须不做什么;精确度是指国际机制对成员国在特定条件下合法行为规定的清晰程度和明确程度;代理度是指国际机制成员国将代理权威赋予如法庭、仲裁者和行政性组织等第三方机构的实现程度[28]。用克拉斯纳的三个维度审视现有的《联合国气候变化框架公约》、《京都议定书》、"巴厘路线图"、《巴黎协定》等气候领域的主要正式国际机制,可以发现这些国际机制在法定义务、精确度和代理度方面存在不足,反映出国际机制合法化程度较弱。

表 1 若干主要气候变化国际机制及其约束性问题

国际机制	相关内容	约束性问题
《联合国气候变化框架公约》	①目标确定为:"减少温室气体排放,减少人为活动对气候系统的危害,减缓气候变化,增强生态系统对气候变化的适应性,确保粮食生产和经济可持续发展",即减排和适应两类。②五个基本原则:共同但有区别的责任原则;考虑发展中国家的具体需要和国情;各缔约方应当采取必要措施,预测、防止和减少引起气候变化的因素;尊重各缔约方的可持续发展权;加强国际合作,应对气候变化的措施不能成为国际贸易的壁垒。	①目标不具有操作性,且全球减排的长期和中短期目标依赖于后期谈判。②原则空洞、不明确,"共同但有区别的责任原则"虽然较为具体且有实质性规定,但各国理解并不一致且尚未在各国彼此权力与责任的分配原则方面达成共识。③精确度低:只规定了关于防止气候变化的最基本的法律原则,而没有涉及缔约方的具体国际义务。

续表

国际机制	相关内容	约束性问题
《京都议定书》	①规定从 2008 到 2012 年期间，主要工业发达国家的温室气体排放量要在 1990 年的基础上平均减少 5.2%，其中欧盟将 6 种温室气体的排放削减 8%，美国削减 7%，日本削减 6%。②形成了三个灵活机制，即联合履约、排放贸易和清洁发展机制。其中，清洁发展机制其目的是帮助发达国家实现减排，同时协助发展中国实现可持续发展，由发达国家向发展中国家提供技术转让和资金，通过项目提高发展中国家能源利用率，减少排放。	目标具体、可操作性强，精确度高，但法定义务性较弱。①排放大国退出该机制：在第一承诺期尚未正式生效之前美国就于 2001 年 3 月宣布退出，接着 2011 年 12 月 11 日加拿大、2013 年 1 月 1 日俄罗斯也正式退出。②没能限制温室气体主要排放国的排放行为，在法律上没能对成员国行为做出硬性规定和禁止。③发达国家根本不愿提供资金和技术，2009 年《哥本哈根协议》中，发达国家也只是首次在发展中国家普遍关心的资金问题上做出了具体承诺，尚未具体落实。
巴厘路线图	大会就近 60 项议题展开谈判，包括加强公约实施、议定书第二承诺期发达国家进一步减排承诺、IPCC 第四次评估报告、技术开发与转让、资金机制、适应基金、国家信息通报、国家温室气体清单、研究与系统观测、教育培训与公众意识、清洁发展机制等。重点讨论 2012 年后应对气候变化的措施安排等问题，特别是发达国家应进一步承担的温室气体减排指标。	精确度较低：因在减排目标、技术协助等立场上存在重大差异，谈判一度陷入僵局，后为打破此僵局，"巴厘岛路线图"的最后文本删除了具体的减排目标，仅以注脚方式间接提及。
《巴黎协定》	《巴黎协定》决定和巴黎气候协议。决定包括：协定的通过、国家自主贡献、关于实施本协定的决定、2020 年之前的强化行动等，不需要各国立法程序批准。巴黎气候协议包括：目标、减缓、适应、损失损害、资金、技术、透明度、盘点机制等内容，需要各国立法程序批准。	①法定义务性较弱：其中关键条款的措辞相当微妙，只有一部分条款带有法律义务，而其他条款则表述为建议、意图或观点[29]，其约束力主要体现在程序上，缔约方的法定义务是提交其国家自主贡献并每五年通报一次，但提交何种自主贡献、做出怎样的减排努力等不是强制性的。②精确度不高：各缔约方提交的国家自主贡献预案的基础上，指出各方以"差异各表"的方式开展减排，模糊了"共同但有区别的责任"原则。

从上表可以看出，《联合国气候变化框架公约》（以下简称《公约》）更多是提供了一个国际社会应对全球气候变化问题的一个全球性基本框架，几乎是以国际宣言般的"软法"通过的，它可以在短时期内最大限度地吸引世界各国关注气候变化并迅速启动国际议程，其可具体操作性举措的缺失是先天性的，需要依赖于缔约以后的气候谈判。进一步而言，《公约》于 1994 年生效至 2017 年，缔约国会议（Conference of Parties，COP）（以下简称 COP）已召开 23 次会议并生成决议文。理论上《公约》作为一个具法律拘束力的文件，每年 COP 会议所产出的"决议文"对缔约方自然有拘束力，但在实践上，由于这些决议文在内容上的用语并不精确（precise），因而无从显示法律上拘束的意图，此外，在法律程序上许多决议文产出是采取非正式协商方式，无须送交各缔约国立法机关通过，也无须刊登在缔约国条约汇编中，故无从产生契约性义务。纵使有开放缔约国间签署的动作或仪式，严格说来，仍属于仅具道德性而不具法律拘束力的"软法"（soft law）性质，即使缔约国未遵守"决议文"内容，如资金提供、技术转让等遵约机制，也不会导致缔约国间的任何违约制裁[30]。1997 年《公约》第三次缔约方会议通过的《京都

议定书》是历史上第一个具有法律约束力的、要求定量减少发达国家温室气体排放的国际条约，理论上而言，该机制最具操作性，也具有法律约束力。然而，由于缺乏全球性权威政府的强制性约束和惩戒规制，遭遇主要排放大国"用脚投票"，未能真正推进实质性气候议程的开展。巴厘岛联合国气候变化大会谈判过程困难重重，几度陷入僵局，会期被迫延长，虽然最终各方妥协形成了"巴厘路线图"，然而"'巴厘路线图'虽已绘成，但仅是粗线条的，就连《巴厘行动计划》关于 2009 年达成结果的形式也只是含糊地使用了'结果'一词。[31]"而 2015 年通过的《巴黎协定》以自下而上、更加灵活、不断递进的方式联合各国共同应对气候变化，称为是标志着全球气候新秩序的起点，但其在强化各方共同参与的同时却弱化了遵约机制[32]，使得气候议程的建构更趋松散。

（三）气候政策方案的可选择性影响决策议程的建立

当政策议程设置受阻时，就会出现隐蔽议程。"隐蔽议程"现象的存在意味着"在共同体中那些对现存的利益支持或特权的分配进行变革的要求被公正地表达出来之前可能被压制，或者被掩盖，或者在它们通过获得通往相应的决策制定舞台的通道之前被否定；或者，如果没有出现所有上述这些情况，那么，就会在政策实施过程中被损害或破坏[33]"。如此，政策议程设置受阻而引发的隐蔽议程现象就不仅仅发生在问题到议题提出进而进入决策议程阶段，还会发生其他政策过程阶段，如在政策设计与政策执行阶段，"真正的问题会因为腐败、制度设计漏洞等问题而以目标置换等方式被掩盖掉"[34]。因此，气候议程设置还受到气候政策方案可选择性的影响，"仅有问题还不够，即便是有一个很紧迫的问题也不够。一般还要有一个行得通、已经被软化过的、已经拟定的解决办法"[6]，当气候政策方案可选择增多且不乏可行方案时，气候问题被提上全球决策议程的可能性必然显著增加。

首先，从历届《公约》缔约方会议过程看，参与会议谈判的国家数量众多，关注和推动议程建立的非政府组织和公众积极性亦非常之高，如《公约》每届缔约方大会出席人数均在 4000 人以上，2009 年《联合国气候变化框架公约》第 15 次缔约方会议与会国家增至 192 个国家，几乎囊括了世界上所有的国家，可以说议程设置所需的问题关注度以及各国政府议程亦已具备。然而，在会议商谈具体的气候对策时却经常由于意见相左导致议程受阻。如在巴厘岛会议期间，美国态度消极，且在会议上推出新的提案，想以接受自愿的排放控制措施代替有法律约束力的量化减排指标举措，激起与会各方抗议令谈判一度受阻；哥本哈根会议上丹麦政府试图提出一套新的公约体系和议定书即用"丹麦草案"代替《联合国气候变化框架公约》本身和《京都议定书》，影响了谈判议程的正常进行。缔约方会议中各国不断提出的政策方案给议程设置中共识的达成带来巨大压力，因"最小公分母"效应导致会议确定的最初议程清单一再妥协，删删改改，气候决策议程的设置由此步履蹒跚，进展缓慢。

其次，从《京都议定书》到《巴黎协定》的气候国际行动历程看，在如何应对气候变化的决策方案设计思路上有了明显的改变，这对提高气候议程的共识与合法有效具有明显的推动作用。在《公约》通过之后，国际社会一直试图达成一项有法律约束力的、统一的减排方案，其典型代表就是 1997 年通过的《京都议定书》。然而《京都议定书》却遭遇排放大国"用脚投票"，以致濒于流产。于 2016 年 11 月 4 日正式生效的《巴黎协定》则创设缔约国自提"国家自主贡献"的模式，由各缔约国根据本国国情、意愿等提出包涵减排形式、基准年和目标年选择、目标涵盖部门和减排气体种类、报告和核算等内容的自主贡献文件，各缔约国今后所实施的气候变化应对行动应紧密围绕各自的自主贡献文件展开,在各缔约国各自履行承诺的基础上,共同实现总体目标。此方案给予各缔约国以更多的自由自主的行动空间。此外,倘若《公约》缔约国因不满该方案而拒绝签署《巴黎协定》,根据《巴黎协定》第 16 条 2 款规定《公约》缔约国未来仍可以观察员(observer)身份参与《巴黎协定》下之任何会议,由此确保了最大多数主体参与气候议程设置,有利于气候决策议程形成的合法性。

总而言之,决策议程只包括哪些正在进入某种权威性决策状态的主题,如获得立法或行政部门采取行动。而一项问题能否通过政策之窗获取进入决策议程的机会,取决于问题流、政策流和政治流能否三流合一,"如果所有这三种因素——问题、政策建议以及政治可接受性——在一个单一包装物中结合的话,那么一个项目被提上某一决策议程的概率就会大增"[6]。因此,气候议题要进入决策议程即形成国际立法议程或全球性行动,除了问题流、政治流之外,在参与方国情不同、利益取向多元、气候决策"搭便车"行为以及气候自身存在不确定性等多重约束条件下设置更具有选择性的气候政策流,无疑可以减少气候议程设置过程中的激烈冲突、软化甚至消除气候问题进入决策议程的障碍。

四、推进气候政策议程建构的路径选择

有学者认为议程设置有三个特征:一个非线性的过程;既是政治性的,又是技术性的;发生在一个由国家和社会行动者组成的复杂网络中[35]。气候政策设置过程中出现的反复性(如相关议题反复磋商、议而不决)、复杂性(如参与主体众多、利益诉求多元)、间断性(如有国家退出国际协定)以及离散性(如不同参与主体提出的议题差异很大)表明,全球气候议程设置是一个在诸多国家和社会行动者组成的复杂网络中进行的一项既具有政治性又具有与技术性的非线性过程。因此,需要从激发气候问题注意力、构建气候政策网络共同体以及完善气候政策国际机制方面入手提高气候政策议程设置的科学性与有效性。

(一)激发气候问题注意力,聚焦气候领域的政策议题

当前,我们不缺乏公共问题,也不缺乏与公共问题相关的知识信息,缺乏的是对某一公共问题、知识信息等的兴趣,以及对一定对象的指向与集中即注意力。在经济学领域,注意力是一种能为企业管理带来收益的稀缺资源,"眼球经济"就形象地反映了注意力在经济活动中的作用。西蒙将注意力引入决策管理领域,他认为决策就是搜寻过程,其中"稀缺的因素是注意力"[36]。对于注意力的定义,达文波特和贝克认为,注意力是指在我们意识范围之内的众多信息中,我们选择关注并且集中精神于其中特定的信息。而且注意有选择性注意和顺序性注意,它会有选择的加工某些刺激而忽视其他刺激的倾向[37]。黄健荣认为:"注意力是指在一定的时空位置和社会建构中的行为主体,对各种内生和外生的、动态和静态的、表征为物质或非物质形态的各种信息,包括思想、舆情、行为、事件的产生与发展的各种社会现象的映射,以及自然界现象的各种变化予以关注、搜寻、获取和作出判断的能力。[38]"由此可见,注意力与选择行为密切相关。政府议程是对资源的分配,其分配结果如何,直接受制于注意力的方向、强度和持久度。在面对众多的公共问题时,政府以及国际社会注意力的方向、强度及其持久性直接影响其对某一公共问题的选择与否、关注度的高低以及是否持久给予关注,进而影响相关政策议

程能否得到建立以及带来持久的政策行动。同时,社会公众的注意力也有助于加快推动公众议程的建立,并通过传递给世界各国以及国际社会巨大的气候应对压力而促进一国政府议程或全球决策议程的建构。

议程设定路径关注的焦点是:它们从哪儿产生,它们如何被选择出来作为认真考虑的对象,它们如何被包装以吸引支持,它们又如何影响政策过程[39]。气候问题要形成这些关注焦点,则必须通过多种途径激发政府、社会公众以及国际社会的注意力。首先,社会层面,运用多种方式激发社会公众在气候问题领域的注意力:一是,加强气候科普宣传,将气候变化相关研究成果转化为通俗易懂、形象生动的科普读物、影视动画等,提高社会公众对气候变暖及其危害结果的感知度和知晓率,吸引社会公众将注意力向气候变化领域转移;二是,借助网络、微信、微博、QQ 以及网络报纸等多媒体平台,宣传报道气候变化及其相关议题情况,让社会公众随时能接触到气候变化及其影响的信息,固定社会公众在气候问题领域的注意力。其次,国家层面,建立健全政府决策机制,引导政府决策注意力向气候领域配置,例如建构政府注意力配置整合的体制平台,建设一流的信息分析专家和决策分析专家队伍,建构和完善决策智库,建设和完善相关人才任用机制、形成专家建言吸纳机制以及民意获取沟通机制等等[40]。此外,引进和采用大数据、人工智能等先进技术,收集、挖掘气象变化、环境污染以及气候灾害等大数据,运用现代信息和决策分析技术模拟气候变暖发展趋势,提升政府决策注意力在气候领域的配置与运行效度。最后,国际层面,充分发挥非政府组织尤其是国际非政府组织的信息发布者以及需求沟通者的积极作用,通过各种传媒途径及时、客观的向全球民众公开国际气候谈判过程中的各种相关信息,加速有关全球性气候问题的信息流动,及时表达、传导不同行动者的气候政治需求,营造关注气候、关注气候变化的舆论氛围。此外,"议题定义的变化是吸引政策制定者对某一政策问题的注意力的关键方法"[39],非政府组织可通过创设气候议题吸引、聚焦世界各国及其公众的注意力,促使世界各国将气候议程纳入政府议程,并推动世界各国积极寻求开展全球性的国际合作和参与全球性气候议程的建构。

(二)汇聚各方知识与能量,构建气候政策网络共同体

气候变化问题本身具有高度复杂性和不确定性,针对这一问题所需设置的气候议程涉及人类社会生产生活方方面面,气候议程内在的全球公共产品属性使得仅靠一国力量及其单纯的国内政策不足以对该问题的解决产生作用,加之世界各国自身经济发展水平、资源禀赋、对气候风险的敏感性、利益集团干预以及社会认知等因素不同,这使得气候政策的国内议程和国际议程设置变得异常复杂,因而必须汇聚各方知识和能量,构建包括气候变化知识、政策在内的气候政策网络共同体来助力气候议程的持续推进。

一方面,要完善气候变化知识网络。气候议程的建立受到人们对气候变化相关知识了解和认知状况的影响。纵观当前对气候变化问题的认知,国际社会除了对全球气候变暖趋势这一客观状况尚存在异议外,还对问题出现的人为原因、归责权重的配置、问题将带来的后果以及政策干预效果等这些与气候议程启动密切相关的问题上亦存在分歧,"科学界和国际社会对于全球气候变化的事实判断、价值判断和工具判断的不一致,影响了全球气候变化由'状况'到'问题'的界定,进而影响了相关议程的建立。[41]"因而应当构建全球性的气候以及与气候相关的科学知识共享网络:纵向上形成由各主权国架构而成的通过各种制度和程序进行知识和信息交流的垂直知识网络系统,如《巴黎协定》要求缔约方每五年提交国家自主贡献报告、设立

《巴黎协定》特设工作组，定期向《公约》缔约方会议报告工作进展以及联合国环境规划署发布2016年《排放差距报告》等等，都属于依附于垂直网络组织形成的纵向知识网络；横向上形成不同国家和地区、不同政府部门机构以及政府与非政府、公众之间进行知识、技术、信息以及经验等交流的横向知识网络系统，如美国环境保护局（EPA）和墨西哥环境自然资源部（SEMARNAT）双方定期举行会议，交换有关跨国环境污染问题的有关信息。绿色和平运动定期向全世界发布大气污染状况、臭氧层破坏状况等环境指标，组织环境问题专家分析、研究并及时地公布正在发生的环境恶化的直接和间接后果。亚行与清华大学共建气候变化区域知识枢纽，该枢纽将承担相关研究，并向亚行的发展中成员体和区内的其他利害相关方传播有关气候变化的新概念，培育研究能力，创造有关气候变化的知识，与相关的学术、科研、科技机构、私营部门和民间团体保持联系，设计具体的产品和活动来传播知识，例如网站、研讨会和培训课程等。今后，运用互联网、大数据技术，气候变化知识网络可以实现从线下到线上的发展，在信息传播与知识分享中凝聚共识、在数据挖掘与知识创造中达成共识。

另一方面，亟须重构气候变化政策网络。由于政策方案的缺乏将延滞气候议程的建立，因而解决方案谁来提供、如何提供、解决什么或不解决什么就至为重要。当前，气候研究人员、政府咨询顾问人员、专业性的国际组织以及环保社会组织等等政策社群就全球气候变化问题提出了很多备选方案，且在经济、能源、交通等各领域亦提出了诸多的应对举措。这些政策方案涉及减缓、适应、技术、资金等关键议题，但因各自知识储备与能力、价值取向和利益诉求等的差异，导致政策方案差异大甚至完全相异。因此，需要引入协商合作、共建共享的政策网络，形成气候变化跨国公共话语。马什（Marsh）和罗兹（Rhodes）称，在政策网络中，政策问题的共识不是通过"一次性协商，而是持续协商、形成联盟"的过程而得到的产出[42]。萨巴蒂尔提出的倡议联盟框架（Advocacy Coalition Framework，ACF）往往用来解释意识形态、价值理念分化并且技术上比较复杂的政策议题在政策子系统中的变迁[43]，运用该框架或许可以为气候变化政策网络的重构提供启示。萨巴蒂尔认为，政策的产生或变迁是政策子系统中不同的联盟相互竞争的结果。政策子系统中包含着数量众多的行为者，其中的联盟就是那些"共享着一系列规范与因果价值，并产生一致性行为"的组合[44]。在倡议联盟框架下，政策网络结构的决定因素就是与政策有关的共享的价值体系[45]。因此，气候变化政策共同体需要在全球责任、人道主义、可持续发展等公益（public good）性质的实质性价值（substantive value）内，通过信息交流、资源共享和共同行动等实现超群体体利益的新认同，以此才能建立信任，用相同或相似的方式解读与气候问题相关的知识信息并建构一致的气候政策问题。

（三）完善国际机制，为气候议程建构提供制度的保障

国家层面虽然也在进行气候政策议程设置，然而国家气候议程设置的理性结果会因为气候"公地悲剧"而出现全球的非理性后果，最后引发全球气候灾难。因此，必须重构气候变化国际机制，凝聚气候问题共识，助力气候议程建构，推动气候政策发展。

建立健全"自上而下"和"自下而上"相结合的国际气候履责机制，推动国际气候议程与国内气候议程的分列设置与对接勾连。随着《京都议定书》"自上而下"只针对发达国家进行强制减排机制的失效，《巴黎协定》架构一个"由下而上"涵盖发达和发展中国家的国际气候制度，以基于自愿的"国家自主贡献"模式让《巴黎协定》缔约方自主做出应对气候变化行动承诺。"自下而上"的国际气候履责机制充分体现了全球气候治理向以全球目标为导向，以各国国情为基

本出发点,以目标提出、进展评估、全球盘点、促进实施规则为行动规范,以资金、技术、能力建设为保障的新型全球治理模式转变[46]。然而"自上而下"和"自下而上"两种机制各有特点:"自上而下"国际机制突出发达国家与发展中国家"有区别"的责任,国际机制的强制性特点明显,致力于形成统一的全球气候议程;"自下而上"国际机制强调所有国家的共同行动,淡化发达国家与发展中国家之间的界限,强调气候议程自主设置。两种机制各有优劣:"自上而下"国际机制更易于形成全球统一的指导文本,但容易导致气候议程设置力量的分化、脱轨;"自下而上"国际机制更易于提高全球行动参与度,但自主设置气候议程效果存在很大不确定性。因此,未来国际机制应当整合"自上而下"和"自下而上"两种国际机制的优势,既实现国际和国内气候议程的分列设置,又通过顶层设计、方向指导和信息报告、自主核查等上下勾连机制实现国际与国内气候议程的联动,从而推进气候议程设置的科学化与民主化。

建立健全第三方评估监督的国际机制,引导和推动气候议程的持续性发展。国际气候评估监督制度的"弱化"和"软化",致使全球气候议程设置进入到实质性的决策议程阶段时举步维艰。因此,在积极加强主权国家之间的协商沟通,磨合不同利益集团之间的利益障碍,淡化全球气候机制中的国家本位主义,以国际法原则、全球正义原则引导气候治理的同时,应进一步健全气候治理的第三方评估督查机制。一方面,建立健全气候变化治理的评估指导,通过发布国际性气候及其减缓与适应评估报告、主权国家提交自测自评自查报告以及第三方评估机构对气候变暖减缓与适应方面的专项评估等方式,强化气候政策评估的引导激励作用,并推进评估的常规化与制度化建设,以气候政策效果评估倒逼气候议程的再设置。另一方面,建立健全第三方督查、核算机制,监督检查已形成的国际协定在各主权国家的落实执行情况以及全球减排目标实现进展,并反馈结果以为下一轮国际气候议程创建提供参考;在复核国际组织活动原则的前提下,通过电子系统、人工智能系统等技术手段抽查、复核各主权国家的气候应对行动成效,发现"国家自主贡献"信息报告存在的问题,并通过通报、贸易制裁等多种手段督查各主权国家积极履行气候应对责任,避免气候问题在气候政策设计与执行中被目标置换,使气候政策议程设置形同虚设。

五、结语

气候变化问题是无国界的公共问题,建立气候政策议程是推动气候变化问题转化为公共政策问题、进而促成气候政策出台以实现全球减排目标的关键一步。与一般的政策议程以及主权国家气候议程不同,气候政策设置明显表现出议程设置的反复性(如相关议题反复磋商、议而不决)、复杂性(如参与主体众多、利益诉求多元)、间断性(如有国家退出国际协定)以及离散性(如不同参与主体提出的议题差异很大)特征,这与气候问题自身高度复杂、国际机制合法化程度弱以及气候政策方案可选择性大存在密切关系。气候议程设置是一个在诸多国家和社会行动者组成的复杂网络中进行的一项既具有政治性又具有与技术性的非线性过程。提高气候政策议程设置的科学性与有效性需要激发气候问题注意力,使气候领域的政策议题获得最大群体的聚焦;需要汇聚各方知识与能量,构建包含气候变化知识网络和政策网络在内的气候政策网络共同体;需要完善"自上而下"和"自下而上"以及第三方评估督查国际机制,为气候议程建构提供坚实的制度保障。如此,国际社会才能最大限度地克服气候应对过程中的"公地悲剧"和"搭便车"行为,推进气候议程的有序科学合理的设置,加快气候政策尤其是国际气候政策的制定进程,为全球应对气候变化行动增添新的前进力量。

（本报告撰写人:叶芬梅）

作者简介: 叶芬梅(1977—)，女，博士，副教授，硕士生导师，现任南京信息工程大学法政学院副院长，MPA 教育中心常务副主任，主要研究方向为公共管理与决策分析、气候变化与环境治理。本文受南京信息工程大学气候变化与公共政策研究院开放课题"14QHA023"资助。

参考文献

[1] 张金马. 政策科学导论[M]. 北京:中国人民大学出版社,1992:11.

[2] Baumer D C,Van C E. Horn:The Politics of Unemployment[M]. Washington,D. C:CQ press,1985:38.

[3] 刘熙瑞. 公共管理中的决策与执行[M]. 北京:中共中央党校出版社,2003:117.

[4] 安德森. 公共决策[M]. 北京:华夏出版社,1988:69.

[5] Roger Cobb,Jennie Keith-Ross,Marc Howard Ross. Agenda building as a comparative political process[J]. The American Political Science Review,1976,vol. LXX,no1 127.

[6] [美]约翰·金登. 议程、备选方案与公共政策(第二版)[M]. 丁煌,方兴译. 北京:中国人民大学出版社,2004.

[7] 徐再荣. 从科学到政治:全球变暖问题的历史演变[J]. 史学月刊,2003(4):116.

[8] 德国观察:近 20 年全球极端气候事件中国排第 34 位[EB/OL]. 搜狐网,http://www. sohu. com/a/120108251_117884.

[9] 全球气候变化影响大:升 1℃而动基因[EB/OL]. 新华每日电讯,http://news. xinhuanet. com/mrdx/2016-12/02/c_135874920. htm.

[10] [美]马丁·休伊森,蒂莫西·辛克莱. 全球治理理论的兴起[J]. 张胜军编译. 马克思主义与现实,2002(1):49.

[11] 全球治理委员会. 我们的全球伙伴关系[M]. 牛津大学出版社,1995:23.

[12] 俞可平. 全球治理引论[J]. 马克思主义与现实,2002(1):25.

[13] Breyman S. Knowledge as power:Ecology movements and global environmental problems[A]. R. Lipschutz & K. Conca(eds). The State and Social Power in Global Environmental Politics[M]. NY:Columbia University Press,1993:124-157.

[14] Skjaerseth J. The climate policy of the EC:too hot to handle[J]. Journal of Common Market Studies,1994(32/1):31.

[15] ECO Newsletter[EB/OL]. 1994-8-26. http://www. ciesin. org/kiosk/ebs/Newsletter/econews/econews3. Txt.

[16] Roger W Cobb,Charles D Elder. Participation in American Politics:the Dynamics of Agenda-Building Baltimore[M]. John Hopinks University Press,1972.

[17] Thomas A Birkland. An Introduction to the Policy Process:Theories,Concepts,and Models of Public Policy Making[M]. M. E. Sharpe,Armonk,New York,2001:107-108.

[18] 约瑟夫·斯图尔特. 公共政策导论[M]. 北京:中国人民大学出版社,2011:163.

[19] 陈庆云. 公共政策分析[M]. 北京:北京大学出版社,2011:106.

[20] 刘宏松. 跨国社会运动及其政策议程的有效性分析[J]. 现代国际关系,2003(10):21-23.

[21] 王子忠. 气候变化:政治绑架科学[M]?. 北京:中国财政经济出版社,2010:12.

[22] 曹荣湘. 全球大变暖：气候经济、政治与伦理[M]. 北京：社会科学文献出版社,2010:6-9.

[23] [美]托马斯 R. 戴伊. 理解公共政策(第十版)[M]. 彭勃等译. 北京：华夏出版社,2004:32.

[24] 刘伟. 当代中国政策议程创建模式发展研究——探寻一种政治社会学的分析框架[M]. 北京：国家行政学院出版社,2012:80-81.

[25] 张丽华,姜鹏. 全球气候多边治理困境及对策分析[J]. 求是学刊,2013,(6):52-59.

[26] Stephen Krasner. Structural Causes and Regime Consequences:Regimes As Intervening Variables[J]. International Organization,1982,**36**:186.

[27] 秦亚青. 权力·制度·文化[M]. 北京：北京大学出版社,2005:45.

[28] Kenneth Abbott. Robert Keohane. Andrew Moravesik Anne-Marie Slaughter and Duncan Snidal,"Ihe Concept of Legalization". International Organization,2000,**54**(3):408-415.

[29] Robert Falkner. The Paris agreement and the new logic of international climate politics[J]. International Affairs,2016,**92**(5):1107-1125.

[30] 戴宗翰. 论《联合国气候变化框架公约》下相关法律文件的地位与效力——兼论对我国气候外交谈判的启示[J]. 国际法研究,2017(1):94-110.

[31] 苏伟,吕学都,孙国顺. 未来联合国气候变化谈判的核心内容及前景展望——"巴厘路线图"解读[J]. 气候变化研究进展,2008(1):57-60.

[32] 袁倩.《巴黎协定》与全球气候治理机制的转型[J]. 国外理论动态,2017(2):58-66.

[33] [美]史蒂文. 卢卡斯. 权力：一种激进的观点[M]. 南京：江苏人民出版社,2008:10.

[34] 孙志建：政策过程中的议程设置阻力学——"隐蔽议程"现象分析框架[J]. 甘肃行政学院学报,2009(3):47-52.

[35] 吴逊,[澳]饶墨仕,[加]迈克尔·豪特利,[美]斯科特·A. 弗里曾. 公共政策过程：制定、实施与管理[M]. 叶林等译. 上海：格致出版社,上海人民出版社,2016.

[36] Simon,Herbert A. The Architecture of Complexity,2nd ed. Cambridge Mass. :MIT Press,1981:167.

[37] 托马斯·达文波特,约翰·贝克. 注意力经济[M]. 谢波峰译. 北京：中信出版社,2004:58-89.

[38] 黄健荣. 政府决策注意力资源论析[J]. 江苏行政学院学报,2010(6):101-107.

[39] [美]布赖恩·琼斯. 再思民主政治中的决策制定：注意力、选择和公共政策[M]. 李丹阳译. 北京：北京大学出版社,2010:18.

[40] 黄健荣. 政府决策注意力资源论析[J]. 江苏行政学院学报,2010,(6):101-107.

[41] 李学灵. 全球气候政策议程设置问题研究[D]. 上海：上海交通大学,2011:57.

[42] Marsh D,Rhodes R A W. Policy Communities and Issue Networks:Beyond Typology[A]. In D. Marsh & R. A. W. Rhodes(eds.),Policy Networks in British Government[M]. Oxford:Clarendon Press,1992:260.

[43] Howlett M,Ramesh M,Perl A. Studying Public Policy:Policy Cycles and Policy Subsystems[M]. Cambridge University Press,1995:36-47.

[44] Sabatier P A. The Advocacy Coalition Framework:Revisions and Velevance for Europe[J]. Journal of European Public Policy,1998,**5**(1):98-130.

[45] Henry A D. Ideology,Power,and the Structure of Policy Networks[J]. Policy Studies Journal,2011,**39**(3):361-383.

[46] 巢清尘,等. 巴黎协定——全球气候治理的新起点[J]. 气候变化研究进展,2016(1):61-67.

Agenda-Building of Climate Policy: Triggering Mechanism, Realistic Dilemma and Path Selection

Abstract: Setting up the climate change agenda is a key step in promoting the transformation of climate change issues into public policy issues and introducing climate policies to achieve global emissions reduction targets. The triggering mechanism of agenda-building of climate policy includes the global impact of climate change, the formation and practice of global governance concepts and the continuous promotion of civil society forces. Climate itself highly complex, weak degree of legalization of international mechanism, and more diversities of climate policy have led to the repeatability, complexity, discontinuity and discreteness of agenda-building of climate policy. To push agenda-building of climate policy scientifically and effectively, these path selections are necessary including: stimulating the attention of the climate issue and focusing on climate policy issues; gathering knowledge and energy from all parties to build a climate policy network community including the knowledge network and policy network on climate change; improving the international mechanisms about the "top-down" and "bottom-up" and third-party evaluation for providing a solid institutional guarantee for agenda-building of climate policy. So, the international community will maximally overcome the "public tragedy" and free-riding in the process of climate policy, advance agenda-building of climate policy more scientific and reasonable, accelerate the process of international climate policy-making, add new strength for global action on climate change.

Key words: climate policy; agenda-building; public agenda; governmental agenda; decision-making agenda